工学のための
確率・統計

●

北村隆一・堀　智晴
編著

北村隆一・尾崎博明・東野　達
中北英一・堀　智晴
著

朝倉書店

序

　本書は，工学部1,2年生のための確率統計入門コース用教科書として書かれている．確率統計は学生にとって「とっつきにくい」課目とみなされているようである．その理由の一つに，現実社会で目にする様々な事柄が確率的に生じたものであるということ，一見確固としてゆるぎなく思われる事柄も，たまたま確率的にそうなったにすぎないのだということが，直感的に理解しにくいということがあるだろう．典型的な例がデータである．実験あるいはアンケート調査の結果得られるデータは，精確な数字の集合で確率的な要素が入り込む余地は全くないように見える．しかし，これらデータは実験あるいは標本調査という確率的な手順を踏んで得られたもので，含まれる数値は，実はすべて確率的なのである．

　もう一つ考えられることに，確率統計の考え方が，工学のみならず様々な場面での意思決定において中心的役割を果たすということが，なかなか見えてこないということがあろう．実際には，自らはそう認識していないとしても，我々は日常生活で物事の確率を考慮しつつ意思決定を行うことが頻繁である．確率統計は極めて実際的な学問体系なのだが，初めてそれを目にするとき，その応用性は必ずしも明らかではない．

　本書を執筆するに当たり，この「とっつきにくさ」をいかに克服するかを課題の一つとして念頭に置いている．そのため，

- じっくりと読めば理解できる，自習に適した教科書とする
- 基本的な考え方を重視する
- 工学分野での応用性を重視する

ことを目指した．第一の点だが，対象とする内容は数学的に高度なものだが，それを平易な形でわかりやすく説明し，読者が煩雑な数学的表記に自然と馴染めるよう配慮している．特に数学的導出の過程を丁寧に示すよう心がけた．また，事例を効果的に援用することを試みている．

　次に，解析の対象とする事象を抽象的また規範的に述べるものとしての「モデル」を重視し，モデルに立ち返り解析を進めるという立場をとっている．例えば，様々な分布はモデルの一つとして扱われている．これは，多くの分布の背後

には理想化，単純化された「実験」があり，これら実験の前提条件は，数多くの工学的問題にそのままあてはまるからである．従って本書では，確率統計の諸概念を探訪するなかでこれら分布の概念が随時紹介されている．

　工学分野での応用性については，工学部の学生に興味深い例題，演習問題を導入することを図った．著者の専門分野である土木工学からの例が自然と多くなるが，他の分野からの例題，問題の導入も心がけた．また，確率統計の教科書では必ず正規分布についての広範な記述が見られるが，工学的応用範囲の広い指数分布，アーラン分布，あるいは極値分布については全く触れられていないものもある．本書ではこれらの分布についての記述をふんだんに導入した．そのため，後々参考書としても利用できると考えている．

　このような意図がどこまで達成できたかは，読者の判断に仰ぐしかないが，本書が読者を確率統計の諸概念へと導き，その応用にあたって参考書として活用されることを願ってやまない．最後に，本書が完成するまでの長い年月にわたり著者を激励し続け，細心の注意をもって本書を編集していただいた朝倉書店編集部，早い段階の草稿やゲラ刷りに目を通してくれた京都大学地球工学科の学生諸君，特に塩見康博，中井周作，和田沙織の諸氏に，心からお礼を申し上げたい．

　2006年2月

執筆者を代表して　　北村隆一

目　　次

1. **はじめに** ……………………………… 1
   1.1 不確定な未来 ……………………… 1
   1.2 確率とは何か ……………………… 2
   1.3 統計学とは ………………………… 3
   1.4 なぜ確率統計を勉強するのか ……… 5

第Ⅰ部　不確定現象の確率的把握

2. **不確定現象とその生起確率** ………… 8
   2.1 不確定現象とその規則性 …………… 8
   2.2 確率の概念 ………………………… 9
   2.3 基礎概念 …………………………… 11
   2.4 標本空間の種類 …………………… 16
   2.5 確率の公理 ………………………… 19
   2.6 確率の性質 ………………………… 20
   2.7 等可能性に基づく確率の導出 ……… 24
   2.8 条件付確率 ………………………… 30
   2.9 ベイズの定理 ……………………… 32
   2.10 統計的独立 ……………………… 34

3. **確率変数と確率分布** ………………… 37
   3.1 確率変数の定義 …………………… 37
   3.2 離散確率変数 ……………………… 39
   3.3 連続確率変数 ……………………… 42
   3.4 期待値 ……………………………… 44
   3.5 積率（モーメント） ………………… 47
   3.6 積率母関数 ………………………… 48
   3.7 特性関数 …………………………… 50
   3.8 積率母関数，特性関数の適用例 …… 51
   3.9 チェビシェフの不等式 ……………… 53

4. **多次元分布** …………………………… 55
   4.1 同時分布，周辺分布，条件付分布 … 55
   4.2 多次元分布の特性 ………………… 63
   4.3 期待値，分散，共分散 …………… 63

5. **確率変数の変換** ……………………… 67
   5.1 1変数の場合 ……………………… 67
   5.2 多変数の場合 ……………………… 70
   5.3 確率変数の和の分布 ……………… 71

第Ⅱ部　工学分野でよく用いられる分布

6. **二項分布** ……………………………… 78
   6.1 ベルヌーイ試行列と二項分布 ……… 78
   6.2 初生起時刻，再帰時間間隔の分布と再現期間 ………………………… 81
   6.3 大数の法則 ………………………… 84

7. **ポアソン分布** ………………………… 87
   7.1 ポアソン過程とポアソン分布 ……… 87
   7.2 初生起時刻，再帰時間の分布と再現期間 ……………………………… 91
   7.3 二項分布とポアソン分布との関係 … 92

8. **正規分布** ……………………………… 96
   8.1 正規分布の基本的性質 …………… 96
   8.2 標準正規分布と正規分布表 ……… 99
   8.3 多次元正規分布 …………………… 100
   8.4 正規変量の線形関数 ……………… 107
   8.5 中心極限定理 ……………………… 108

9. **対数正規分布と指数分布** …………… 111
   9.1 対数正規分布 ……………………… 111
   9.2 指数分布 …………………………… 113
   9.3 ガンマ分布 ………………………… 115

10. 極限分布 ……………………… 119
10.1 順序統計量とその分布 ………… 119
10.2 最大極値と最小極値の分布 ………… 121
10.3 漸近分布 ……………………… 123
10.4 代表的な極値分布 ……………… 124

11. その他の分布 ………………… 127
11.1 一様分布 ……………………… 127
11.2 超幾何分布 …………………… 127
11.3 多項分布 ……………………… 128

12. 確率紙を用いた分布の推定 ……… 129
12.1 確率紙 ………………………… 129
12.2 プロッティング・ポジション公式 … 131

13. 乱数とモンテカルロ・シミュレーション ……………………… 134
13.1 モンテカルロ・シミュレーション … 134
13.2 乱数の発生方法 ……………… 135

第 III 部　統 計 解 析

14. 標 本 分 布 ……………………… 137
14.1 母集団と標本 ………………… 137
14.2 統計量と推定量 ……………… 138
14.3 標本平均の分布 ……………… 140
14.4 比率の推定量の分布 ………… 141
14.5 正規分布から派生する重要な分布 … 142
14.6 標本分散の分布 ……………… 144
14.7 標本抽出について …………… 145

15. 推　　定 ………………………… 148
15.1 点推定と推定量に望まれる性質 …… 148
15.2 点推定の方法 ………………… 151
15.3 区間推定 ……………………… 153
15.4 必要標本サイズについての考察 …… 155
15.5 小標本の解析 ………………… 157

16. 仮 説 検 定 ……………………… 159
16.1 統計的仮説検定の考え方 …… 160
16.2 仮説検定の手順 ……………… 162
16.3 平均と比率に関する仮説検定 …… 164
16.4 分散に関する仮説検定 ……… 171
16.5 離散変数に関する仮説検定 …… 174

17. 線形回帰モデル ………………… 180
17.1 モデルとは何か ……………… 180
17.2 線形モデルとその誤差項 …… 181
17.3 回帰分析の仮定 ……………… 182
17.4 最小2乗法と最尤推定法 …… 183
17.5 適合度の検定 ………………… 190
17.6 線形モデルによる予測とその信頼度 …………………… 196

付　　表 ……………………………… 201

索　　引 ……………………………… 205

1. はじめに

1.1 不確定な未来

「世の中一寸先は闇」といわれる．この表現は，「行く道の一寸先には何が転がっているかわからない」から転じ，「将来のことは予測できない」という意味で用いられる[1]．実際，世の中には何が起こるか前もってわからない事柄が多々ある．来シーズンのプロ野球日本シリーズの優勝チームはどこになるのか，この冬は風邪をひくだろうか，1か月先の株価指数はどのような値になるのか，卒業後就職を考えている企業は成長するだろうか，などなど，例をあげればきりがない．この教科書では，このような事柄を「不確定事象」と呼ぶことにする．「不確定」とは，前もって何が起こるかを断定できないことを指す．後に触れるように，「事象」は確率理論では特別の意味をもっているが，ここでは簡単に「事項」と理解していただきたい．

さて，世の中が不確定事象で満ちているとすれば，世の中を理解し，その中で生活し，それに働きかけるためには，不確定事象についての理解が不可欠だといえよう．実はそれを意識しているかいないかにかかわらず，われわれは物事の不確定性を勘案しつつ生活している．たとえば，空模様をみて雲行きが怪しければ傘をもって家を出るだろうし，曇っているが雨になりそうになければもたずに出るだろう．また，雨になりそうでも，どれほど激しい雨になるかは確かではないし，雨の中を歩く羽目になるかどうかも確かではない．このように，不確定事象にはさまざまなものがあり，それらの不確かさの度合いも異なっている．われわれはそれらを勘案した上で，さまざまな判断を下しているわけである．

ここで不確かさの度合い，つまり事象の起こりやすさについて，例をあげて具体的に考えよう．「宝くじを1枚買って3億円が当たる」と，「正月に受け取った1枚のお年玉つき年賀状で何か景品が当たる」という2つの事象を比べてみよう．どちらの事象も，起きるか起きないか前もって定めることができないという意味で不確定である．しかし，後者の方がその可能性がはるかに高いことは，誰

---

[1] http://www.geocities.jp/tomomi965/kotowaza01-4-7.html.

の目にも明らかだろう．これを「確からしさ」の違いと呼ぼう．では，この確からしさの違いをどのように表現できるだろうか．

1.2 確率とは何か

実は，われわれは確からしさの度合いを示す表現を日常的にいくつも使っている．たとえば「十中八九」や「九分九厘」，あるいは"fifty-fifty"は，すべて事象の起こりやすさ，あるいは確からしさの指標である．この教科書で議論する（数学的）確率は，これらの起こりやすさの指標の一つである．確率は各々の事象について定義され，ある事象の確率は0と1の間の値をとる．確率が0のとき，その事象は起こりえず，確率が1のときその事象は必ず起こることを示す．つまり確率が0か1であるということは，事象が確定的であることを示す．確率が0と1の間にあるとき事象は不確定で，事象の起こりやすさは確率の値に比例する．

たとえば，サイコロを振って1の目が出る確率を考えよう．サイコロには6種類の目があるのだから，そのうちの一つが出る確率は「6つの目の中の一つ」だから1/6であると考えるのは自然だろう．同様に，奇数の目は1，3，5の3種類あるから，奇数の目が出る確率は「6つの目の中の3つ」で，3/6 = 1/2となる．では，サイコロを2つ振ったとき，出た目の和が9を超える確率はいくらだろうか．あるいは硬貨を3回投げたとき，3回とも表となる確率はいくらか．より複雑な例をあげると，52枚のトランプカードを用いたポーカーで，5枚のカードが配られたとき，手がワンペアとなっている確率はどれほどだろうか．

あるいは，ある河川の流量が洪水の恐れがある値を超える確率をどう求めればよいだろうか．ある電球が，メーカーが示す寿命時間以前に切れてしまう確率はいくらか．このような問題では，河川流量，あるいは電球の寿命時間を連続変数と考え，それら変数が特定の値を超える確率を求めればよい．第3章で詳説するが，このような変数は確率変数と呼ばれる．では，これら確率変数の特性は，どのように表されるのだろうか．複数の確率変数がある場合（複数の確率事象を同時に対象とする場合に対応する），どのように扱えばよいのか．複数ある事象のうちの一つが起こったとき，あるいは起こらなかったとき，他の事象の確率について何がいえるのだろうか．複数の確率変数の和は，どのような性質をもつのだろうか．

この教科書の第I部では，これらの問いを一つ一つ順を追って考えていくことにより，不確定事象に関する数学理論の基礎を勉強する．ここで重要となる概念

の一つに「確率分布」がある．第 II 部では，工学で広く応用されるものを中心に，主要な確率分布を紹介する．これらの議論から，読者はさまざまな不確定事象の確率を算定し，確率変数の諸性質を求め，確率変数の演算を行うことを学ぶであろう．すなわち，世の中の不確定な（つまり確率的な）現象をいかに数学的に記述するかについての議論を，その基礎から順次展開するのが第 I 部と第 II 部である．

ところで，一体何が不確定で何が確定的か，常に明らかなのだろうか．実は，両者の境界は不明瞭なことが現実世界では多々ある．たとえば，明日も太陽が昇るのは確定的だろうか．サイエンスフィクションに描かれるように，地球が明日の朝までに消滅するようなことは，決してありえないだろうか．逆に，ガラスのコップを床に落としたとき，どのように割れるかは全く不確定だろうか．ガラスの分子構造や床の特性についての十分な知識と情報があれば，コップがどう割れるのかを前もって決定できるのではないだろうか．実際には，情報が不足しているため確定的な事象を予見できない，あるいは，逆に事象の性質が十分にわかっているため，確率的な事象を十分な精度で予測できる，といった事態が生じうる．特に，対象についての知識や情報が限られているため，確定的な事象を便宜的に確率事象として取り扱い，確率理論を応用するということがしばしばなされることを念頭に置いていただきたい．

1.3 統計学とは

第 I 部と第 II 部で勉強する確率理論は，厳密な数学的表現に基づく理論体系であり，現実を抽象化，あるいは単純化し，理想的な世界の中で理論を展開したものである．この理論は現実世界の工学的問題に適用されているが，いうまでもなく，現実世界は理論の前提がすべて満たされた理想の世界ではない．現実の不確定事象がどのような性質をもつかを前もって理論的に決定することが不可能な場合は頻繁にある．このような場合，不確定現象の観測に基づきその性質を帰納的に定めることが必要となる．統計学の出番である．

統計学は，対象とする現象について得られた観測値からどのように真値を推定するか，どのようにそしてどれだけの観測値を得ればよいのか，現象の特性について観測値に基づきどのように結論を導き出すか，といった問いに答える理論体系である．たとえば，「本年度の小学校 1 年生の体重の全国平均を知りたい」，「過去 5 年間で，全国で喫煙する成人の割合が減少したかどうかを知りたい」，とい

う場合を考えてみよう．もちろん，全国の小学校1年生の児童全員の体重を量れば，最初の問いへの答えは得られる．しかしこれは，時間的にあるいは費用の面で非現実的である．実は，実用的に十分な精度で平均体重を求めようとする場合，すべての児童について測定値を求めることは必要ではなく，科学的に選出された一定数（たとえば1000人）の児童の体重を測定することで十分に事は足る．後者の問題についても同様である．しかしその場合，何人の成人を観測すればよいのだろうか．また，5年前に同様の観測がなされたとして，喫煙する成人の割合が減少したかどうかをどのように結論づければよいのだろうか．統計学を援用することにより，これらの問いに答えることが可能となる．

さて，一口に統計といってもその意味するところは広い．大きく分けると，観測から得られる測定値を整理加工し，対象とする現象についての知見を得ようとする「記述統計」と，観測される現象の背後には数学的な理想世界に想定される仮説的な関係（これをここでは単に「モデル」と呼ぼう）があり，観測された測定値に基づきそのモデルの特性を推察しようとする「推測統計」に分けられる．この教科書の第III部で勉強する数理統計学は，後者に属する理論体系である．具体的に，まず記述統計から考えよう．

ある大学のキャンパス正門を通過する人々を午前11時から午後3時までの4時間にわたり観測し，通過人数を5分ごとに記録したとしよう．すると通過人数の観測値が $4 \times (60/5) = 48$ 個得られることになる．これらの値の算術平均（48の観測値をすべて足し合わせ，それを48で割ったもの）を求め，たとえば「正門を通過する人数は5分あたり平均26.4人である」といった結果が得られる．しかし，こうして算定された平均値はどれほど信頼できるものだろうか．本当の値は26.4ではなく25.0であるという主張がなされたとき，一体どのように答えればよいだろうか．記述統計はこのような問いに対応しうるものではない．

推測統計では，観測される通過人数の背後にはあるモデルが存在すると考え，そのモデルに従って，観測値とそれから導き出される平均値の特性を定める．たとえば，ある5分間に特定の人数が観測される確率を算定することもできるし，これらの観測値から得られる平均値がどのような性質をもつのかを定めることもできる．それに基づき，求められた26.4という平均値の精度はどの程度か，午後2時台と3時台では通過人数に差異があるのかないのか，といった問いに答えることが可能となる．さらには，望ましい精度で真の平均通過人数を求めるためにはどれほどの観測値が必要となるのか，といった問いへの回答も可能となる．

このように，統計学は，限られた観測結果と，現象の背後にある仮説的モデルとの関係に基づき，対象とする現象の特性についての知識を得る学問である．確率理論が「不確定な事象はどんな仕組みで生じるのか」を解き明かす学問であるとすれば，統計学は「不確定な事象をどうみればよいのか」を指し示す学問である．

1.4 なぜ確率統計を勉強するのか

なぜ確率統計を勉強するのか，その理由はこれまでの議論から明らかだろう．現実世界が確率的であり，われわれの日常生活において，仕事に従事するに当たり，あるいは研究を推し進める際に，現実が確率的であることを無視できないからである．われわれが行う意思決定のほとんどが，不確定性の下での意思決定であるといってよい．たとえば，大学受験，就職，結婚といった個人的意思決定，設備投資，商品開発といった企業の意思決定，あるいは高速道路路線の選定や郵政民営化などの行政の意思決定，これらはおしなべて不確実性下での意思決定である．これらの意思決定を理性的に行おうとすれば，当然われわれは対象としている現象がはらむ不確実性の構造を知ろうとするであろう．

わかりやすい例として，ギャンブルのルーレットを考えよう．ご承知かもしれないが，このゲームでは0から36までの番号のついた円盤を回転させ，そこにボールを落としどの数字に止まるかにより勝ち番号が選ばれる．勝ち番号に賭けていたプレーヤーには，賞金が掛け金の所定の倍率で払い戻される．各々の番号は赤か黒かに色分けされており，最も単純な賭け方は，赤か黒に賭けるというものである（奇数に賭ける，特定の数字に賭けるなど，さまざまな賭け方があり，払い戻し額の率も異なっている）．さて，このルーレットのゲームで，赤が3回続けて出たとしよう．次に黒に賭けるべきだろうか，それとも赤に賭けるべきだろうか．あるいは，異なった賭け方の払い戻し率がすべてわかっているとして，どういう賭け方をした場合に最も払い戻し額が大きくなるだろうか．第I部の第1〜3章で勉強する確率理論の基礎を応用すれば，これらの問いに答えることが可能である．

同様の問題は，工学の分野で頻繁にみられる．ここでは，橋梁などの構造物の維持補修の問題について考えよう．これらの構造物は，適切に維持されない場合，劣化が進行し，最終的には破損に至り，甚大な損害を招く．したがって，適切な時点で維持補修を施すことが重要となる．しかし，劣化の進行は確率的で，いつ劣化が進行し，いつ最終的な破損に至るかを前もって決定することは不可能であ

る．頻繁に維持補修を行い劣化を食い止めるのが望ましいが，コストの観点からすれば，無制限に維持補修を繰り返すのは得策ではない．この状況下で最も適切な維持補修の戦略とはどのようなものだろうか．

この問題を考えるためには，維持補修の費用と破損に伴う損失を推定することとともに，劣化の進行を確率的な過程として解明すること，そしてそれを定量的に（つまり数式とパラメータ値を用いて）表現することが必要になる．確率，統計の双方が援用されることが理解いただけるだろう．

このように，確率統計は現実に目にする物事を正確に把握解釈し，その上で意思決定を下すための基礎的な考え方を示すものである．読者諸氏の手により，本教科書で展開する議論が，工学的問題を含む現実的課題の解決へと援用されることを心から期待している．

第 I 部　不確定現象の確率的把握

　第 I 部では，第 II 部「工学分野でよく用いられる分布」，第 III 部「統計解析」への橋渡しとして確率論に関する基礎を勉強する．すなわち，第 II 部，第 III 部で共通して利用する，確率に関する基本的な考え方を身につけると同時に，一般的な性質を勉強することを目的とする．

　まず，第 2 章では，不確定な現象には規則性があるかどうかの問いから出発して確率が認識されるに至った歴史的な経緯の概要を理解した上で，誰もが客観的に納得できる数学的な確率とは何かを勉強する．すなわち，集合の性質を復習しながら，確率事象とは何なのかといったこととともに，確率事象に対する確率の定義やさまざまな一般的な性質を勉強する．さらに，第 3 章では，サイコロを振ったときの点数，気温，降水量といった値と確率事象とを結びつけるものとして確率変数を勉強するとともに，確率分布や確率密度関数といった確率変数の生起しやすさの表現方法やその一般的な性質を学ぶ．また，第 4 章では，体重や身長といった複数の確率変数の同時生起しやすさをどのように表現すればよいのかを勉強する．最後に第 5 章では，さまざま複雑な仕組み，物理過程を経て生起する事象の生起しやすさを考えていくための基礎として，確率変数の変換を勉強する．

　上記のように，第 I 部では基礎としての一般的な定義や性質を勉強することになるが，例題や演習問題では具体的な課題を取り上げて，これらが第 II 部以降と深くかかわっていることを理解できるようにしている．また，本書を超えたさらなる勉強の橋渡しとなるよう，数学的により厳密な説明を加えているところがあるが，読者が道に迷わないように「上級課題」として別掲してあるので，最初は読み飛ばしてもらっても差し支えない．

2. 不確定現象とその生起確率

2.1 不確定現象とその規則性

　サイコロを用いたゲームやルーレットは偶然に目が出るという意味で，偶然のゲーム（games of chance）と呼ばれる．投げたコインの裏表で得点を争うゲームも偶然のゲームである．さらには，ブラックジャックやポーカーといったトランプゲームも，どのカードを捨てるのかはプレーヤーの意志によるものの，プレーヤーがどのようなカードを引くかは偶然なので，偶然のゲームに属する．特に，偶然のゲームで得点に応じて賞金（あるいは罰金）を賭けるのは，偶然を利用した「ギャンブル」である．

　さて，勝ち負けが偶然に左右されるとき，ギャンブルの賞金はどのように決めればよいのだろうか．確率理論の起源は 17 世紀中葉に遡るが，当時の数学理論は，偶然のゲームに関するこのような問いに対応できるものではなかった．確率や数学的期待値などの新たな概念を樹立し，確率理論の礎を打ち立てたのがパスカルや J. ベルヌーイなどの数学者である．これらの数学者は，何が起こるか前もってわからない現象（そのような現象を不確定現象と呼ぼう）に科学的にアプローチすることが可能と考え，不確定現象の背後に明確な規則性（regularities）が存在し，十分な観測に基づきそれらが明らかになると認識していた．この認識が，一見でたらめな不確定現象についての理論体系へと導いたわけである．

　これより以前，ギリシャ人やローマ人はサイコロを使った偶然のゲームを行い，出る目の各組み合わせの得点表を作成していた．この得点表では，同じ目が連続して出る場合の得点は高く設定されており，個々の目の起こりやすさの程度について定性的な認識があったことを物語っている．しかし，実際の結果をもとに実証することは行われなかった．その大きな理由は，不確定現象に規則性があるとは信じられていなかったことと考えられている．

　さて，この偶然のゲーム以外に，自然や社会現象の中にどのような不確定現象があるだろうか．電子の速度や位置，大気中の塵の運動，さまざまな測定値（部材の長さ，気温など）の誤差，台風の進路，地震が生起する場所と時刻，日々の

株価の動き，あるレストランの1日の来客数，橋梁を通過するトラックの重量，吊り橋に吹く風の強さ，ある候補の選挙での得票数，と実にさまざまである．力学の法則を利用して綿密に軌道が計算される人工衛星ですら，打ち上げ後の軌道は大気との摩擦によって不確定となる．大気中の二酸化炭素の増加によって地球がどれだけ温暖化するのか，そもそもはたして温暖化しているのかどうかさえ不確定である．

こうしてみると，確定的な現象などこの世に存在しないかに思われる．しかし，確定的なことはいえないからといって，その現象についての知見が役に立たないことにはならない．現象の不確定性（裏返せば確からしさ）を表現する指標をもち，それを測る手段をもてば，それは工学をはじめさまざまな分野で有力な情報となる．たとえば，大地震が来年生起するかどうかわからなくても，20年以内にほぼ確実に生起することがわかれば，対応策の取捨選択に役立ち，長期的には対策方法の開発の大きな動機となる．橋梁などの構造物がいつ崩壊するかについても同じである．

「不確定現象には規則性がある」という前提に立つとき，その規則性を測定することが不確定現象を解明する上での第一歩であろう．たとえば，3回サイコロを振り1の目が3回出れば勝ちというゲームでは，1000回ゲームを繰り返して1の目が3回出るゲームが何回あったかを数えることができる（観測を繰り返す中で特定の現象が起こった回数を頻度（frequency）と呼ぶことにする）．また，ある場所の1年間の降水量（年降水量）の場合，過去の記録を調べて年降水量がどのような値をとってきたかを調べることができる．これらの観測値は，不確定現象の規則性を導く上での基礎情報となる．

2.2　確率の概念

不確定現象の規則性を論じるに先立ち，ここで（数学的）確率の概念を導入しよう．「確率」に対応する英語は"probability"で，ラテン語で「実験・証明する」を意味する"probare"と「可能である」を意味する"ilis"を語源としてもち，「可能性を示すもの」という意味をもつ．数学的確率の概念の定義にはさまざまなものがあるが，これらは

①　ある現象について，観測者が主観的にもつ「確からしさの度合い（degree of certainty）」の定量的な指標

②　最も根源的な概念としての等可能性（equal possibility）に基づくもの

③ 観測を何度も繰り返したときに，ある現象が生起する頻度に基づくものの3種類に分類できる．最初の定義による確率はしばしば主観的確率（subjective probability）と呼ばれる．また，2番目の定義は「古典的（classical）」定義，3番目の定義は「統計的（statistical）」定義と呼ばれる．

前節で述べたように，世の中のほとんどの現象が不確定だから，われわれは日常生活で往々にして現象の不確定性を勘案しつつ物事を決めなければならない．たとえば自家用車で通学する学生はいつもの時刻に家を出て大学に向かったときに遅刻する可能性について，新たな商品を市場に送る企業の責任者は計画どおりの売り上げが上がる可能性について，野球ファンは好きなチームが来シーズン優勝する可能性について，各々何らかの推定値をもっているであろう．それらの値を主観的確率と呼ぼう．その名が示すとおり，同じ現象についてでも主観的確率の値は人によって異なるのが一般で，また，第2，第3の定義から導かれる確率と同一の値となる保証もない．主観的確率は数理心理学の分野で重要な概念であるが，本書の以降の議論は第2，第3の定義に基づくものに限られる．

等可能性の概念は，サイコロを投げたときどの「目」が出るか，という問題を考えるとよく理解できる．全く偏りのない理想的なサイコロの場合，1の目が出るのも，2の目が出るのも，どの目が出るのも全く偶然であり，さらに，各々の目が出る可能性に差があると考える根拠はない．すなわち，各々の目は同一の可能性をもっている．ここで，すべての可能性の和が1であると仮定しよう（この前提は2.5節で正式に導入する）．すると，1〜6の目が同一の可能性をもっているから各々の可能性は1/6となる．これが古典的定義に基づく確率である．各々の現象の可能性，あるいはそれら可能性の間の関係を理論的に導くことができるとき，この古典的定義はきわめて有効である．

しかし偏りのない理想的なサイコロではなく，現実に目の前にあるサイコロを振ったとき，各々の目が出る確率はどのように定義すればよいのだろうか．ここで有効となるのが3番目の統計的定義である．たとえば，このサイコロを1200回振って205回1の目が出れば，1の目が出る相対的頻度（relative frequency）は205/1200となる．これが統計的定義による確率で，統計的確率あるいは経験的確率と呼ばれる．

古典的定義による確率と異なり，統計的定義は，特定の現象に対し特定の経験的確率をもたらすとは限らない．同じサイコロをもう一度1200回振ったとしても，205回1の目が出るとは限らない．振る回数を増やすことにより信頼できる

経験的確率の値が得られることは，直感的に理解できるであろう．しかし，真の確率と振る総回数との関係はどのようなものなのか．8.5節で中心極限定理と呼ばれる定義が示すように，無限回サイコロを振って得られる相対的頻度は真の確率に収束する（その確率は，古典的定義による確率と一致する保証はない）．しかし，無限回サイコロを振ることは現実には不可能である．有限回の観測から得られる統計的確率値の信頼性はどのように導かれるのだろうか．あるサイコロが偏っているかどうかをこのような観測から決定することができるのだろうか．これらの問いは，本書後半の統計についての議論の中で明らかとされる．ここでは，統計理論の基礎となる確率理論をまず勉強しよう．

2.3 基礎概念

現実のものであれ仮想的なものであれ，「サイコロを振る」といった実験について考えることは，数学的確率理論を直感的に理解し，その実際的な意義を把握する上で有用である．ここではそのような実験に関連する諸概念を定義し，続く議論の基盤としよう．まず，

> ある手順が前もって決めることのできない結果をもたらし，その結果が一定の形で観測されるとき，その結果をもたらす手順を（確率的）実験（random experiment）と定義する．

たとえば，「3個のサイコロを投げ出た目の総和を観測する」という手順は実験である．結果の観測の仕方が異なれば，別の実験と見なされることに留意されたい．また，実験の手順を辿り結果を観測する営為を試行（trial）と呼ぶ．不確定現象の頻度は，試行の繰り返しにより観測されるわけである．

実験の結果を事象（event）と呼ぶことにする．ここまでは「（不確定）現象」という一般的な表現を用いてきたが，これからは確率的実験の結果を「（不確定）事象」と呼ぶこととする．上記の3個のサイコロを投げる実験で，「出た目の和が7である」という結果は，1つの事象である．また，

> それ以上分割することのできない事象を根元事象（simple event）と呼ぶ．

たとえば，「1個のサイコロを振って出た目を観測する」という実験で，「1の

目が出る」という事象はそれ以上分割できない根元事象である．一方，「奇数の目が出る」という事象は，「1の目が出る」，「3の目が出る」，「5の目が出る」という3個の根元事象の集まり（すなわち集合）である．さらに，

> ある実験のすべての根元事象の集合を，その標本空間（sample space）と呼ぶ．

これらの概念を図2.1に示す．根元事象は互いに排反（exclusive），あるいは互いに素である．すなわち，ある根元事象が起こったということは，他の根元事象が起こらなかったことを意味する．

ここで，これらの概念を例を用いて整理しよう．「偏りのない硬貨を3回投げ，出た表と裏の列を観測する」という実験を考える．この場合の試行は，表をH，裏をTで表すと，HHT，THTなどの結果をもたらす．全部で$8(=2^3)$通りのHとTの組み合わせがあり，各々がこの実験の根元事象である[1]．したがって，標本空間をΩで表すと，

$$\Omega = \{HHH, HHT, HTH, THH, HTT, THT, TTH, TTT\}$$

である．実験の結果「表が2回出る」という事象をE_2とすると，$E_2 = \{HHT, HTH, THH\}$，また「3回とも同じ側が出る」という事象をE_3とすると，$E_3 = \{HHH, TTT\}$と表される．このように実験の結果としての事象は根元事象の集

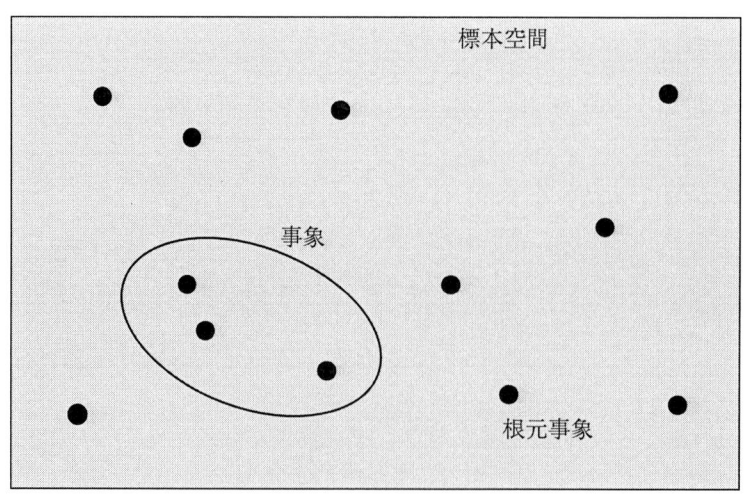

図 2.1 標本空間

---

[1] ここに示す実験の定義は「理想化」を伴っている．現実には，投げた硬貨が破損する，あるいはそれがカラスにさらわれる，といった理由で結果が観測されないことが起こりうる．投げた硬貨がその縁に立ったままとなり表も裏も出ないということも可能性として考えられる．以下の議論では，このようなことは起こりえない理想的な実験を想定している．

合として表される．このことは，任意の事象は標本空間の部分集合であることを意味する．

演習問題 1 以下の実験の標本空間を定義せよ．
① E_a：偏りのない硬貨を3回投げ，出た表（H）と裏（T）の順序を観測する．
② E_b：偏りのない硬貨を3回投げ，表の出た回数を観測する．
③ E_c：偏りのない硬貨を3回投げ，表から裏，あるいは裏から表へと何回変化するか観測する．

事象は集合であるから，その和，積などは集合理論に基づいて定義される．例として，「サイコロを振り出た目を観測する」という実験で，その標本空間を $\Omega = \{1, 2, 3, 4, 5, 6\}$ と表そう．ここで数値 n は「n の目が出る」という根元事象を表す．すると，「偶数の目が出る」という事象 E_e は，3つの根元事象の和事象（sum event）で，

$$E_e = \{2, 4, 6\} = \{2\} \cup \{4\} \cup \{6\}$$

となり，集合論の和集合（union）に対応する．また，「偶数の目が出，かつ，その値が3以下である」という事象を E_e' とすると，これは積事象（product event）で，

$$E_e' = \{2, 4, 6\} \cap \{1, 2, 3\} = \{2\}$$

と表され，集合論の積集合（intersection）に対応する．これらに加え，空事象（empty event），余事象（complementary event），全事象（whole event）が空集合，余集合（または補集合），全体集合と同様に定義される．

例として，互いに排反な事象 E_1 と E_2 を考えよう．すなわち，空事象を ϕ と表すと，$E_1 \cap E_2 = \phi$ である．ここで $E_1 \cup E_2 = \Omega$ が成り立つとき，E_2 は E_1 の余事象（E_1^C と記す）であり，E_1 は E_2 の余事象（E_2^C）である．また，$\Omega = E_1 \cup E_1^C = E_2 \cup E_2^C$ が成り立つ．なお，互いに排反でその和が包括的な（mutually exclusive and collectively exhaustive）事象は直和分割（partitions あるいは decompositions）と呼ばれる．すなわち，

$$E_i \cap E_j = \phi, \quad \forall i, j, \ i \neq j$$

$$E_1 \cup E_2 \cup \cdots \cup E_n = A$$

が成り立つとき，$E_1, E_2, \cdots, E_n$ は集合 A の直和分割である．根元事象は標本空間 Ω の直和分割であることに留意されたい．

ここで，簡素化のため本書で用いる表記法を導入しよう．$E_1 \cap E_2 = \phi$ のとき，$E_1 \cup E_2$ を $E_1 + E_2$ と記すことにする．すると $\Omega = E_1 + E_1^C = E_2 + E_2^C$ と表記できる．また，$E_1 \cap E_2^C$，すなわち事象 E_1 であって事象 E_2 ではない事象を $E_1 - E_2$ と表記することとする．さらに，$E_1 \cup E_2 \cup \cdots \cup E_n$ を $\bigcup_{i=1}^{n} E_i$ と表記しよう．特に，$E_1, E_2, \cdots, E_n$ が互いに排反なとき，これを $\sum_{i=1}^{n} E_i$ と表記する．和集合を示すのにプラスの記号を用いるのは，事象が互いに排反である場合に限っていることに留意されたい．また，$E_1 \cap E_2 \cap \cdots \cap E_n$ を $\bigcap_{i=1}^{n} E_i$ と表記する．最後に E_1 が E_2 の部分集合であることを $E_1 \subset E_2$ と表記する．本書では，あえて強調して $\subset$ と $\subseteq$ を区別する必要がない場合，$E_1 = E_2$ の可能性がある場合でも $\subset$ を用いている．

さて，ここまでの標本空間についての議論から，確率の理論が集合論と密接に結びついていることは明らかであろう．読者の参考までに，集合論の基礎を復習に簡単にまとめておく．

復習：集合論の基礎

集合 (set) は，モノの集まりを指す．たとえば，「2006 年 4 月に日本の 4 年制大学に入学した全学生」や「ある都市で，2006 年の真夏日（最高気温が 30℃ を超えた日）の全体」は集合である．本書では，それに属するモノの範囲が明確に決まっている集合のみを扱うことにする．集合を構成するモノを要素 (element) と呼び，要素 ω が集合 E に属することを $\omega \in E$ と表記する．また，集合 E が要素 a, b, c からなるとき，$E = \{a, b, c\}$ と表す．属する要素の特性に基づき集合が定義される場合，$E = \{\omega : \omega$ に関する条件$\}$ という表記がなされる．たとえば E が正の偶数からなるとき，$E = \{\omega : \omega$ は正の偶数$\}$ と示される．この集合には無限の要素を含んでいる．このような集合は，無限集合 (infinite set) と呼ばれる．一方，$E = \{a, b, c\}$ や，「すべてのサイコロの目」の集合などは，有限個の要素を含んだ有限集合 (finit set) である．

次に，2 つの集合 A と B があり，集合 A の要素はどれも集合 B の要素でもあるとしよう．たとえば A が正の整数の集合，B が正負すべての整数の集合である場合がこれに当たる．このとき，A は B の部分集合 (subset) といわれ，$A \subseteq B$ と表記される．A と B が全く同一の要素を含むとき，$A \subseteq B$ と $B \subseteq A$ の双方が成立し，$A = B$ である．$A \subseteq B$ で A と B が等しくないとき，A は B の真部分集合 (proper subset) と呼ばれ，$A \subset B$ と表される．この場合，B に属すが A には属さない要素が少なくとも 1 つ存在する．

対象としているすべての要素の集合を，全体集合（universe, space）と呼ぼう．全体集合を S とすると，任意の集合 A について $A \subseteq S$ が成立する．逆に要素をもたない集合は空集合（empty set, null set）と呼ばれ，ϕ と表記される．S の部分集合 A を考え，A に属さない要素からなる集合を A の補集合（complementary set）といい，A^C と表され（$\bar{A}$ とも表記される），$A^C = \{\omega : \omega \in S \text{ and } \omega \notin A\}$ と定義される．ここに，$\omega \notin A$ は ω が集合 A に属さないことを意味する．全体集合について $S^C = \phi$ である．また $(A^C)^C = A$ が成立する．

集合 A と B の双方に属する要素の集合を積集合または共通部分（intersection）といい，$A \cap B = \{\omega : \omega \in A \text{ and } \omega \in B\}$ と表記される．任意の集合 A について $A \cap A^C = \phi$ である．集合 A と B の少なくとも一方に含まれる要素の集合は A と B の和集合（union）と呼ばれ，$A \cup B = \{\omega : \omega \in A \text{ or } \omega \in B\}$ と表記される．S に含まれる任意の集合 A について $A \cap S = A$，$A \cup S = S$ が成立する．

集合 A と B に共通部分がないとき，すなわち，$A \cap B = \phi$ のとき，A と B は互いに排反（mutually exclusive）といわれる．この概念は2.3節で直和分割に関連して触れた．なお，ここに示した集合間の関係を検討する場合，ヴェンの図（Venn diagram）が有効である．図2.2に例を示す．

すでに述べたように，$A \subseteq B$ かつ $B \subseteq A$ のとき $A = B$ である．集合間の主要な関係として，これに加え，

　　反射律（reflective relation）：　$A \subseteq A$
　　推移性（transitivity）：　$A \subseteq B$ かつ $B \subseteq C$ のとき $A \subseteq C$

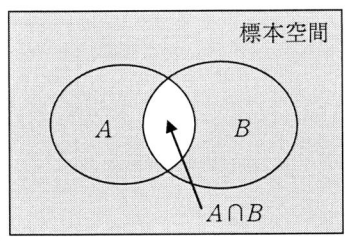
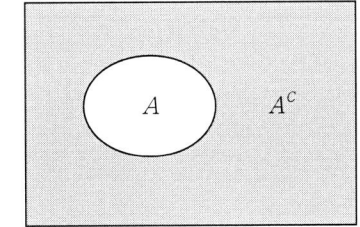

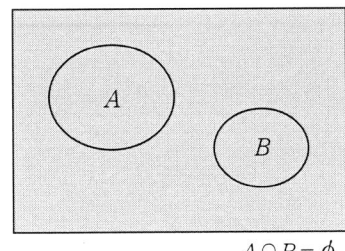
$A \cap B = \phi$

図 2.2　ヴェンの図

があげられる．また，集合間の重要な関係式を以下に示す．

交換法則： $A \cup B = B \cup A$
$A \cap B = B \cap A$

結合法則： $A \cup (B \cup C) = (A \cup B) \cup C$
$A \cap (B \cap C) = (A \cap B) \cap C$

分配法則： $A \cap (B \cup C) = (A \cap B) \cup (A \cap C)$
$A \cup (B \cap C) = (A \cup B) \cap (A \cup C)$

ド・モルガン（de Morgan）の法則： $(A \cap B)^C = A^C \cup B^C$
$(A \cup B)^C = A^C \cap B^C$

2.4 標本空間の種類

前節でみた，「サイコロを投げて出た目を観測する」という実験を考えよう．この実験では，サイコロの目は6種類しかなく，当然根元事象の数を数えることは可能で，その総数は6である．したがってこの実験の標本空間は，有限の根元事象（以下の議論では，標本点（sample point）という，より簡潔な表現を用いる）からなる有限集合である．

次に，ある地点で観測される年間の流星の数を考えてみよう．これはこれまでの例のような人為的実験ではないが，流星の観測と記録の手順が明瞭に定義されれば毎年繰り返し調査することが可能であり，各々の調査を試行と考えてこれまでに述べた確率的実験の概念をそのまま当てはめることができる．さて，この実験の標本点は0, 1, 2, …という非負の整数である．この点ではサイコロの実験と似ている．しかし，流星の数を測定した場合，その上限値を特定の値に設定する明確な根拠がない．十分に大きな数を上限とすればよさそうであるが，その値を超えた数の流星が観測される可能性はないという理論的保証は見当たらない．このような場合，標本点は無限個あると考え，非負の整数全体を標本空間と考えておいた方がよい．するとこの標本空間は，順番に数え上げることができる，つまり可算あるいは可付番（countable）な無限の標本点を含むことになり，可算あるいは可付番無限集合（countable infinite set）と呼ばれる（上級課題1参照）．

次に，ある都市の8月の月降水量を正確に測定した場合を考えよう．この場合も測定値の明確な上限を設定できない．一方，その値は自然数ではなく実数である[2]．降雨量は負ではありえないが，気温が測定された場合など，測定値が負の実数となる場合もある．これらの例では，可能な測定値の各々が標本点となり，

連続する実数の集合が標本空間となる．標本空間は無限集合であることに変わりないが，それはもはや可算ではない．このように実験によって標本空間の特性は異なり，有限個の標本点で構成される場合と，無限個の標本点で構成される場合とがある．後者の場合，標本空間が可算である場合（自然数全体，（正負を含む）整数全体，有理数全体など）と，可算でない場合（実数の区間，正の実数全体，正負を含めた実数など）がある．

上級課題1：有限，可算無限，無限

　無限集合，あるいは可算無限集合である標本空間では，標本点の数の大小はどうなっているのだろうか．そもそも無限とは何なのだろうか．この問いに答えることは，高校数学から大学数学にジャンプすることでもある．

　まず，さまざまな数値を含んだ集合を考えよう．読者がこの集合の中からどのように大きな（あるいは小さな）値を選んでも，それよりも大きな（小さな）値が集合の中に存在するとき，その集合は無限の数値を含んでいることになる（これは無限集合の十分条件ではあるが，その定義ではないことに注意）．同様に，ある標本空間の中からどのように大きな（小さな）値に対応する標本点を選んだとしても，標本空間の中にそれよりも大きな（小さな）値に対応する標本点が存在する場合，標本点は無限にあり標本空間は無限集合である（前述と同様，この要件を満たさない標本空間も無限集合でありうる）．たとえば自然数では，1000を選んでも，1001というより大きな自然数が存在し，100,000,000を選んでもそれより大きな自然数100,000,001が存在し，1,000,000,000,000を選んでもそれより大きな自然数1,000,000,000,001が存在するといった具合である．また，負の整数の場合も，どのような小さな標本点を選んでも必ずそれより小さな整数が存在する．これらのことは，有理数や実数に関しても同じであることは明らかである．

　では，同じ無限といっても自然数全体の標本点の数と整数全体の標本点の数とではどちらが多いであろうか．あるいは，正の実数と比較したらどうであろうか．

　まず，自然数の標本点の数と整数の標本点の数とは同じである．たとえば，整数を0, 1, −1, 2, −2, 3, −3, …というように規則正しく並べていけば，どのよう

---

[2] 現実には降雨量や気温の測定値は粗く，連続数ではありえない．連続数であるためには測定値は無限の有効数字からなる必要があるが，それは不可能である．本書の議論では，観測の対象となる気温は連続数であるから，その測定値も連続数であると見なしているが，これは近似を伴っていることを理解されたい．

に大きな（小さな）整数でも，番号づけすることができる．何番目という数値は自然数である．すなわち，どのように大きな（小さな）整数でも対応する自然数が必ずある．自然数の数に制限はない．また，正の有理数は自然数の比（分数）であるので，やはり番号づけすることができる．たとえば，0, 1/1, 2/1, 1/2, 3/1, 2/2, 1/3, 4/1, 3/2, 2/3, 1/4,… のように並べればよい．このように，無限個の標本点（要素）を含み，かつそのすべてが番号づけられる場合，その標本空間（集合）を可算（countable）無限集合あるいは可付番無限集合という．また，有限集合と可算無限集合を合わせて，可算集合あるいは高々可算無限（at most countable）集合という．また，個数を，高々可算無限個という．

　ここで，「高々」という言葉を用いた．それは同じ無限個の標本点でも，実数は自然数や整数の標本点の数より多いからである．たとえば，1以下の正の実数からなる標本空間 $\Omega = \{\omega : 0 < \omega \le 1\} = (0, 1]$ を考えよう．この $(0, 1]$ という実数のほんの一部でさえも無限個の標本点を含み，かつその数は自然数や整数の標本点の数より多い．なぜならば，仮に $(0, 1]$ の各要素に番号づけが完全にできたと思っても，番号づけられていない実数を見つけることは常に可能だからである．すなわち，$(0, 1]$ の標本点の数は番号づけできないほど無限（非可算無限）である．このことは，自然数，有理数，あるいは整数と，実数とでは，標本点の密度（集合の濃度）が違うことを意味する．自然数，有理数，整数の濃度を可算無限の濃度といい，実数の濃度を連続体の濃度という．非可算無限個の標本点をもつ集合のことを非可算無限集合，非可付番集合（uncountable set）という．

　さて，ここまでは1次元の標本空間を考えてきた．しかし，サイコロを2回投げて出た目の組を考えると，標本空間は $(1, 2)$, $(2, 6)$ などを標本点にもつ2次元の（有限個）自然数空間となる．また，京都と大阪の8月の月降水量の組を四捨五入した mm 単位で測定する場合の標本空間は，2次元の（無限個）自然数空間である．さらに，2次元空間（面）にある的をダーツで射る場合，その着地点を標本点として x-y 座標あるいは角座標で表せば，標本空間は2次元の実数空間となる．

　では，1次元の自然数全体の標本空間と2次元の自然数全体の標本空間とでは，どちらが標本点の数が多いだろうか．実は，$(1, 1)$, $(2, 1)$, $(1, 2)$, $(3, 1)$, $(2, 2)$, $(1, 3)$, … と有理数の場合と同じように2次元の標本点を並べていけば番号づけることができるので，2次元の自然数空間も1次元と同様，可算無限の濃度である．同様に，2次元の実数標本空間も，1次元の実数標本空間同様，連続体の濃度を

もつ．これらのことは，3次元，4次元でも，一般にN次元でも同じである．

上級課題2：測度と可測性

標本空間Ωの部分集合である事象Eについて，その確率が定義可能であるとしよう．このとき，事象Eを確率事象（probability event），または可測事象（measurable event）という．また，事象Eは可測（measurable）である，すなわちその大きさを測ること（定義すること）が可能である．この大きさのことを測度（measure）といい，特に確率として定義したものを確率測度（probability measure）という（単に確率ともいう）．

以下では，集合である確率事象（可測事象）の集まり全体を$\bm{M}$と表記することとする．したがって，集合である事象Eが確率事象であるとき，$E\in \bm{M}$と表記する．このような集合の集まり（つまり「集合の集合」）を集合族あるいは単に族と呼ぶ．

一般に，標本空間Ωの部分集合Eについて定義された集合関数$\Pr[E]$が，

$0\leq \Pr[E]<\infty, \quad \Pr[\phi]=0$ （非負性） (A2.1)

$E_1\subset E_2$ならば$\Pr[E_1]\leq \Pr[E_2]$（単調性） (A2.2)

$\Pr[\bigcup_{i=1}^{\infty} E_i]\leq \sum_{i=1}^{\infty}\Pr[E_i]$（劣加法性） (A2.3)

を満たすとき，その集合関数$\Pr[\cdot]$を外測度という（「外」とは外から覆うことで，その意味は上級課題4で明らかとなる）．これが，確率の定義として満たされるべき条件であることは明らかであろう．一方，集合$E\in\Omega$が

$\Pr[A]=\Pr[A\cap E]+\Pr[A\cap E^C], \quad {}^{\forall}A\in\Omega$ (A2.4)

を満たすとき，Eは可測または$\Pr$可測であるという．

演習問題2 「1個のサイコロを投げ出た目を観測する」という実験の根元事象（標本点）と標本空間について，式(A2.2)〜(A2.4)が成立することを確認せよ．

2.5 確率の公理

公理（axiom）とは，無条件に満たされていると誰もが認め，かつ最小限の性質である．「誰もが認め」とは，証明を必要としないほど自明なこと，あるいは，理論的にこうであると決めることのできるものを指している．「最小限」とは，あらゆる性質がこの公理から出発して定理として導かれるための最低限の条項を有していることを意味している．数学的確率理論では，確率事象ならびに確率が

次に掲げるコルモゴロフ（Kolmogorov）の公理に従うことを出発点とする．

標本点の数が有限の場合のコルモゴロフの公理

① $\phi \in \boldsymbol{M}$（すなわち，空事象も確率事象である） (2.1)

② $E \in \boldsymbol{M}$ ならば $E^C \in \boldsymbol{M}$（確率事象の余事象も確率事象である） (2.2)

③ $E_1, E_2 \in \boldsymbol{M}$ ならば $E_1 \cup E_2 \in \boldsymbol{M}$（確率事象の和事象もまた確率事象である）

(2.3)

④ $E \in \boldsymbol{M}$ ならば $0 \leq \Pr[E] \leq 1$ であり，$\Pr[\Omega] = 1$ (2.4)

⑤ $\Pr[\sum_{i=1}^{n} A_i] = \sum_{i=1}^{n} \Pr[A_i]$（有限加法性） (2.5)

ここで，$\Pr[A]$ は事象 A の確率，$\boldsymbol{M}$ は確率事象（上級課題2参照）の集まり全体を指す．また，$A_1, A_2, \cdots, A_n$ は互いに排反である[3]．

コルモゴロフの公理の①～③は，確率事象に和，差，積の演算を有限回適用して得られる事象は確率事象であること（$\boldsymbol{M}$ に属すること）を意味する．このことは，$E_1 \cap E_2 = (E_1^C \cup E_2^C)^C$ から明らかであろう．また，$\Omega = \phi^C$ から，$\Omega \in \boldsymbol{M}$，すなわち標本空間そのものも確率事象であることが導かれる．さらに，$1 = \Pr[\Omega] = \Pr[\Omega + \phi] = \Pr[\Omega] + \Pr[\phi]$ から，$\Pr[\phi] = 0$ であることも示される．

この公理から，

⑥ 標本空間 Ω の部分集合について，①～③を満たす有限加法族 $\boldsymbol{M}$ が存在する

⑦ 確率（測度）が定義される集合の集まり，すなわち確率事象の集まりは，有限加法族でありうる

という関係が得られる．これらは，確率事象にいかなる演算を施して得られる事象についても，確率が定義できるということを意味する．

2.6 確率の性質

ここで，確率の公理から導かれるいくつかの性質を導いておこう．下記の誘導が確率の公理（コルモゴロフの公理）のみを用いていることに注目されたい．

定理1 確率事象 E に対して，

$$\Pr[E] + \Pr[E^C] = 1 \tag{2.6}$$

---

[3] コルモゴロフの公理①～③を満たす事象の集まり（族）を有限加法族という．確率事象の族 $\boldsymbol{M}$ は有限加法族である必要がある．

が成り立つ．これを全確率の公式という．

　[証明]　$E+E^C=\Omega$ であるから，コルモゴロフの公理⑤より $\Pr[E]+\Pr[E^C]=\Pr[\Omega]$ である．ところが，同公理④より $\Pr[\Omega]=1$ であるから，上式が成立する．

定理2　確率事象 E, F に対して，
$$\Pr[E\cup F]+\Pr[E\cap F]=\Pr[E]+\Pr[F] \tag{2.7}$$
が成立する．これを加法定理という．

　[証明]　$E=E\cap F+(E-F)$ であり，$F=E\cap F+(F-E)$ である．したがって，コルモゴロフの公理⑤より，
$$\Pr[E]=\Pr[E\cap F]+\Pr[E-F] \quad \text{かつ} \quad \Pr[F]=\Pr[E\cap F]+\Pr[F-E]$$
が成立する．よって，
$$\Pr[E]+\Pr[F]=2\Pr[E\cap F]+\Pr[E-F]+\Pr[F-E]$$
である．一方，$E\cup F=(E-F)+E\cap F+(F-E)$ なので，やはり公理⑤より，
$$\Pr[E\cup F]=\Pr[E-F]+\Pr[E\cap F]+\Pr[F-E]$$
が得られる．両式より，加法定理が成立することがわかる．

定理3　確率事象 E, F について，
$$E\subset F \text{ ならば } \Pr[E]\leq \Pr[F] \tag{2.8}$$
が成立する．これを単調性という．

　[証明]　$E\subset F$ より $E\cap F=E$ となり，$F=E+(F-E)$ である．したがって，コルモゴロフの公理⑤より $\Pr[F]=\Pr[E]+\Pr[F-E]$ である．一方，同公理④から $\Pr[F-E]\geq 0$ だから，式 (2.8) に示す単調性が成り立つ．

定理4　確率事象 $E_i (i=1, 2, \cdots)$ について，
$$\Pr[\bigcup_{i=1}^{n} E_i]\leq \sum_{i=1}^{n}\Pr[E_i] \tag{2.9}$$
が成立する．これを劣加法性という．

　[証明]　コルモゴロフの公理④より $\Pr[E_1\cap E_2]\geq 0$．よって，定理2より
$$\Pr[E_1\cup E_2]\leq \Pr[E_1]+\Pr[E_2]$$
ここで，E_1 を $E_1\cup E_2$ に置き換え，E_2 を E_3 に置き換えれば，
$$\Pr[E_1\cup E_2\cup E_3]\leq \Pr[E_1]+\Pr[E_2]+\Pr[E_3]$$
がいえる．以下同様にして定理が証明される．

上級課題 3：標本点の数が無限の場合のコルモゴロフの公理

無限標本空間の場合，コルモゴロフの公理は以下のように示される．

① $\phi \in M$（すなわち，空事象も確率事象である） (A2.5)

② $E \in M$ ならば $E^c \in M$（確率事象の余事象も確率事象である） (A2.6)

③ $E_n \in M$ $(n = 1, 2, \cdots)$ ならば $\bigcup_{n=1}^{\infty} E_n \in M$（可算無限個の確率事象の和事象もまた確率事象である） (A2.7)

④ $E \in M$ ならば $0 \leq \Pr[E] \leq 1$ であり，$\Pr[\Omega] = 1$ (A2.8)

⑤ $\Pr[\sum_{i=1}^{\infty} A_i] = \sum_{i=1}^{\infty} \Pr[A_i]$（完全加法性） (A2.9)

これが厳密な意味でのコルモゴロフの公理である．標本点の数が有限個の場合と大きく違うのは③である．標本点の数が有限の場合，③は有限個の確率事象の和事象も確率事象である，すなわち可測であるとしていたが，ここではこれを拡張して，可算無限個の確率事象の和事象も確率事象であるとしている．したがって，和，差，積をとる演算を可算無限回行って得られる事象も，確率事象であること（M に属すること）が前提とされている．この前提がなければ，⑤ の完全加法性は無意味となろう．

この公理に示される可算無限回の集合演算から得られる事象についても確率が定義されるという前提条件がなければ，本書で後に論じる大数の法則や中心極限定理の一般的証明で必要とされる，$\bigcup_{i=1}^{\infty} E_i$ や $\bigcap_{i=1}^{\infty} E_i$ などの確率事象列 E_1, E_2, … の極限演算として得られる事象に確率を定義することが不可能となる．あるいは，単純な実験から得られるシステムの構成要素についての確率 $\Pr[A_i]$（たとえば，ある部材の安全率）から，多数の構成要素からなる複雑なシステムについての確率（部材から構成される橋梁の安全率）が数学的に算出される保証もなくなる．

さて，標本空間 Ω の部分集合の族が ①〜③ を満たすとき，その族のことを完全加法族，可算加法族，σ-加法族，または単に加法族という．

以上，確率が定義されるためには，全体空間としての標本空間 Ω，その部分集合の σ-加法族 M，M で定義された測度としての確率測度 $\Pr$ の組み合わせが必要なことが理解できたと思う．この組み合わせのことを測度空間といい，$(\Omega, M, \Pr)$ または $\Omega(M, \Pr)$ と書く．特に $\Pr$ が確率測度の場合は，これを確率空間と呼ぶ．

上級課題 4：公理を満たす確率測度

ここでは，標本空間が可算無限，および非加算無限の場合，測度としての確率が

コルモゴロフの公理 ④, ⑤ を満たすための要件を論じる.

① 標本空間が可算無限の場合： 標本空間が可算無限個の標本点（根元事象）からなる場合（$\Omega = \{\omega_1, \omega_2, \cdots\}$）を考えよう. この場合，

$$\Pr[\{\omega_1\}] + \Pr[\{\omega_2\}] + \cdots = 1 \text{ かつ } \Pr[\{\omega_i\}] \geq 0 \ (i = 1, 2, \cdots)$$

として, 事象 E の確率を

$$\Pr[E] = \sum_{\omega_i \in E} \Pr[\{\omega_i\}]$$

と定義すれば, 公理 ④, ⑤ が満たされることがわかる. 標本点の数が可算無限個の場合，$\Pr[\{\omega_1\}] + \Pr[\{\omega_2\}] + \cdots = 1$ という条件が満たされるためには，有限個の標本点を除き, $\Pr[\{\omega_i\}] \to 0$ と定義されている必要があることに注意されたい.

② 標本空間が非可算無限の場合： 簡単のために，2 次元実数空間の標本空間（$\Omega = \{\omega : \omega \in (0, 1] \times (0, 1]\}$）を例に説明する. すなわち, 標本空間が左下に原点をもつ単位面積の正方形領域の場合である. すでに上級課題 1 で説明したように，標本点の数は可算無限個より多く, 非可算個ある.

まず, $0 \leq a_i < b_i \leq 1 \ (i = 1, 2)$ として, $I = (a_1, b_1] \times (a_2, b_2]$ を区間と呼ぼう. さらにこの区間の確率を $\Pr[I] = (b_1 - a_1)(b_2 - a_2)$ と定義する. 次に, 互いに排反な有限個の区間の和 $J = I_1 + I_2 + \cdots + I_n$ を区間塊と呼び, その確率を $\Pr[J] = \Pr[I_1] + \Pr[I_2] + \cdots + \Pr[I_n]$ と定義する. すなわち, 区間, 区間塊の面積として確率を定義したことになる. 明らかに $\Pr[\Omega] = 1$ である. また, Ω における区間塊全体はコルモゴロフの公理の式 (2.1)〜(2.3) を満たすので有限加法族であり, かつ $\Pr[I]$ は式 (2.4), (2.5) を満たすので確かに確率である.

では, 区間でも区間塊でもないより一般的な（無限種類存在する）事象 $E \subset \Omega$ の確率をどのように定義したらよいだろうか. この場合も, 事象 E の面積として定義すればよいことは思いつくだろう. しかし, それは式 (A2.9) の完全加法性を満足するだろうか. 実は, 読者が高校や大学の初頭で学習するリーマン積分として定義される面積の概念だけでは, これは残念ながら必ずしも満たされない. すなわち, 可算無限個の $E_1, E_2, \cdots$ それぞれには確率が定義できても, それらの和 $E_1 + E_2 + \cdots$ には確率が定義できないことがありうる. これを克服したのが, 20 世紀初頭にルベーグによって確立されたルベーグ測度（Lebesgue measure）と呼ばれるものであり, E を覆うさまざまな区間塊 J による $\Pr[J]$ の下限値によって $\Pr[E]$ を定義（外測度）することにより, 面積の概念を拡張して完全加法性を満たしている. 確率論ではこのルベーグ測度として確率が定義される. さらには, 面積（1 次元では長さ, 3 次元以上では体積）の代わりにルベー

グ測度を用いて定義される積分がルベーグ積分と呼ばれるもので，ルベーグ測度の完全加法性により，ルベーグ積分可能な関数列の極限関数もやはりルベーグ積分が可能となる．このおかげで，第3章で定義される確率密度関数として定義される関数の種類が格段と多くなったり，さまざまな証明が容易となる．この積分もリーマン積分とは異なる．第3章以降でさまざまな関数の積分が多く出てき，それをもとにさまざまな証明をするが，本書では扱わないさまざまな関数形でも成立する一般的な証明を要求される場合，このルベーグ積分の理解が必要である．この，ルベーグ積分の可能な関数を可測関数というが，リーマン積分可能な関数はすべて可測関数であるので，本書で扱う関数の範囲では，リーマン積分を用いての証明がなされれば十分である．しかし，フーリエ級数，積分方程式，偏微分方程式論，量子力学の勉強や，読者が将来工学的に必要な新たな確率概念を定義していく場合，その証明にぜひとも必要となってくる．興味のある読者には，たとえば，『ルベーグ積分入門』（伊藤清三著，裳華房）をすすめる．

演習問題3　4 cmの間隔で平行な直線が無数に引かれている平面に，長さ2 cmの針を落としたとき，針が直線と交わる確率を求めよ（「バフォン（Buffon）の針」の問題）．

2.7　等可能性に基づく確率の導出

2.2節で述べた「等可能性（equal possibility）」の概念は，確率事象をはらむ現実の問題に幅広く応用されている．対象とする確率事象がある確率的実験の結果と見なすことができ，その実験の根元事象がすべて同一の可能性をもつとき，事象の確率は（事象に含まれる根元事象の数）/（標本空間の中の根元事象の総数）と求められる．すでに述べたように，これは古典的な確率の定義である．その適用に当たっては，根元事象の数を求めることがまず必要となる．この際役立つのが以下に述べる2つの法則である．

a.　和の法則

$n(A)$ により事象 A が生じる「場合の数」あるいは根元事象の数を表そう．たとえば，「サイコロを投げ出る目を観測する」という実験で，「目が偶数である」という事象の場合，$n(A)=3$ である．すると，

$$n(A \cup B) = n(A) + n(B) - n(A \cap B)$$

という関係が成立する．特に $A \cap B = \phi$ のとき，$n(A \cup B) = n(A) + n(B)$ である．

すなわち，A と B が排反のとき，A と B のいずれかが起こる場合の数は A が起こる場合の数と B が起こる場合の数の和に等しい．これを和の法則という．たとえば，このサイコロの実験で「目が偶数である」という事象を A，「目が1である」という事象を B とすれば，$A \cap B = \phi$，$n(A) = 3$，$n(B) = 1$，$n(A \cup B) = 4$ が得られる．事象 $A \cup B$ は「目が偶数か1である」ことを意味し，対応する根元事象は1の目，2の目，4の目，6の目の4つであることは簡単に確認できるだろう．

b. 積の法則

「1個の硬貨と1個のサイコロを投げ，出た硬貨の側とサイコロの目を各々観測する」という実験を考えよう．この実験の根元事象は（表，1の目）といった，硬貨の側とサイコロの目の対として表すことができる．硬貨の側の集合を C，その要素を c で表し，サイコロの目の集合を D，その要素を d とする．すると根元事象は (c, d) と表される．これを，順序を区別できる対であるという意味で順序対（ordered pair）と呼ぶ．集合 C, D のすべての要素からつくられる順序対の全体を C と D の直積（direct product）と呼び，$C \times D$ と表す．この直積が有限のとき，その要素の数は $n(C \times D) = n(C)n(D)$ と与えられる．これが積の法則である．サイコロと硬貨の実験の場合，合計で12の根元事象があることは簡単に理解できよう．

上に例としてあげた実験の根元事象はすべて同じ可能性をもっていると考えるのが妥当である．たとえば，1個の硬貨と1個のサイコロを投げたとき，（表，3の目）が出る可能性と（裏，6の目）が出る可能性は等しいと考えられよう．ここで「事象 A：硬貨の表が出るか，サイコロの6の目が出る」を考えよう．硬貨の表を含む根元事象は（表，1の目），（表，2の目），$\cdots$，（表，6の目）の6つあり，サイコロの6の目を含む根元事象は（表，6の目），（裏，6の目）の2つで，（表，6の目）の重複を差し引くと，事象 A に対応する根元事象の数は7となる．したがって A の確率は $\Pr[A] = 7/12$ と求まる．

演習問題4 製品番号の最初の3文字がAからZまでのアルファベットの文字，残り5文字が0から9までの数字からなるとき，何種類の異なった製品番号をつくることができるか．同じ文字あるいは数字を繰り返し使わないとき，何種類できるか．

演習問題 5　U を全体集合として，
$$n(U)=100, \quad n(A^C)=50, \quad n(A\cap B^C)=20, \quad n(A\cup B)=60$$
のとき，$n(A)$，$n(B)$，$n(A\cap B)$ を求めよ．

演習問題 6　大小 2 個のサイコロを振って，その目の和が奇数になる場合は何通りあるか．

演習問題 7　15 人のエンジニアが 5 人ずつからなる 3 つのプロジェクトチームに配属されるとき，エンジニアの組み合わせは何通りあるか．また，この 15 人の中で，プロジェクトリーダーを務めることのできる者が 5 名おり，各チームに 1 人リーダーがいなければならないとするとき，エンジニアの組み合わせは何通りあるか．

演習問題 8　よく繰られた 52 枚のトランプのカード 1 組（ジョーカーは含まない）から 2 枚のカードを引いたとき，以下の事象の確率を求めよ．
① 2 枚ともエースである．
② 1 枚がエースでもう 1 枚がキングである．
③ 2 枚ともスペードである．
④ 1 枚がエースでもう 1 枚がスペードである．

演習問題 9　あるパーティーで n 人の参加者が 1 つずつプレゼントを持ち寄り，主催者がこれを集めて，帰りに 1 人 1 つずつランダムに配るものとする．このとき，自分が持ってきたプレゼントを持って帰る人が少なくとも 1 人出る確率 P_1 を求めよ（モンモールの問題）．

演習問題 10　あるキャンパスの計算機センターでは，急行，普通，および特大の 3 種類のジョブを扱っている．提出されるジョブのうち 20% が急行，50% が普通，残りが特大であることがわかっている．以下の確率を求めよ．
① 提出されるジョブが 3 つ続いて急行である．
② 次に提出される 3 ジョブのうち 2 つが急行である．
③ 次に提出される 3 ジョブが，急行，普通，特大を各々 1 つずつ含んでいる．

　品質管理の考え方の基礎を示す以下の例題でも古典的確率の概念が鍵となる（これには 11.2 節でもう一度触れる）．この問題では，根元事象の数を算出するに当たり，組み合わせの理論が適用されている．

例題　ある工場の生産ロットで 100 個のトグルスイッチが製造された．そのうち 3 個が不良品とわかっている．このロットから 5 個のスイッチが無作為にサンプルとして抜

き出されたとき，以下の確率を求めよ．
　① サンプルに不良スイッチが含まれていない．
　② サンプルにちょうど2個の不良スイッチが含まれている．
　③ サンプルに少なくとも1個の不良スイッチが含まれている．

解答　この問題をまず実験として以下のように定式化しよう．「3個の不良スイッチと97個の正常なスイッチが入ったロットから5個のスイッチを無作為にサンプルとして抜き出し，サンプルの構成を観測する」．ここで「サンプルの構成」とは，各々のスイッチが区別できるとして（1から100まで番号がついていると考えればよい），サンプルに含まれているスイッチの組み合わせを意味する．各々のサンプルの構成を根元事象と見なすと，その数は100個のスイッチから5個を取り出したときの組み合わせの数に等しい．n個の中からr個を取り出したときの組み合わせの数は $_nC_r = n!/r!(n-r)!$ と与えられるから，この場合の根元事象の数は，

$$_{100}C_5 = \frac{100!}{5!(100-5)!} = \frac{96 \times 97 \times 98 \times 99 \times 100}{1 \times 2 \times 3 \times 4 \times 5}$$

となる．これらの根元事象がすべて同一の可能性をもつこと，つまり同じ確率で生起することは，理論的に明らかであろう．

まず，①「事象 E_1：サンプルに不良スイッチが含まれていない」を考えよう．この事象に対応する根元事象はすべて，97個の正常なスイッチの中から取り出されたスイッチのみを含んでいる．そのような根元事象の数は，$_{97}C_5$ として与えられる組み合わせの数に等しい．これらの根元事象の数の比をとり，事象 E_1 の確率は，

$$\Pr[E_1] = \frac{_{97}C_5}{_{100}C_5} = \left(\frac{97!}{5!(97-5)!}\right) \Big/ \left(\frac{100!}{5!(100-5)!}\right) = \frac{93 \times 94 \times 95 \times 96 \times 97}{96 \times 97 \times 98 \times 99 \times 100}$$

$$= \frac{27683}{32340} = 0.856 \tag{2.10}$$

と求められる．

次に，②「事象 E_2：サンプルにちょうど2個の不良スイッチが含まれている」を考えよう．この場合，5個のサンプルの構成は，サンプルの中の2個の不良スイッチの組み合わせと3個の正常なスイッチの組み合わせからなる．特定の2個の不良スイッチを含むサンプルの組み合わせは，3個の正常なスイッチの組み合わせの数だけあることに着目すると，積の法則が適用でき，2個の不良スイッチを含むサンプルの総数は（2個の不良スイッチの組み合わせの数）×（3個の正常なスイッチの組み合わせの数）に等しく $_3C_2 \times {_{97}C_3}$ となる．したがって，

$$\Pr[E_2] = \frac{_3C_2 \times {_{97}C_3}}{_{100}C_5} = \left(\frac{3!}{2!(3-2)!} \frac{97!}{3!(97-3)!}\right) \Big/ \left(\frac{100!}{5!(100-5)!}\right)$$

$$= \frac{3 \times 95 \times 96 \times 97}{3!} \Big/ \frac{96 \times 97 \times 98 \times 99 \times 100}{5!} = \frac{5!}{2!3!} \frac{2 \times 3 \times 95 \times 96 \times 97}{96 \times 97 \times 98 \times 99 \times 100}$$

$$= \frac{19}{3234} = 0.00588 \tag{2.11}$$

が得られる．

最後に，③「事象 E_3：サンプルに少なくとも1個の不良スイッチが含まれている」

については, $E_3 = E_1^C$ であることに着目し,
$$\Pr[E_3] = \Pr[E_1^C] = 1 - \Pr[E_1] = 1 - 0.856 = 0.144$$
と求められる.

さて, ここで事象 E_1 の確率を今一度検討しよう. 式 (2.10) から,
$$\Pr[E_1] = \frac{93 \times 94 \times 95 \times 96 \times 97}{96 \times 97 \times 98 \times 99 \times 100} = \frac{97}{100} \times \frac{96}{99} \times \frac{95}{98} \times \frac{94}{97} \times \frac{93}{96}$$
が得られるが, これは何を意味しているだろうか. ロットには正常なスイッチが 97 個, 不良スイッチが 3 個, 総計 100 個のスイッチが入っているから, 右辺の 97/100 は 100 個のスイッチの入ったロットから最初のスイッチを抜き出したとき, それが正常なスイッチである確率であることがわかる. 最初に抜き出したスイッチが正常のとき, ロットには正常なスイッチが 96 個, 不良スイッチが 3 個, 総計 99 個が残っている. 次の 96/99 は, この 99 個の中から 2 つ目のスイッチを抜き出したときそれが正常なスイッチである確率である. このように, $\Pr[E_1]$ の右辺は, ロットの中から順次 5 個のスイッチを抜き出したとき, 各々が正常なスイッチである確率を掛け合わしたものとなっている. このようにして事象 E_1 の確率が求められることは, 次節で述べる乗法定理により示される.

次に事象 E_2 の確率を検討しよう. 式 (2.11) からこの確率は,
$$\Pr[E_2] = \frac{5!}{2!3!} \frac{2 \times 3 \times 95 \times 96 \times 97}{96 \times 97 \times 98 \times 99 \times 100} = \frac{5!}{2!3!} \times \frac{97}{100} \times \frac{96}{99} \times \frac{95}{98} \times \frac{3}{97} \times \frac{2}{96}$$
と表されるが, これはロットから正常なスイッチを 3 個続けて抜き取り, さらに不要スイッチを 2 個抜き取る確率に 5!/2!3! を乗じたものである. では, なぜ 5!/2!3! が乗じられているのだろうか. ここで,「サンプルにちょうど 2 個の不良スイッチが含まれている」という事象は, 5 個を抜き取ったときに, (正常, 正常, 正常, 不良, 不良) という順でサンプルが得られるという場合に加え, (正常, 不良, 正常, 正常, 不良) あるいは (正常, 不良, 不良, 正常, 正常) という順で得られる場合など, いくつかの場合を含んでいることに注目されたい. いずれの場合も,
$$\frac{97}{100} \times \frac{96}{99} \times \frac{95}{98} \times \frac{3}{97} \times \frac{2}{96}$$
の確率で生起する. また, これらの場合は互いに排反だから, 加法定理により, そのいずれかが起こる確率は各々の場合の確率の和に等しい. 一方, これら場合の総数は 5 回スイッチを抜き出したときそのうちの 2 つが不良品であるという場合 (組み合わせ) の総数であり, 5!/2!3! と求められる. これらから, 事象 E_2 の確率は, 上に示した場合の確率と場合の総数の積として求められる.

演習問題 11 以下の定理を証明せよ.
① N 個の異なったモノを並べるときの順列の数は $N!$ である.
② N 個の異なったモノの中から r 個取り出し並べるときの順列の数は, ${}_N P_r = N!/(N-r)!$ である.
③ N 個の異なったモノの中から r 個取り出したときの組み合わせの数は, ${}_N C_r = N!/r!$

$(N-r)!$ である.

④ N 個のモノを n_1 個, n_2 個, $\cdots n_k$ 個からなる k 組に分けるとき, 組み合わせの数は $N!/n_1!n_2!\cdots n_k!$ である.

演習問題 12 $_0C_0=1$ とし, 実数 a, b, 正の整数 n について
$$(a+b)^n = \sum_{r=0}^{n} {_nC_r} a^{n-r} b^r$$
が成立することを示せ. これは二項定理 (binomial theorem) と呼ばれる. また, $_rC_k$ は 2 項係数で, $\binom{r}{k}$ とも表される.

演習問題 13 n が正の整数のとき, $(a_1+a_2+\cdots+a_m)^n$ を展開すると $a_1^{n_1} a_2^{n_2} \cdots a_m^{n_m}$ の係数が $n!/n_1!n_2!\cdots n_m!$, $(n_1+n_2+\cdots+n_m=n)$ となることを示せ (多項定理).

演習問題 14 ある工場では 1 つのロットで一度に 100 個のトグルスイッチが生産される. 工場の経営者は, 全スイッチを検査することなく, 不良品を一切含まないロットを「1 級」ロットとして選別したいと考えている. 工場の品質管理部長は各ロットから n 個のスイッチを無作為に抜き取り検査し, もし n 個の中に不良品が一切なければそのロットを「1 級」と見なし, また n 個の中に不良品が 1 つでもあったときにはロットは「2 級」とし低価格で卸すことを提案した. 経営者としては, 品質に関する評判を考慮し, 不良品を含むロットを誤って「1 級」と判別する確率を 1% 以下に抑えたい.

① ロットに不良品が X 個入っているとき, 適切な n の値を, $X=2, 3, 5, 7, 10$ の各々の場合について求めよ.

② これまでの平均で, スイッチが不良品である確率は 0.03 とわかっているとする. この情報を用いて適切な n の値を求めよ.

演習問題 15 ある大学の 10 人のメンバーからなる委員会は, 少なくとも 5 人のメンバーが真面目に仕事をしているとき, その機能を果たしうると考えられている. 委員会の能率が上がらないのに頭を痛めた学部長は, 10 人のメンバーのうちから 4 人を無作為に選び出し, その 4 人が委員会の仕事をちゃんとしているかどうかを調べることにした. 学部長はサンプルされた 4 人のうち 3 人が仕事をしていれば, 委員会全体として機能していると考えることとした. さて, この委員会で仕事をしているのは実は 10 人のうち 4 人しかいない. 学部長が彼の調査に基づき委員会が機能していないという結論を下す確率を求めよ.

演習問題 16 100 枚の札を使ったくじを考える. この 100 枚のうち 10 枚が当たり番号である. 5 枚の札を引いたとき, 少なくとも 1 枚の当たり番号が含まれている確率を, 以下の仮定を用いて求めよ.

① 札を 1 枚引いた後, 次の札を引く前にもとに戻す.

② 札はいったん引いたらもとに戻さない.

演習問題 17　あるパーツの製造過程で不良品が 1% の確率で生じる．無作為に選んだパーツを 50 個購入したとき，2 個以下の不良品が含まれている確率を求めよ．

2.8　条件付確率

標本空間に定義される 2 つの事象 A, B があり，A が起こったことがわかったとしよう．このことは，事象 B が生起する可能性についてどういう意味をもつだろうか．たとえば，サイコロを 1 回振り，出た目を観測するという実験で，

事象 A：　偶数 (2, 4, 6) の目が出る

事象 B：　2 の目が出る

を考えよう．等可能性の概念を適用し，各々の事象の確率は $\Pr[A] = 3/6 = 1/2$, $\Pr[B] = 1/6$ である．さて，ここで事象 A が生じたという情報が与えられたとき，つまり事象 A が事実となったとき，事象 B の確率をどう考えればよいだろうか．

事象 A が生じたということがわかる前は，標本空間は $\Omega = \{1, 2, 3, 4, 5, 6\}$ である．したがって，等可能性の概念を用い $\Pr[B] = 1/6$ である．事象 A が事実とわかったということは，1, 3, 5 の目の可能性はなくなったということである．このことは，標本空間が $\Omega' = \{2, 4, 6\}$ に縮小したと解釈することができる．この新しい標本空間で，事象 B の確率が 1/3 となることは等可能性の概念から明らかであろう．逆に事象 A が生起しなかったとすれば，新しい標本空間 $\Omega'' = \{1, 3, 5\}$ が得られ，事象 B の確率は 0 となる．このように，事象 B の確率は事象 A が生起したか否かに依存する．

事象 A が生起したという条件の下で事象 B が生起する確率は条件付確率 (conditional probability) と呼ばれ，$\Pr[B|A]$ と表記される．その定義は，$\Pr[A] \neq 0$ のとき，

$$\Pr[B|A] = \frac{\Pr[A \cap B]}{\Pr[A]} \tag{2.12}$$

と与えられ，事象 A と B がともに生じる同時確率を事象 A の確率で割ることにより，標本空間の変化に伴う事象 B の確率の変化を表している．$\Pr[A \cap B]$ は任意の確率事象 A, B について確率の公理を満たす確率測度なので，$\Pr[B|A]$ も確率の公理を満たし，したがって，2.6 節で示した確率の性質がそのまま当てはまる．

乗法定理

同様にして，$\Pr[B] \neq 0$ ならば，

$$\Pr[A|B] = \frac{\Pr[A \cap B]}{\Pr[B]} \tag{2.13}$$

であるから，

$$\Pr[A \cap B] = \Pr[A]\Pr[B|A] = \Pr[B]\Pr[A|B] \tag{2.14}$$

が成立する．これを乗法定理（multiplication rule）という．この定理から，

$$\Pr[A|B] = \frac{\Pr[A]\Pr[B|A]}{\Pr[B]} \tag{2.15}$$

が成立する．この式は，B の条件付確率 $\Pr[B|A]$ が既知のとき，A の条件付確率 $\Pr[A|B]$ を求めるのに利用される．

これを一般化すると，

$$\begin{aligned}
&\Pr[A_1 \cap A_2 \cap \cdots \cap A_n] \\
&= \Pr[A_1 \cap A_2 \cap \cdots \cap A_{n-1}]\Pr[A_n|A_1 \cap A_2 \cap \cdots \cap A_{n-1}] \\
&= \Pr[A_1 \cap A_2 \cap \cdots \cap A_{n-2}]\Pr[A_{n-1}|A_1 \cap A_2 \cap \cdots \cap A_{n-2}]\Pr[A_n|A_1 \cap A_2 \cap \cdots \cap A_{n-1}] \\
&\quad \vdots \\
&= \Pr[A_1]\Pr[A_2|A_1]\Pr[A_3|A_1 \cap A_2] \cdots \Pr[A_n|A_1 \cap A_2 \cap \cdots \cap A_{n-1}]
\end{aligned} \tag{2.16}$$

が成立する．これが乗法定理の一般形で，しばしばチェーンルール（chain rule）と呼ばれる．

演習問題18 高血圧と喫煙の関係を調べる目的で，以下のデータを180人の個人から集めた．

	喫煙せず	普通量を喫煙	多量に喫煙
高血圧	21	36	30
正常	48	26	19

これに基づき，無作為に抽出された個人が以下の各々に該当する条件付確率を求めよ．
① その個人が多量に喫煙するときに，高血圧である確率．
② その個人が高血圧ではないときに，喫煙しない確率．

演習問題19 2つのサイコロを投げたとき，そのうちの一つの目が4で，もう一つの目は4でなかったことがわかっている．以下の確率を求めよ．
① もう一つのサイコロの目が5である．
② 2つのサイコロの目の和が7より大きい．

演習問題 20 A, B の 2 人が，まず A から始めて交互にサイコロを振り，最初に 1 の目が出た方が勝ちであるとする．それぞれの勝つ確率を求めよ．ただし，勝負が決まるまで試行は繰り返すものとする．

2.9 ベイズの定理

標本空間 Ω が互いに排反な事象 $A_1, A_2, \cdots, A_n$ に分割されているとき，これらが直和分割と呼ばれていることは，すでに 2.3 節で述べた．これを用い，本節では 2 つの重要な定理を導く．

a. 全確率の定理

$A_1, A_2, \cdots, A_n$ が標本空間 Ω の直和分割のとき，任意の事象 B は，
$$B = B \cap \Omega = B \cap (A_1 \cup A_2 \cup \cdots \cup A_n) = \sum_{i=1}^{n} B \cap A_i \tag{2.17}$$
と表現できる．したがって，コルモゴロフの公理⑤より
$$\Pr[B] = \Pr\left[\sum_{i=1}^{n} B \cap A_i\right] = \sum_{i=1}^{n} \Pr[B \cap A_i]$$
が成立し，乗法定理（2.14）より，
$$\Pr[B] = \sum_{i=1}^{n} \Pr[B|A_i] \Pr[A_i] \tag{2.18}$$
が得られる．これを全確率（total probability）の定理という．これを用い，以下の定理が導かれる．

b. ベイズの定理

乗法定理より，$\Pr[B|A_i]\Pr[A_i] = \Pr[A_i|B]\Pr[B]$ $(i=1, 2, \cdots, n)$ なので，B に全確率の定理を適用すると，
$$\Pr[A_i|B] = \frac{\Pr[B|A_i]\Pr[A_i]}{\Pr[B]} = \frac{\Pr[B|A_i]\Pr[A_i]}{\sum_{l=1}^{n} \Pr[B|A_l]\Pr[A_l]} \quad (i=1, 2, \cdots, n) \tag{2.19}$$

が成立することがわかる．これをベイズ（Bayes）の定理という．式（2.19）では，B が与えられたときの A_i の条件付確率が，A_l が与えられたときの B の条件付確率の関数として示されている．すなわち，ベイズの定理により条件性が逆転していることに着目されたい．

ベイズの定理の適用例を示そう．河川に架かる橋梁が洪水で破壊されるという事象を A_1，破壊されない事象を A_2 とし，$\Omega = A_1 + A_2$ とする．過去のデータから，洪水時に橋梁が破壊される確率は 0.1 と推定されている．すなわち，$\Pr[A_1] = 0.1$,

$\Pr[A_2]=0.9$ である．また，洪水時に流木が存在する場合，橋梁が破壊される確率が大きくなると推察される．全国の橋梁を追調査した結果，橋梁が破壊した出水のときに流木が存在した確率は 0.8，破壊されなかった出水のとき流木が存在した確率は 0.3 であったことがわかった．すなわち，流木が存在するという事象を B で表すと，$\Pr[B|A_1]=0.8$, $\Pr[B|A_2]=0.3$ である．以上の情報から，出水時に流木が存在した場合に橋梁が破壊される確率は，ベイズの定理により

$$\Pr[A_1|B] = \frac{P(B|A_1)P(A_1)}{P(B|A_1)P(A_1)+P(B|A_2)P(A_2)} = \frac{0.8\times 0.1}{0.8\times 0.1 + 0.3\times 0.9} = \frac{8}{35}$$

となる．破壊状況が与えられたときに流木が存在する条件付確率から，流木が存在するときの条件付破壊確率が算出された．

演習問題 21 ニューヨーク州からフロリダ州への貨物輸送経路には，陸路・海路・空路の3つがあり，陸路輸送はさらに道路と鉄道に分けられる．これらの貨物輸送の半分は陸路，30%は海路，残りは空路で運ばれており，陸上輸送貨物の40%は道路，残りは鉄道で運ばれている．貨物の破損率は道路輸送で10%，鉄道輸送で5%，海上輸送で6%，航空輸送で2%である．
① 全貨物の破損率はいくらか．
② 到着した貨物が破損していた場合，それが陸路，海路，空路で送られた確率はそれぞれいくらか．

演習問題 22 あるコースを受講する学生が，試験準備をしたとして単位がとれる条件付確率は 0.9，また試験準備をしなかったとして単位がとれる条件付確率は 0.4 である．無作為に抽出された学生が試験準備をする確率は 0.8 と知られている．ある学生が試験にパスしたとして，その学生が試験準備をしていた確率を求めよ．

演習問題 23 バイナリー通信では，情報を0と1の2種類の信号で伝達する．通信に伴う雑音のため，0が1として受信されたり，1が0として受信されたりする．これまでの観測により，0が0として受信される確率は 0.95，また1が1として受信される確率は 0.90 と知られている．また，0が発信される確率は 0.40 と知られている．以下の確率を求めよ．
① 信号が1として受信される確率．
② 信号が1として受信されたとして，実際に1が送信された確率．

演習問題 24 ある町でタクシーによるひき逃げ事故があった．その町には2つのタクシー会社があり，それぞれ緑色のタクシーと青色のタクシーを運行させている．その町で走るタクシーの85%は緑色タクシーであり，15%が青色タクシーである．目撃者は，

ひき逃げをしたタクシーは青色タクシーであったと証言した．その時間帯のその場所でのその目撃者の識別力を調べたところ，緑色タクシーと青色タクシーのそれぞれについて，その80％は正しく識別できることがわかった．事故を起こしたタクシーが証言どおり青色タクシーであった確率はいくらか．

2.10 統計的独立

事象 A と B が同時に起こる確率，すなわち事象 A, B の同時確率が

$$\Pr[A \cap B] = \Pr[A]\Pr[B] \tag{2.20}$$

と表されるとき，これら2事象は統計的に独立 (statistically independent) といわれる．A と B が独立のとき，式 (2.12) より，

$$\Pr[A|B] = \Pr[A], \qquad \Pr[B|A] = \Pr[B] \tag{2.21}$$

が成り立つ．すなわち，事象 A が生じる確率は，事象 B が生じたか否かに依存しない．

これを複数事象に拡張し，

$$\Pr[E_i \cap E_j] = \Pr[E_i]\Pr[E_j], \qquad \forall i, j, \ i \neq j$$
$$\Pr[E_i \cap E_j \cap E_k] = \Pr[E_i]\Pr[E_j]\Pr[E_k], \qquad \forall i, j, k, \ i \neq j \ (j \neq k, k \neq i)$$
$$\vdots$$
$$\Pr[E_1 \cap E_2 \cap \cdots \cap E_n] = \Pr[E_1]\Pr[E_2]\cdots\Pr[E_n] \tag{2.22}$$

が成立するとき，$E_1, E_2, \cdots, E_n$ は互いに独立である．

a. 独立と排反

統計的独立と排反の概念は混同されがちである．互いに排反な事象は独立であると思われがちだが，実際はその逆で，互いに排反な事象は独立ではない．事象 A と B が排反で，ともに空事象ではないとしよう．すなわち $A \cap B = \phi$, $A \neq \phi$, $B \neq \phi$ とする．すると

$$\Pr[A \cap B] = 0 \neq \Pr[A]\Pr[B]$$

となり，A と B は独立ではない．

演習問題 25 次の図に示す5つの部品からなる系を考える．個々の部品は正常に機能する場合も機能しない場合もあるが，系全体は A と B が結ばれている限り機能する．標本空間を，各々の部品が機能している (G) かしていない (F) かの $2^5 = 32$ の可能な組み合わせと定義しよう．すなわち，$\Omega = \{(G, G, G, G, G), \cdots, (F, F, F, F, F)\}$ とする．ここに，たとえば (G, F, G, F, F) は部品 C_1 と C_3 は機能しており，C_2, C_4 と C_5 は機

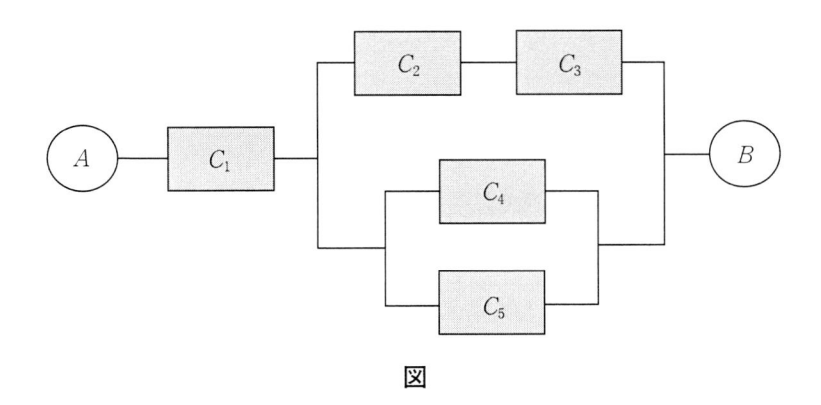

能していないことを示す．E_1 により「系が機能している」という事象，E_2 により「C_2 は機能していないが，系は機能している」という事象，そして E_3 により「C_3 は機能していないが，系は機能している」という事象を表すこととする．

① Ω, E_1, E_2 と E_3 の要素を列挙せよ．

② 事象 E_1 と E_2 は互いに排反か．
　事象 E_1 と E_3 は互いに排反か．
　事象 E_2 と E_3 は互いに排反か．

③ 各々の部品が機能するか否かは互いに独立で，すべて同一の確率 p で機能するとき，系が機能する確率を求めよ．

b．ベルヌーイ試行列

「硬貨を投げて表に出る側を観測する」という実験のように 2 種類の結果が存在する実験を，繰り返し試行する場合を考えよう．ある試行でどの結果が生起するかは，それまでの試行の結果から何ら影響を受けないし，また，それ以降の試行の結果に全く影響を及ぼさないとき，これらの試行は互いに独立であるとされる．さらにすべての試行が同一の条件で繰り返され，結果が生じる確率が時とともに変化しないとしよう．すなわち，

$\Pr[E_i] = p$ 　$(i = 1, 2, \cdots)$

$\Pr[E_i \cap E_j] = \Pr[E_i]\Pr[E_j] = p^2$ 　$(i \neq j,\ i, j = 1, 2, \cdots)$

が成立するとしよう．ここで E_i は，i 番目の試行で 2 種類のうち特定の結果（たとえば硬貨の表）が生じるという事象である．以上が成立するとき，これらの試行をベルヌーイ試行列（Bernoulli trials）と呼ぶ．

ベルヌーイ試行列から，第 6 章の二項分布，第 7 章のポアソン分布，さらには幾何分布や負の二項分布が導き出される．上述の硬貨を投げる場合の試行列に加え，「サイコロを投げ 1 の目が出るかどうか観測する」という実験や，「正常な製

品と不良品とが混ざったロットから復元抽出[4]により製品を抜き出し，正常か不良品かを観測する」という実験の試行を繰り返した場合にベルヌーイ試行列が得られる．より実際的な問題では，年降水量が特定の閾値を超えるか否か，あるいは年間で最大の2日降雨量（2日間の降雨量の合計）が閾値を超えるか否か，を年々観測した場合のデータも，ベルヌーイ試行列と仮定して処理されることがしばしばである．

演習問題 26 ある大学のキャンパスで，授業が終わった直後に校舎から出て行くすべての学生について，男性か女性かを順次観測した．この観測結果をベルヌーイ試行列と見なすのは妥当か．

演習問題 27 同じ硬貨を表が出るまで繰り返して投げたとき，投げた総数を（表が出たときを含め）X としよう（この X はベルヌーイ試行の試行数を指している）．この X がある正の整数 a に等しいという事象を E_a と表すとき，$\Pr[E_a]$ ($a=1, 2, \cdots$) を各々の試行で表が出る確率 p の関数として表せ（この確率は，第3章で論じられる確率質量関数で，幾何分布（geometric distribution）と呼ばれる分布に対応するものである）．

演習問題 28 上の演習問題と同様に，同じ硬貨を表が n 回出るまで繰り返して投げ，投げた総数を（n 回目の表が出たときを含め）X としよう．この X がある正の整数 a に等しいという事象を E_a と表し，$\Pr[E_a]$ ($a=n, n+1, n+2, \cdots$) を各々の試行で表が出る確率 p の関数として表せ（この確率は，負の二項分布（negative binomial distribution）の確率質量関数である）．

---

[4] 復元抽出の場合，抽出されたモノ（この場合は製品）をもとに戻した後で次の抽出がなされる．したがって，抽出後に特定の結果が得られる確率（この場合は正常な製品が得られる，あるいは不良品が得られる確率）は抽出ごとに変化することはなく，一定に保たれる．

3. 確率変数と確率分布

3.1 確率変数の定義

硬貨を投げ，出た面を観測するという実験は「表」と「裏」という結果をもたらすが，今これに，「表が出たら 0，裏が出たら 1」というように数値を割り当てることを考えよう．あるいは，サイコロを振り，「1 が出たら 1，2 が出たら $\sqrt{2}$，3 が出たら 1/3, …」というように数値を割り当てよう．このように

> 標本点に実数値を対応させる関数を確率変数（random variable）という．

確率変数は確率空間 $(\Omega, \boldsymbol{M}, \mathrm{Pr})$ 内の標本点から，測度空間 $(R^1, \boldsymbol{A}_1, \mu)$ の実数値への写像（mapping）を施すものと考えることができる（図 3.1）．ここに，R^1 は 1 次元の実数全体を指す．また，μ は長さであり，$\boldsymbol{A}_1$ は長さが定義されている R^1 の部分集合の集まりである[1]．

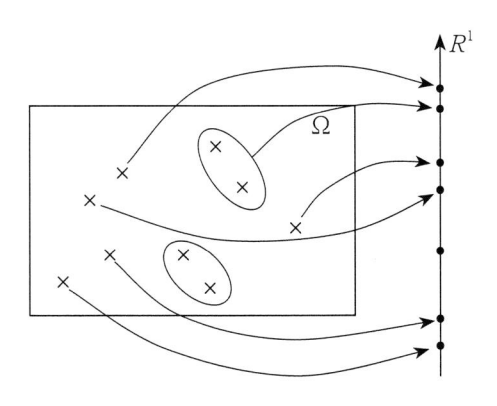

図 3.1 標本空間から実数軸への写像としての確率変数

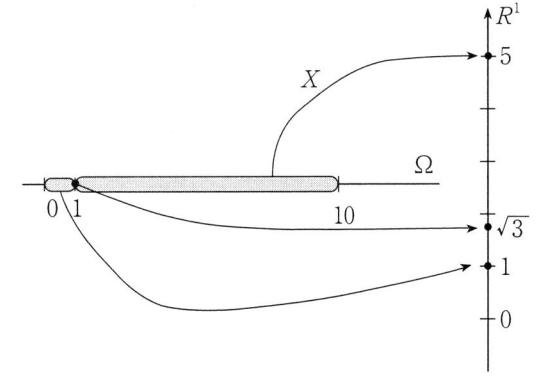

図 3.2 確率変数の一例
実数軸から標本空間への写像は一意的ではない．

---

[1] 第 2 章の上級課題 4 に即して述べると，μ は長さを表すルベーグ測度であり，$\boldsymbol{A}_1$ は R^1 の区間すべてを含む最小の σ-加法族である．また，この σ-加法族を Borel 集合族といい，含まれる集合を Borel 集合という．Borel 集合は μ-可測である．

例1 「硬貨を投げ，出た側を観測する」という実験の標本空間 $\Omega=\{表, 裏\}$ で，確率変数 X を以下のように定義する．

$$X(表) = a, \qquad X(裏) = b \quad (a, b \in R^1)$$

この標本空間に含まれる「表」と「裏」という標本点に何ら数量は付与されていない．確率変数 X はこれら2標本点に数値 a, b を各々対応づけているわけである．

本書では，標本点から実数値への写像が一意的 (unique) である場合のみを取り扱う．一方，以下の例に示されるように，ある実数値に対応する標本点が複数ある場合は，これからの議論の対象に含まれる[2]．

例2 0と10の間の実数からなる標本空間 $\Omega=\{\omega : 0 \leq \omega \leq 10\}$ を考え，以下のように確率変数 X を定義しよう．

$$X(\omega) = \begin{cases} 1 & \text{if} \quad 0 \leq \omega < 1 \\ \sqrt{3} & \text{if} \quad \omega = 1 \\ 5 & \text{if} \quad 1 < \omega \leq 10 \end{cases} \tag{3.1}$$

すなわち，確率変数 X は標本点 ω が1未満のとき1，ω がちょうど1のとき $\sqrt{3}$，ω が1を超えるとき5という値をとる．この確率変数が定義する写像を図3.2に図示する．0と10の間のある値を ω がとることがわかれば，X の値を一意的に定めることができるが，逆に X の値が1あるいは5と与えられたとき，ω の値を一意的に決めることができないことは明らかだろう．

ここで，大文字（たとえば X）で確率変数を，対応する小文字（x）でその確率変数のとる実数値を指すという表記法を導入しよう．これは確率論の分野で標準的に用いられているもので，本書でも以下の議論に一貫して用いる．

さて，標本空間 Ω の部分集合 A_x に含まれる根元事象 ω に対し，確率変数 X が $\omega \to x$ という写像を施すとする．すなわち，A_x に含まれるすべての ω について X は x という値をとるとしよう．このとき集合 A_x は $A_x = \{\omega : X(\omega) = x, \omega \in \Omega\}$ と表される．集合 A_x に属する標本点 ω が生起したとき，確率変数 X は x という値をとるのだから，「A_x が生起する」ということと，「X が x という値をとる」ということは等価である．したがって，X が x という値をとる確率を $\text{Pr}[X$

---

[2] ここで，重要なことは，X の条件を満たす（写像元の）標本点の集合が確率事象でなければならないことである．すなわち，$\{\omega : X(\omega)$ に関する条件$\} \in M$ でなければならない．この条件を満たして初めて写像 X は確率変数と定義される．言い換えれば，X に対応する標本点の集まりである事象に確率が定義されているとき，すなわちその事象が確率事象であるとき，X は確率変数である．また，このとき，X は Pr 可測な関数であるという．証明は本書の枠外だが，2つの確率変数 X, Y があるとき，$X+Y$ や $X \times Y$ はもとより，X^2 や $X^{1/2}$ などのさまざまな演算結果も確率変数である．

=x]と表記することにすると，$\Pr[A_x] = \Pr[X=x]$ が成り立つことは明らかであろう．これを一般化しよう．

等価事象（equivalent events）
標本空間 Ω に定義される事象 A と実数軸上の集合 B を考える．これらの間で，
$$A=\{\omega : X(\omega) \in B, \omega \in \Omega\}, \qquad B=\{X(\omega) : \omega \in A, X(\omega) \in R^1\} \tag{3.2}$$
が成立するとき，事象 A と B は等価事象である．このとき，B が生起する確率を $\Pr[B]$ と表記すると，
$$\Pr[B] = \Pr[A]$$
が成立する．すなわち，$X(\omega)$ の値が実数軸上の集合 B に属するような Ω 上の ω の値の集合が A となり，逆に A に属する ω に対応する $X(\omega)$ の値の集合が実数軸上の集合 B となるとき，A と B は等価事象であり，各々の生起する確率は互いに等しい．

例3 サイコロを投げ出た目を観測する実験を考えよう．標本空間を $\Omega = \{一, 二, 三, 四, 五, 六\}$ と表し，確率変数 $X(\omega)$ を以下のように定義しよう．
$X(一) = 0, \quad X(二) = 1, \quad X(三) = 0, \quad X(四) = 1, \quad X(五) = 0,$
$X(六) = 1$
すると，事象 $A = \{一, 三, 五\}$ の等価事象は $B = \{0\}$ である．

3.2 離散確率変数

確率変数のとる値が可算（可付番）のとき，その変数は離散確率変数（discrete random variable）と呼ばれる．たとえば3つの確率変数が各々，

① サイコロを投げて出た（数値としての）目
② 1年間に日本で起こる震度3以上の地震の頻度
③ 京都市内での1か月間の交通事故件数

を表す場合を考えよう．最初の離散確率変数は6つの値しかとらず有限である．続く2つの確率変数には理論的な上限がなく，可算無限個の値をとると仮定するのが一般である．

確率変数の特性を完全に規定するのが確率分布（probability distribution）である．すなわち，ある確率変数の確率分布が与えられれば，その変数のいかなる特性も導き出すことが可能となる．離散確率変数の確率分布は以下のように定義

される.

定義1 $(\Omega, M, \Pr)$ を任意の確率空間とし,そこで定義される確率変数 $X(\omega)$ が,高々可算無限個の値 $x_1, x_2, \cdots$ をとりうるとする.ただし,$i \neq j$ のとき $x_i \neq x_j$ とする.このとき,

$$p_X(x_i) = \Pr[\{\omega : X(\omega) = x_i\}] \quad (i = 1, 2, \cdots) \tag{3.3}$$

と定義するとき,$\{p_X(x_i)\}$ を確率分布という.

すなわち,確率変数がどのような値をどれほどの確率でとるかを完全に記述するのが確率分布である.ここでより単純な表記法を用い,離散確率変数 X の確率分布(単に「分布」と呼ばれる場合が多い)を

$$p_X(x_i) = \Pr[X = x_i] \quad (i = 1, 2, \cdots, I) \tag{3.4}$$

と表そう.ここに I は X がとりうる値の数で,無限大の場合もありうる.関数 $p(x_i)$ は確率変数 X が値 x_i をとる確率を示すもので,X の確率質量関数(probability mass function)と呼ばれる.

確率質量関数は以下の性質をもっている.

① $p(x) = 0$ if $x \neq x_i$ $(i = 1, 2, \cdots, I)$
② $0 \leq p(x_i) \leq 1$ $(i = 1, 2, \cdots, I)$
③ $\sum_{i=1}^{I} p(x_i) = 1$

すなわち,x が X のとりうる値でないとき,確率質量関数の値は 0 となる.続く関係については,$p(x_i)$ が確率であることから明らかであろう.

演習問題1 日本の大学教授が糖尿病にかかっている確率は 0.12 であるとしよう.無作為に抽出された 8 人の大学教授の中で糖尿病にかかっている教授の数を X とすると,X は離散確率変数と見なすことができる.この X の確率質量関数を求めよ.確率変数 X は第 6 章で述べる二項分布(binomial distribution)と呼ばれる分布をもっている.

確率変数 X と実数 x について,

$$F_X(x) = \Pr[\{\omega : X(\omega) \leq x, \omega \in \Omega\}] = \Pr[X \leq x] \quad (-\infty < x < \infty) \tag{3.5}$$

を定義するとき,$F_X(x)$ は X の累積分布関数(cumulative distribution function:CDF)と呼ばれる.ここに,下付きの X は F が確率変数 X についての累積分布関数であることを示すものである.混乱のない場合は単に $F(x)$ と示すことにする.

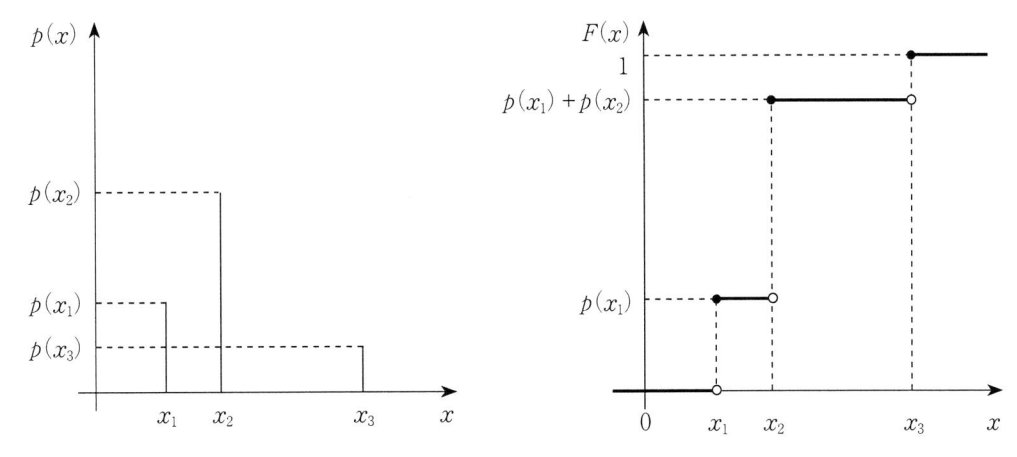

図 3.3　離散確率変数の確率質量関数と累積分布関数の例

累積分布関数は以下の性質をもつ.

① $0 \leq F(x) \leq 1,\quad {}^\forall x\ (-\infty < x < \infty)$

② $a \leq b\,(-\infty < a,\ b < \infty)$ のとき $F(a) \leq F(b)$

③ $F(-\infty) = 0,\quad F(\infty) = 1$

$F(x)$ は確率であるから,その値は常に0と1の間にある.また $a \leq b$ を満たす a, b に対応し $A = \{\omega : X(\omega) \leq a, \omega \in \Omega\}$, $B = \{\omega : X(\omega) \leq b, \omega \in \Omega\}$ を定義すると $A \subset B$ が成立し,$\Pr[A] \leq \Pr[B]$,すなわち $F(a) \leq F(b)$ が成立する.

また,$\{\omega : X(\omega) \leq \infty, \omega \in \Omega\} = \Omega$,$\{\omega : X(\omega) \leq -\infty, \omega \in \Omega\} = \phi$ という関係があり,$F(\infty) = \Pr[X \leq \infty] = \Pr[\Omega] = 1$,$F(-\infty) = \Pr[X \leq -\infty] = \Pr[\phi] = 0$ が各々成立する.これは,X が $-\infty$ よりも小さな値をとりえないから $F(-\infty) = \Pr[X \leq -\infty] = 0$,また,$X$ は常に ∞ よりも小さいから $F(\infty) = \Pr[X \leq \infty] = 1$ であると,直感的に理解できよう.

これらに加え,

① $\Pr[X > x] = 1 - F(x)$

② $\Pr[a < X \leq b] = F(b) - F(a),\quad (a \leq b,\ -\infty < a,\ b < \infty)$

が成立する.また,離散確率変数の場合,累積分布関数は,

$$F(x) = \Pr[X \leq x] = \sum_{x_i \leq x} p(x_i),\quad {}^\forall x\ (-\infty < x < \infty)$$

と表される.確率質量関数は $x_1, x_2, \cdots, x_I$ 以外の点では0となるため,$F(x)$ はこれらの点で非連続な階段関数(step function)である(図 3.3).

演習問題 2　以下の確率質量関数に対応する累積分布関数を図示せよ.

$$p(x) = \begin{cases} 1/6 & (x=1, 2, \cdots, 6) \\ 0 & (\text{それ以外の場合}) \end{cases}$$

演習問題 3 ある硬貨を投げたとき表が出る確率は p である．この硬貨を初めて表が出るまで投げ，投げた総回数を X とするとき，X の確率質量関数と累積分布関数を図示せよ（第 2 章の演習問題 27 で述べたように，確率変数 X は幾何分布をもつ）．

3.3 連続確率変数

連続実数値をとる確率変数は，連続確率変数（continuous random variable）と呼ばれる．連続確率変数に対応する標本空間は非可付番集合（uncountable set）で，連続確率変数はこの標本空間の部分集合を実数軸上の（必ずしも連続でない）領域へと変換する関数である．本書では，以下の条件が満たされている場合のみを取り扱う．

① $\Pr[X=-\infty]=0, \quad \Pr[X=\infty]=0$
② $\{\omega : X(\omega) \leq x\} \subset \Omega, \quad {}^{\forall}x \in R^1$

2 番目の条件は，すべての実数 x について $\{\omega : X(\omega) \leq x\}$ は標本空間内の事象であることを示している．ここで確率変数 X の累積分布関数が

$$F_X(x) = \Pr[\{\omega : X(\omega) \leq x, \omega \in \Omega\}] = \Pr[X \leq x] \quad (-\infty < x < \infty) \quad (3.6)$$

と定義できる（数学的により厳密な定義は，上級課題 1 を参照されたい）．

連続確率変数の累積分布関数は，① 連続である，② 高々有限個の点を除き，微分可能である，③ 微分関数は連続である．

また，離散確率変数の場合と同様，

$$F(-\infty) = 0, \quad F(\infty) = 1, \quad F(a) \leq F(b) \quad (a \leq b, \; -\infty < x < \infty)$$
$$\Pr[a < X \leq b] = F(b) - F(a) \quad (a \leq b, \; -\infty < a, \; b < \infty)$$

などの関係が成立する．累積分布関数は非減少関数であることに注目されたい．

さて，連続確率変数 $X(=X(\omega))$ について，任意の 1 次元の区間 I で

$$\Pr[\{\omega : X(\omega) \in I, \omega \in \Omega\}] = \int_I f_X(x) dx \quad (3.7)$$

となる関数 $f_X(x)$ が存在するとき，$f_X(x)$ を X の確率密度関数（probability density function：pdf）という．$F_X(x)$ と同様，混乱のおそれのない場合は $f_X(x)$ を単に $f(x)$ と表記する．

$I = (-\infty, x]$ のとき，分布関数の定義 (3.6) より，式 (3.7) の左辺は $F(x)$ となるから，

$$F(x) = \int_{(-\infty, x]} f(x)\,dx = \int_{-\infty}^{x} f(x)\,dx \tag{3.8}$$

となる．この式（3.8）を満たす $f(x)$ を確率密度関数と定義している教科書も多い．また，$F(\infty) = 1$ より，

$$F(\infty) = \int_{-\infty}^{\infty} f(x)\,dx = 1 \tag{3.9}$$

が成立する．すなわち，確率密度関数を $(-\infty, \infty)$ の区間で積分した値は1である．これは確率密度関数がもつ重要な性質である．

また，$a < b$ である実数 a, b について $I = (a, b]$ とすると，式（3.8）より，

$$F(b) - F(a) = \Pr[a < X \leq b] = \int_{(a, b]} f(x)\,dx = \int_a^b f(x)\,dx \tag{3.10}$$

が成立することがわかる．特に $\Delta x > 0$ として $a = x$, $b = x + \Delta x$ とすると，

$$F(x + \Delta x) - F(x) = \Pr[x < X \leq x + \Delta x] = \int_{(x, x + \Delta x]} f(x)\,dx = \int_x^{x + \Delta x} f(x)\,dx \tag{3.11}$$

が成立する．さらに，Δx を無限小として，高位の無限小を無視すると，

$$F(x + \Delta x) - F(x) = \Pr[x < X \leq x + \Delta x] = f(x)\Delta x \tag{3.12}$$

が成立する．この $f(x)\Delta x$ を確率素分と呼ぶ．またこれより，$f(x)$ が連続な点 x において，

$$\lim_{\Delta x \to 0} \frac{F(x + \Delta x) - F(x)}{\Delta x} = \frac{dF(x)}{dx} = f(x) \tag{3.13}$$

が成立することが示される．すなわち，連続確率変数の累積分布関数はその確率密度関数の積分形として（式（3.8）より），そして確率密度関数は累積分布関数の微分形として与えられる．なお，確率密度は確率ではなく，確率密度関数の値は1を超えることもあることに留意されたい．また，離散確率変数の確率質量関数を指して確率密度関数と呼ぶことがあるが，確率質量関数は確率そのものである一方，確率密度は確率ではないので，この教科書では確率質量関数と確率密度関数を厳密に区別する．

上級課題1：確率分布

ここでは，確率分布と確率密度関数を数学的に厳密に定義しよう．

定義2 $(\Omega, \boldsymbol{M}, \Pr)$ を任意の確率空間とし，$X(\omega)$ を確率変数とする．このとき，1次元の実数空間 R^1 の区間すべてを含む最小の σ-加法族を $\boldsymbol{A}_1$ としたとき，

A_1 に含まれる任意の集合 A に対して $\{\omega : X(\omega) \in A\} \in M$ であるから,
$$F(A) = \Pr[\{\omega : X(\omega) \in A\}]$$
なる集合関数が定義できる．この関数 $F(A)$ のことを確率分布という．

定義3 上に定義される σ-加法族 A_1 に含まれる任意の集合 A に対して,
$$\Pr[\{\omega : X(\omega) \in A\}] = \int_A f(x) dx$$
なる関数 $f(x)$ が存在するとき，$f(x)$ を X の確率密度関数という．

ここでの積分は，厳密には測度空間 (R^1, A_1, μ) をなすルベーグ測度を用いて定義されるルベーグ積分である．これについては第2章の上級課題4を参照されたい．

3.4 期待値

累積分布関数，確率質量関数，あるいは確率密度関数が与えられると，確率変数がどのような値をどのような割合でとるかを，すなわちその分布について知ることができる．また，確率変数の関数の分布についての知識も得ることができる（X が確率変数のとき，$Q(X) = X^2$, $R(X) = \sin(X)$ などが確率変数の関数である）．このような知識の中でしばしば最も重要となる情報は，確率変数またはその関数の分布の中心的位置はどこにあるか（平均値はどこにあるか）であろう．これは，その確率変数またはその関数の期待値と呼ばれる．

連続確率変数 X の関数 $g(X)$ の期待値（expectation）は，
$$E[g(X)] = \int_{-\infty}^{\infty} g(x)f(x)dx \tag{3.14}$$
と定義される．ここに，$f(x)$ は X の確率密度関数である．離散確率変数の場合，確率質量関数 $p(x_i)$ を用い，
$$E[g(X)] = \sum_{\text{all } i} g(x_i)p(x_i) \tag{3.15}$$
と与えられる．特に $g(X) = X$ の場合,
$$\mu = E[X] = \begin{cases} \int_{-\infty}^{\infty} xf(x)dx & (X \text{ が連続確率変数の場合}) \\ \sum_{\text{all } i} x_i p(x_i) & (X \text{ が離散確率変数の場合}) \end{cases} \tag{3.16}$$
は「確率変数 X の期待値」，あるいは「分布の期待値」と呼ばれる．期待値 μ は確率密度関数 $f(x)$ をもつ確率変数 X の重心を表すと考えてもよい．

また，$g(X) = (X - \mu)^2$ のとき,

$$\sigma^2 = \mathrm{E}[(X-\mu)^2] = \begin{cases} \int_{-\infty}^{\infty}(x-\mu)^2 f(x)\,dx & (X\text{ が連続確率変数の場合}) \\ \sum_{\text{all }i}(x_i-\mu)^2 p(x_i) & (X\text{ が離散確率変数の場合}) \end{cases} \quad (3.17)$$

は X の分散 (variance) と呼ばれる.

離散確率変数 X の期待値 μ は, X のとりうる値とその実現確率の積の総和と表される. 式 (3.16) を書き直し,

$$\mu = \mathrm{E}[X] = \sum_{i=1}^{n} x_i p(x_i) = x_1 p(x_1) + x_2 p(x_2) + \cdots + x_n p(x_n) \quad (3.16')$$

と表そう. これは X のとりうる値 x_i の, 確率質量関数 $p(x_i)$ による重みづけ平均値であるといえる. なお, n は可算値ではあるが無限大の場合もありうる.

確率変数が離散的な場合の期待値を求める例として, 1個のサイコロを投げて出る目の数の期待値を考えよう. 出たサイコロの目の値を X とし, そのとりうる値を $x_1=1, x_2=2, \cdots, x_6=6$ とし, 確率質量関数を

$$p(x_i) = \begin{cases} 1/6 & (i=1, 2, \cdots, 6) \\ 0 & (\text{それ以外の場合}) \end{cases}$$

と表そう. すると,

$$\mu = \sum_{i=1}^{6} x_i p(x_i) = 1\times\frac{1}{6} + 2\times\frac{1}{6} + 3\times\frac{1}{6} + 4\times\frac{1}{6} + 5\times\frac{1}{6} + 6\times\frac{1}{6} = \frac{7}{2} = 3.5$$

となる. サイコロを投げる場合, $p(x_1) = p(x_2) = \cdots = p(x_6) = 1/6$ と同じであるから, $\mu = (1+2+3+4+5+6)/6$ と書け, 重みづけが等しいので, 期待値は結局, 算術平均で計算されたものになる.

例題1 あるスーパーのセールで, 2000円分の商品を買うごとに1回抽選できる抽選券を発行した. 抽選は100個の玉が入っている箱から1個の玉を引くことにより行われ, 玉の色により金額相当の商品券がもらえる. 100個の玉は, 青い玉 (1等, 10000円) 1個, 白い玉 (2等, 1000円) 3個, 緑の玉 (3等 500円) 10個のほか, 黄色の玉 (4等, 100円) と赤い玉 (5等, はずれ) からなっており, 1回の抽選ごとに引かれた玉はもとの箱に戻すとする. 1回の抽選あたりの払い戻し予定金 (当選予定の期待値) を商品購入額の10%にするためには, 黄色の玉は何個入れておけばよいか.

解 出現する事象は1等から5等までの5通りで, それぞれの事象が起こる確率は, 黄色の玉を k 個入れておくとすると, 順に 1/100, 3/100, 10/100, k/100, {100−(1+3+10+k)}/100 である. 払い戻し予定金すなわち期待値は $2000\times(1/10)=200$ 円であり, 5等の払い戻し金額は0円であるので式 (3.16′) より

$$\mu = \sum_{i=1}^{5} x_i p(x_i) = 10000\times\frac{1}{100} + 1000\times\frac{3}{100} + 500\times\frac{10}{100} + 100\times\frac{k}{100} = 200$$

を解き，$k=20$ となる．

連続確率変数 X の期待値 μ について，例題を用いて考えよう．

例題 2 地震の強度の平均について考えてみよう．われわれが感じない程度の地震は頻繁に起こっており，少しの揺れを感じる地震は時々経験する．しかし，地震の発生する確率は地震の強度とともに急激に減少し，巨大地震はまれにしか起こらない．

地震の強度を確率変数 X として表し，その確率密度関数が以下の指数関数で示されるとする．

$$f(x) = \begin{cases} \lambda e^{-\lambda x} & (x \geq 0) \\ 0 & （それ以外の場合） \end{cases}$$

ここに，λ は正の定数である．このとき，平均強度を求めよ．

解 式（3.16）より

$$\mu = \int_{-\infty}^{\infty} x f(x) dx = \int_{0}^{\infty} x \lambda e^{-\lambda x} dx = \left[-x e^{-\lambda x} \right]_{0}^{\infty} + \int_{0}^{\infty} \lambda e^{-\lambda x} dx$$

$$= 0 + \int_{0}^{\infty} e^{-\lambda x} dx = -\frac{1}{\lambda} \left[e^{-\lambda x} \right]_{0}^{\infty} = -\frac{1}{\lambda}(0-1) = \frac{1}{\lambda}$$

この結果から，地震の平均強度は，その確率密度関数の定数 λ の値によって決定されることがわかる．なお，この分布は（負の）指数分布（negative exponential distribution）と呼ばれるもので，本書の第 9 章で詳しく扱う．

次に，確率分布の特性を表すパラメータとして，確率変数 X の期待値（平均値）μ と並んで重要な分散（σ^2）について考えよう．分散は X が μ を中心にどれぐらいの広がりをもって分布しているのかを示すもので，式（3.17）に示されるように，X の値と μ との差の 2 乗の期待値と定義される．また，分散の平方根を標準偏差（standard deviation）という．

式（3.17）を展開していくことにより，連続確率変数の σ^2 は以下のように計算される．

$$\sigma^2 = \int_{-\infty}^{\infty} (x-\mu)^2 f(x) dx = \int_{-\infty}^{\infty} x^2 f(x) dx - 2\mu \int_{-\infty}^{\infty} x f(x) dx + \mu^2 \int_{-\infty}^{\infty} f(x) dx$$

$$= \int_{-\infty}^{\infty} x^2 f(x) dx - 2\mu^2 + \mu^2 = \mathrm{E}[X^2] - (\mathrm{E}[X])^2 \qquad (3.18)$$

この結果は，分散が確率変数 X の 2 乗の期待値と X の期待値の 2 乗の差に等しいことを示している．

例題 3 例題 2 の確率変数の分散を求めよ．

解 式(3.18)より,$\sigma^2 = \mathrm{E}[X^2] - (\mathrm{E}[X])^2$. また $\mathrm{E}[X] = 1/\lambda$ が求まっている.ここで,
$$\mathrm{E}[X^2] = \int_0^\infty \lambda x^2 e^{-\lambda x} dx = -\left[x^2 e^{-\lambda x}\right]_0^\infty + \int_0^\infty 2x e^{-\lambda x} dx = \frac{2}{\lambda^2}$$
したがって,
$$\sigma^2 = \frac{2}{\lambda^2} - \left(\frac{1}{\lambda}\right)^2 = \frac{1}{\lambda^2}$$

演習問題 4 区間 $[0, 1]$ に定義される一様分布(uniform distribution)の累積分布関数は,
$$F(x) = \begin{cases} 0 & (x < 0) \\ x & (0 \leq x \leq 1) \\ 1 & (1 < x) \end{cases}$$
と与えられる.
① X の確率密度関数を求めよ.
② X の期待値と分散を求めよ.

ここで,$g(X)$ が X の線形関数である場合を考え,$g(X) = a + bX$ としよう.X が連続確率変数であるとすると,
$$\begin{aligned}\mathrm{E}[a + bX] &= \int_{-\infty}^\infty (a + bx) f(x) dx = \int_{-\infty}^\infty a f(x) dx + \int_{-\infty}^\infty bx f(x) dx \\ &= a \int_{-\infty}^\infty f(x) dx + b \int_{-\infty}^\infty x f(x) dx = a + b \mathrm{E}[X] \end{aligned} \quad (3.19)$$
すなわち,X の線形関数の期待値は,X の期待値の線形関数となる.これは期待値の線形性(linear property of expectation)と呼ばれる.

演習問題 5 確率変数 X の分散が σ^2 のとき,$a + bX$ の分散を求めよ.

3.5 積率(モーメント)

式 (3.14) で $g(X) = X^r$ のとき,
$$\nu_r = \mathrm{E}[X^r] = \int_{-\infty}^\infty x^r f(x) dx \quad (3.20)$$
を,X の原点のまわりの r 次の積率(r-th moment about the origin)という.これは 3.6 節の積率母関数につながる重要な関数である.式 (3.16) で示された確率変数 X の期待値 $\mu = \mathrm{E}[X]$ は,X の原点のまわりの 1 次の積率である.すなわち,$\mu = \nu_1$ と表される.

また，$g(X)=(X-\mu)^r$ とおき，

$$\mu_r = \mathrm{E}[(X-\mu)^r] = \int_{-\infty}^{\infty}(x-\mu)^r f(x)dx \tag{3.21}$$

を期待値（平均）のまわりの r 次の積率（r-th moment about the mean）という．定義より平均のまわりの1次の積率は常に0である．3.4節で述べた分散を表す式 (3.17) は，式 (3.21) で $r=2$ としたもの，すなわち2次の積率 μ_2 に等しく，$\sigma^2=\mu_2=\nu_2-\mu^2$ であることがわかる．

式 (3.21) を展開して計算を進めていくと，次の式 (3.22) が導かれる．

$$\mu_r = \sum_{k=0}^{r} {}_rC_k \nu_{r-k}(-\mu)^k \tag{3.22}$$

すなわち，期待値のまわりの r 次の積率は，0次から r 次までの原点のまわりの積率の線形和として表すことができる．ここで ${}_rC_k$ は以前と同様2項係数を表す．

演習問題6 0と1の間の一様分布の原点のまわりの k 次の積率を求めよ．

演習問題7 確率変数 X の平均のまわりの積率と，$X+c$ のそれとは互いに等しいことを示せ．ここに c は定数である．この意味で，平均のまわりの積率は分布の位置の影響を受けない．

3.6 積率母関数

ここで取り扱う積率母関数および次節の特性関数は，確率変数の分布の任意の次数の積率を簡単に求めることを可能とする重要な関数である．確率密度関数や累積分布関数と同様，これらの関数は確率変数の分布を完全に特定する．したがって，積率母関数あるいは特性関数がわかれば，その分布についてすべての情報が得られたことになる．

確率変数 X の関数 $g(X)=e^{hX}$ を考え，その期待値を $M(h)$ と表示すると，

$$M(h) = \begin{cases} \int_{-\infty}^{\infty} e^{hx} f(x) dx & (X が連続確率変数の場合) \\ \sum_{\text{all } i} e^{hx_i} p(x_i) & (X が離散確率変数の場合) \end{cases} \tag{3.23}$$

と表示される．式 (3.23) で定義される $M(h)$ が存在するとき，それを積率母関数（moment generating function：mgf）という．$M(h)$ は X の関数ではなく，h の関数であることに注意されたい．

式 (3.23) の e^{hx} を級数に展開すると，

$$M(h) = \int_{-\infty}^{\infty} \left(1 + hx + \frac{1}{2!}h^2x^2 + \cdots + \frac{1}{r!}h^rx^r + \cdots \right) f(x)\,dx$$

となり，さらに項別に積分すると

$$M(h) = 1 + h\nu_1 + \frac{1}{2!}h^2\nu_2 + \cdots + \frac{1}{r!}h^r\nu_r + \cdots \tag{3.24}$$

となる．ここで，ν_r は原点まわりの r 次の積率で，ν_1 は確率変数 X の期待値を表すことはすでに述べた．

上述のように，積率母関数 $M(h)$ を用い，確率関数 X の任意の次数の積率を以下のように求めることができる．

確率変数 X の原点のまわりの r 次の積率 ν_r は，その積率母関数 $M(h)$ を h について r 回微分し，$h=0$ とすることにより求められる．

式 (3.24) を r 回微分するとき，r より次数の大きい ν_k には h^{k-r} が乗じられているが，これらは $h=0$ とおくことによりすべて 0 となる．また，r より次数の低い ν_k を r 回微分することにより 0 となる．結果として，

$$\left. \frac{d^r M(h)}{dh^r} \right|_{h=0} = M^{(r)}(0) = \nu_r \tag{3.25}$$

となる．

具体的に，まず $r=1$ の場合を考えよう．X が連続確率変数の場合，

$$\frac{dM(h)}{dh} = \frac{d}{dh}\int_{-\infty}^{\infty} e^{hx} f(x)\,dx = \int_{-\infty}^{\infty} \frac{de^{hx}}{dh} f(x)\,dx = \int_{-\infty}^{\infty} x e^{hx} f_X(x)\,dx$$

となり，

$$\left. \frac{dM(h)}{dh} \right|_{h=0} = \int_{-\infty}^{\infty} x e^{hx} f(x)\,dx \bigg|_{h=0} = \int_{-\infty}^{\infty} x f(x)\,dx = \mathrm{E}[X] = \nu_1$$

が得られる．同様に，

$$\frac{d^2 M(h)}{dh^2} = \int_{-\infty}^{\infty} \frac{d^2 e^{hx}}{dh^2} f(x)\,dx = \int_{-\infty}^{\infty} x^2 e^{hx} f_X(x)\,dx$$

となり，

$$\left. \frac{d^2 M(h)}{dh^2} \right|_{h=0} = \int_{-\infty}^{\infty} x^2 e^{hx} f(x)\,dx \bigg|_{h=0} = \int_{-\infty}^{\infty} x^2 f(x)\,dx = \mathrm{E}[X^2] = \nu_2$$

が得られる．一般に，

$$\left. \frac{d^k M(h)}{dh^k} \right|_{h=0} = \int_{-\infty}^{\infty} x^k f(x)\,dx = \mathrm{E}[X^k] = \nu_k$$

3.7 特性関数

連続確率変数の積率母関数は，式 (3.23) の積分が不可能な場合は定義できない．

たとえば次節に示す Cauchy 分布は積分不可能で，積率母関数は存在しない．一方，以下に定義される特性関数（characteristic function：cf）は，積率母関数が存在しない場合でも適用できる関数である．

虚数を $i=\sqrt{-1}$ と表し，

$$\varphi(t) = \mathrm{E}[e^{itx}] = M(it) \tag{3.26}$$

と特性関数 $\varphi(t)$ を定義しよう．すると，$e^{it}=\cos t + i\sin t$ だから，

$$\varphi(t) = \int_{-\infty}^{\infty} e^{itx} f(x)dx = \int_{-\infty}^{\infty} f(x)\cos(xt)dx + i\int_{-\infty}^{\infty} f(x)\sin(xt)dx \tag{3.27}$$

が得られる．特性関数 $\varphi(t)$ は t に関して一様連続であり，確率密度関数に対して一意的に決まり，逆に $\varphi(t)$ が求まれば分布関数が決まる．

式 (3.24) の場合と同様に $\varphi(t)$ を展開すると，

$$\varphi(t) = 1 + it\nu_1 + \frac{(it)^2}{2!}\nu_2 + \frac{(it)^3}{3!}\nu_3 + \cdots + \frac{(it)^r}{r!}\nu_r + \cdots \tag{3.28}$$

となる．この両辺を t について r 回微分すると，

$$\varphi^{(r)}(t) = i^{(r)} \int_{-\infty}^{\infty} x^r e^{itx} f(x)dx$$

であるから，$t=0$ とすると，

$$\varphi^{(r)}(0) = i^r \int_{-\infty}^{\infty} x^r f(x)dx = i^r \nu_r \tag{3.29}$$

が得られる．すなわち，

> 確率変数の特性関数 $\varphi(t)$ を t について r 回微分し，$t=0$ とすることにより，その原点に関する r 次の積率 ν_r が求まる．

なお，式 (3.28) より $\varphi(0)=1$ であり，

$$|\varphi(t)| = \left|\int_{-\infty}^{\infty} e^{itx} f(x)dx\right| \leq \int_{-\infty}^{\infty} \left|e^{itx} f(x)\right| dx = \int_{-\infty}^{\infty} f(x)dx = 1$$

より $|\varphi(t)| \leq 1$ が成立する．

また，$-\infty < x < \infty$ において確率密度関数 $f(x)$ が存在するなら，逆に式 (3.26)

のフーリエ変換により次式のように $f(x)$ が求まる．

$$f(x) = \frac{1}{2\pi}\int_{-\infty}^{\infty} e^{itx}\varphi(t)\,dt \tag{3.30}$$

3.8 積率母関数，特性関数の適用例

この節では，いくつかのよく使われる分布について，積率母関数あるいは特性関数を導き，平均と分散を求めてみよう．

a. 二項分布

2.10 節で述べたベルヌーイ試行を n 回繰り返したとき，2 つの事象のうちの一方（事象 A と呼ぼう）が起こった回数を確率変数 X で表そう．このとき X は 6.1 節で述べる二項分布に従い，その確率質量関数は，各々の試行で事象 A が起こる確率を p，$q = 1-p$ とすると，

$$p(x) = \Pr[X=x] = \frac{n!}{x!(n-x)!} p^x q^{n-x} \quad (x=0, 1, 2, \cdots, n) \tag{3.31}$$

と与えられる．式 (3.23) より二項分布の積率母関数は，

$$M(h) = \sum_{k=0}^{n} e^{hk}\frac{n!}{k!(n-k)!}p^k q^{n-k} = \sum_{h=0}^{n}\frac{n!}{k!(n-k)!}(pe^h)^k q^{n-k} = (q+pe^h)^n \tag{3.32}$$

となる．

$$M'(h) = npe^h(pe^h+q)^{n-1}, \qquad M'(0) = np(p+q)^{n-1} = np$$

より，$\nu_1 = \mu = np$ が求まる．また，

$$M''(h) = npe^h(pe^h+q)^{n-1} + np^2 e^{2h}(n-1)(pe^h+q)^{n-2}, \qquad M''(0) = np + n(n-1)p^2$$

より，$\sigma^2 = \nu_2 - \mu^2 = np + n(n-1)p^2 - (np)^2 = npq$ が得られる．

同様に特性関数を求めると，

$$\varphi(t) = (q+pe^{it})^n \tag{3.33}$$

となる．

b. 正規分布

以下の確率密度関数は，平均 μ，分散 σ^2 をもつ正規分布のものである（正規分布の詳細については第 8 章を参照されたい）．

$$f(x) = \frac{1}{\sqrt{2\pi}\sigma}e^{-(x-\mu)^2/2\sigma^2} \quad (-\infty < x < \infty) \tag{3.34}$$

正規分布の積率母関数は，

$$M(h) = \int_{-\infty}^{\infty} e^{hx} \frac{1}{\sqrt{2\pi}\sigma} e^{-(x-\mu)^2/2\sigma^2} dx = e^{\mu h + \sigma^2 h^2/2} \int_{-\infty}^{\infty} \frac{1}{\sqrt{2\pi}\sigma} e^{-\{x-(\mu+\sigma^2 h)\}^2/2\sigma^2} dx$$
(3.35)

上式最右辺の被積分関数は, $\mu + \sigma^2 h$ を平均, σ^2 を分散とする正規分布の確率密度関数であるから, 積分項は 1 である. したがって,

$$M(h) = e^{\mu h + \sigma^2 h^2/2} \tag{3.36}$$

となる. 同様に,

$$\varphi(t) = e^{i\mu t - \sigma^2 t^2/2} \tag{3.37}$$

が得られる.

$$M''(h) = \sigma^2 e^{\mu h + \sigma^2 h^2/2} + (\mu + h\sigma^2)^2 e^{\mu h + \sigma^2 h^2/2}$$

であるから, $M'(0) = \mu$, $M''(0) = \sigma^2 + \mu^2$ となる. これらより分布の平均 μ, 分散 σ^2 が得られる. なお, 確率変数 X が平均 μ, 分数 σ^2 の正規分布に従うとき, $X \sim N(\mu, \sigma^2)$ と表す.

c. Cauchy 分布

パラメータ $\lambda, \alpha (-\infty < \lambda < \infty, \alpha > 0)$ をもつ Cauchy 分布の確率密度関数は,

$$f(x) = \frac{1}{\pi} \frac{\alpha}{\alpha^2 + (x-\lambda)^2} \quad (-\infty < x < \infty) \tag{3.38}$$

と与えられる. しかし,

$$M(h) = \int_{-\infty}^{\infty} \frac{1}{\pi} \frac{\alpha}{\alpha^2 + (x-\lambda)^2} e^{hx} dx$$

は積分できず, 積率母関数は存在しない.

一方, 特性関数は存在し,

$$\varphi(t) = \int_{-\infty}^{\infty} \frac{1}{\pi} e^{itx} \frac{\alpha}{\alpha^2 + (x-\lambda)^2} dx$$

であり, $x = \lambda + \alpha y$ と変数変換すると,

$$\varphi(t) = \frac{1}{\pi} e^{it\lambda} \int_{-\infty}^{\infty} \frac{e^{it\alpha y}}{1+y^2} dy$$

となり, 式 (3.27) を用いると,

$$\varphi(t) = e^{i\lambda t - \alpha|t|} \tag{3.39}$$

が求まる. ただし, Cauchy 分布では原点まわりの r 次の積率 $\int_{-\infty}^{\infty} |x^r| f(x) dx$ が収束しない. すなわち, この分布の積率は定義されない. したがって式 (3.39) を微分しても平均, 分散は求まらない.

演習問題 8 地震の頻度はポアソン分布で表されるとしよう．ある期間内に起こる地震の平均頻度を λ とすると，k 回の地震が起こる確率は，

$$p(k) = e^{-\lambda} \frac{\lambda^k}{k!}$$

で与えられる．積率母関数および特性関数のそれぞれを用いて平均と分散を求めよ．

演習問題 9 パラメータ λ の負の指数分布の積率母関数を導出し，それを用いて原点のまわりの1次と2次の積率を求めよ．

3.9 チェビシェフの不等式

連続確率変数 X の確率密度関数を $f(x)$ とし，非負の関数 $h(X)$ を考える．定数 $m(>0)$ について $h(x) = m$ となる x を境界として区間の集合 $\{x : h(x) < m\}$, $\{x : h(x) \geq m\}$ を考えると，$h(X)$ の期待値は次のように表される．

$$\mathrm{E}[h(X)] = \int_{-\infty}^{\infty} h(x)f(x)dx = \int_{x:h(x)<m} h(x)f(x)dx + \int_{x:h(x)\geq m} h(x)f(x)dx \tag{3.40}$$

式 (3.40) の右辺の積分項はともに正の値をとるから，

$$\mathrm{E}[h(X)] \geq \int_{x:h(x)\geq m} h(x)f(x)dx \geq \int_{x:h(x)\geq m} mf(x)dx = m\Pr[h(X)\geq m] \tag{3.41}$$

したがって，

$$\Pr[h(X) \geq m] \leq \frac{1}{m}\mathrm{E}[h(X)] \tag{3.42}$$

が成立する[3]．

ここで，X の平均を μ として，関数 h を $h(x) = (X-\mu)^2$ とおこう．すでにみたように，$E[(X-\mu)^2]$ は X の平均まわりの2次積率で，これは X の分散 σ^2 に等しい．ここで，$m = \lambda^2\sigma^2$ とおくと，式 (3.42) より

$$\Pr[(x-\mu)^2 \geq \lambda^2\sigma^2] \leq \frac{1}{\lambda^2}$$

したがって，平均 μ，分散 σ^2 をもつ確率変数 X について，

$$\Pr[|x-\mu| \geq \lambda\sigma] \leq \frac{1}{\lambda^2} \tag{3.43}$$

---

[3] Kottegoda, N. T. *et al.* (1998): Statistics, Probability and Reliability for Civil and Environmental Engineers, International ed., McGraw-Hill, Singapole, 669 pp.

が成立する．これをチェビシェフの不等式と呼ぶ．

$|x-\mu| \geq \lambda\sigma$ は $-\infty < x \leq \mu - \lambda\sigma$, $\mu + \lambda\sigma \leq x < +\infty$ を意味するから，式 (3.43) は X の実現値が分布の両端 $(-\infty, \mu-\lambda\sigma)$, $(\mu+\lambda\sigma, +\infty)$ に含まれる確率が $1/\lambda^2$ より大きくはならないことを意味している．また，閉区間 $[\mu-\lambda\sigma, \mu+\lambda\sigma]$ については式 (3.43) より，

$$\Pr[-\lambda\sigma < |x-\mu| < \lambda\sigma] \geq 1 - \frac{1}{\lambda^2} \tag{3.44}$$

となり，X の実現値が区間内に含まれる確率は $(1-1/\lambda^2)$ より大きくなる．

その導出に当たり確率密度関数 $f(x)$ には何ら条件を定めていないため，チェビシェフの不等式はすべての分布について成り立つ．一方，このことは，チェビシェフの不等式は平均と分散以外の分布に関する情報を一切考慮していないことを意味する．結果として，チェビシェフの不等式により与えられる上下限値は実際の確率値からかけ離れている場合がある．

たとえば式 (3.44) で，

$$\lambda = 2 \quad \rightarrow \quad \Pr[|x-\mu| > 2\sigma] \leq \frac{1}{4}$$

$$\lambda = 3 \quad \rightarrow \quad \Pr[|x-\mu| > 3\sigma] \leq \frac{1}{9}$$

となり，X の実現値がその平均から 2σ 以上離れている確率は $1/4$ 以下，3σ 以上離れている確率は $1/9$ 以下であることが，チェビシェフの不等式により示される．一方，第 8 章で論じる正規分布を例にとると，

$$\Pr[|x-\mu| > 2\sigma] = 0.0456, \quad \Pr[|x-\mu| > 3\sigma] = 0.00270$$

となり，チェビシェフの不等式が与える上限値 $1/4, 1/9$ をはるかに下回る．分布の確率密度関数を用いて得られる正確な確率値との乖離は明らかであろう．

4. 多次元分布

　第3章までは確率変数が1つの場合を扱ってきた．ところが，自然現象や工学が扱う現象などにおける確率事象の中には，関与する変数が1つではなく多変数になる場合も多い．

　たとえば，日本人の身長 X と体重 Y の組み合わせを考えてみよう．一般に身長が高ければ体重も重いと考えられるから，X と Y は独立ではなく，何らかの関係をもっていることが予想される．しかし，身長が同じ170 cm の人（X =170）を考えたとしても，その体重は人によって異なるから Y は一定ではなく，何らかの分布をする．さらに，身長が180 cm の人の体重の分布は，身長が170 cm の場合の体重の分布とは異なるであろう．したがって，X と Y の確率的特性を完全に表現しようとすると，X と Y の値の組み合わせに対して確率密度や確率質量を与えるような2変数の関数を考えなければならなくなる．このようなとき，「X と Y は結合分布する」とか，2次元のベクトル変数 $\boldsymbol{Z}=(X, Y)$ を定義して，「2次元確率変数 $\boldsymbol{Z}$ の分布を考える」などの表現をすることが多い．もちろん，取り扱う現象によって2変数ではなく，もっと多くの変数の組み合わせを考える必要も出てくる．このような場合の取り扱い方を与えるのが，多次元分布の理論である．

　本章では，多変数の代表的モデルである2次元モデルを中心に，多変数で構成される多次元分布を取り扱うことにしよう．

4.1 同時分布，周辺分布，条件付分布

a. 同時分布

　横断歩道につける信号の間隔を検討するために，その横断歩道上を通過する車の数を考えているとしよう．毎朝8時から5秒間にこの横断歩道を通過する車の数を半年間にわたって観測した結果，表4.1 (a) のような結果を得た．横断歩道を上り，下り方向に通過する車の台数がそれぞれ，X, Y であり，表中の数字は (X, Y) の組み合わせが生起した頻度（日数）を表している．さて，(X, Y) の組み合わせが生起する確率を，観測結果から得られる相対頻度で定義したものが，

表 4.1 交差点を通過する車の台数の頻度 (a) とその同時確率 (b)

(a)		下りの台数 X					(b)		下りの台数 X				
		0	1	2	3	合計			0	1	2	3	合計
上りの台数 Y	0	0	3	10	20	33	上りの台数 Y	0	0	0.02	0.05	0.12	0.19
	1	1	4	24	40	69		1	0.01	0.02	0.13	0.22	0.38
	2	5	10	15	15	45		2	0.03	0.05	0.08	0.08	0.24
	3	3	8	10	15	36		3	0.02	0.04	0.05	0.08	0.19
	合計	9	25	59	90	183		合計	0.06	0.13	0.31	0.50	1

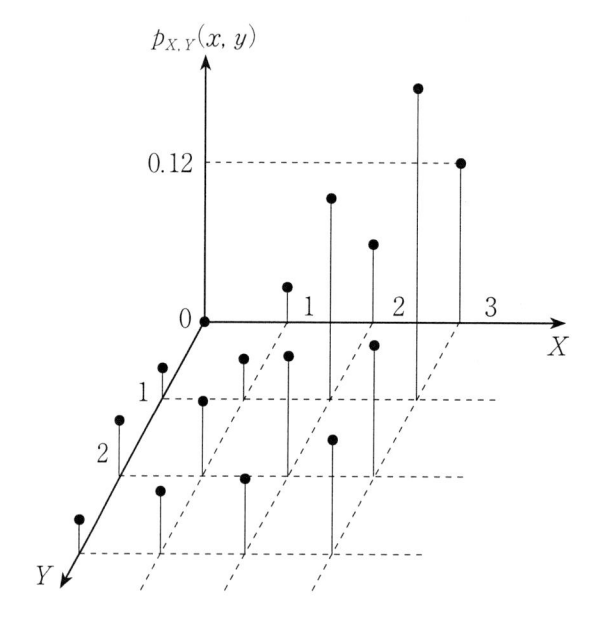

図 4.1 交差点を通過する車の台数の同時確率質量

表 4.1 (b) である．これを X-Y 平面上にプロットすると図 4.1 が得られる．X, Y は離散確率変数であるから，図 4.1 に描かれた点は，X と Y の値の組み合わせに対する確率を与えていることになる．つまり，このグラフは，離散確率変数 X がある実現値 x をとると同時に Y の実現値が y となる確率を与える関数を表していると考えられる．そこで，この関係を $p_{X,Y}(x, y)$ と書いて同時確率質量関数 (joint probability mass function) と呼ぶ．

一般には，2 つの離散確率変数 X, Y があって，両者のとりうる値が $x_i, y_j (i = 1, \cdots, I; j = 1, \cdots, J)$ であるとき，同時確率質量関数は，

$$p_{X,Y}(x, y) = \begin{cases} p_{ij} & (x = x_i \text{ かつ } y = y_j \text{ のとき}) \\ 0 & (\text{それ以外の場合}) \end{cases} \tag{4.1}$$

と定義される．ただし，$p_{ij} = \Pr[X = x_i, Y = y_j]$ である．たとえば，表 4.1 で与え

られるような確率質量関数であれば，$p_{X,Y}(1, 2) = 0.05$ となる．もちろん，同時確率質量関数は，

$$\sum_{i=1}^{I}\sum_{j=1}^{J} p_{X,Y}(x_i, y_j) = 1 \tag{4.2}$$

を満たす．

同時確率質量関数がわかれば2つの確率変数の組み合わせのもつ確率特性が完全に表現されたことになるが，1変数の場合と同様に，非超過確率（その値を超えない確率）を与える関数を用いると便利なことも多い．そこで，関数 $P_{X,Y}(x, y)$ を，

$$P_{X,Y}(x, y) = \sum_{x_i \leq x}\sum_{y_i \leq y} p_{X,Y}(x_i, y_j) \tag{4.3}$$

で定義しよう．$P_{X,Y}(x, y)$ は，$\Pr[X \leq x, Y \leq y]$，つまり，確率変数 X の値が与えられた特定の値 x を超えないと同時に確率変数 Y も与えられた値を超えない場合の確率を表している．この $P_{X,Y}(x, y)$ を同時（確率）分布関数（joint distribution function）と呼ぶ．

演習問題1 表4.1(b) で与えられる同時確率質量関数から，同時分布関数を求めて表形式に整理せよ．

上の演習問題を解いてみた読者はお気づきのことと思うが，同時分布関数は，任意の x, y に対して，

$$p_{X,Y}(\infty, \infty) = 1, \quad p_{X,Y}(-\infty, y) = p_{X,Y}(x, -\infty) = 0 \tag{4.4}$$

となる性質をもっている．

次に，確率変数 X, Y が連続変数である場合を考えよう．そして，

$$F_{X,Y}(x, y) = \Pr[-\infty < X \leq x, -\infty < Y \leq y] \tag{4.5}$$

なる関数を考える．この $F_{X,Y}(x, y)$ を (x, y) の同時分布関数という．また，2変数の関数 $f_{X,Y}(x, y)$ が存在して，

$$\begin{cases} f_{X,Y}(x, y) \geq 0 \quad (-\infty < x < \infty, -\infty < y < \infty) \\ F_{X,Y}(x, y) = \int_{-\infty}^{x}\int_{-\infty}^{y} f_{X,Y}(t, s) dt ds \end{cases} \tag{4.6}$$

を満足するとき，$f_{X,Y}(x, y)$ を X, Y の同時確率密度関数という．式 (4.6) より，

$$f_{X,Y}(x, y) = \frac{\partial^2 F_{X,Y}(x, y)}{\partial x \partial y} \tag{4.7}$$

なる関係がある．ここでは，

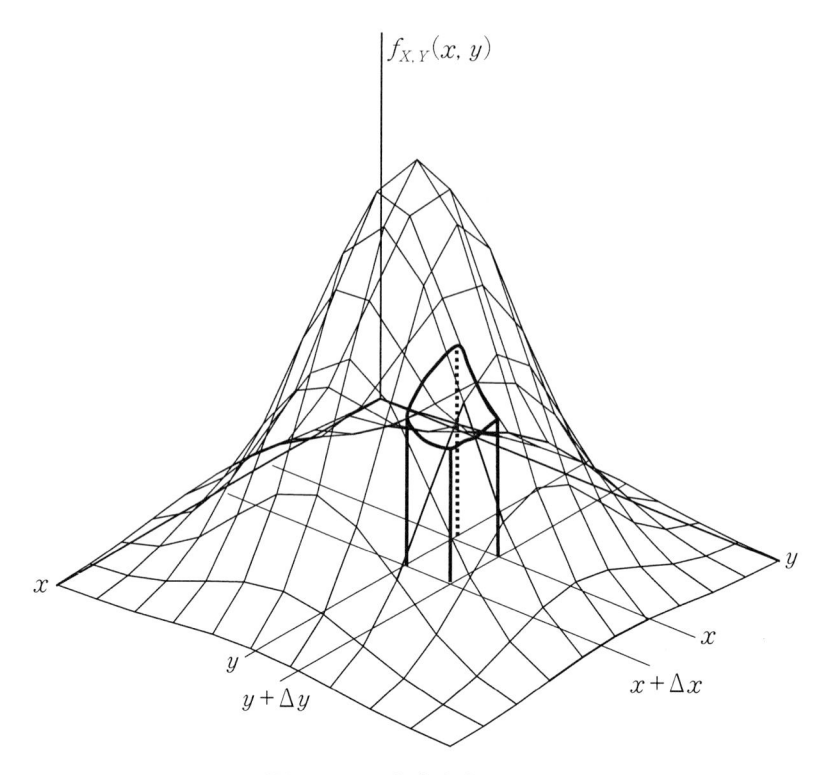

図4.2 同時確率密度関数

$$\int_{-\infty}^{\infty}\int_{-\infty}^{\infty} f_{X,Y}(x,y)dxdy = 1 \tag{4.8}$$

が成立している．

同時確率密度関数が与えられれば，X と Y が同時に，$x<X\leq x+\Delta x$, $y<Y\leq y+\Delta y$ なる範囲の値をとる確率は，

$$\Pr[x<X\leq x+\Delta x, y<Y\leq y+\Delta y] = \int_{y}^{y+\Delta y}\int_{x}^{x+\Delta x} f_{X,Y}(s,t)dsdt \tag{4.9}$$

で与えられる．図4.2は同時確率密度関数 $f_{X,Y}(x,y)$ を概念的に図示したものである．図中の帽子型の曲面が確率密度を表しており，図中に描かれた柱の体積が，$\Pr[x<X\leq x+\Delta x, y<Y\leq y+\Delta y]$ を与えていることが視覚的に理解できるであろう．もちろん，$f_{X,Y}(x,y)$ が必ずしも図のような帽子型の形をしているとは限らない．2変数の関数が式 (4.8) を満足すれば，それは2次元の同時確率密度関数として使える資格がある．

演習問題2 確率変数 X, Y が次の同時確率密度関数で与えられる分布に従っているとき，以下の問いに答えよ．

$$f_{X,Y}(x, y) = \begin{cases} \dfrac{2}{(1+x+y)^3} & (x>0,\ y\geq 0) \\ 0 & (\text{それ以外の場合}) \end{cases}$$

① $\Pr[1\leq X\leq 2, 2\leq Y\leq 3]$ はいくらになるか.
② $Y\leq 2X$ となる確率を求めよ.
③ 同時分布関数を求めよ.

例題1 降雨が2つの変数 X, Y (X:降雨時間, Y:平均降雨強度) によって表されるとき, X, Y は a, b をパラメータとして, 次のような分布関数をもつとする.

$$\begin{cases} F_X(x) = 1 - e^{-ax} & (x\geq 0, a>0) \\ F_Y(y) = 1 - e^{-by} & (y\geq 0, b>0) \end{cases}$$

同時分布がその異形も含めるためにパラメータ c を導入して次式で与えられると仮定する.

$$F_{X,Y}(x, y) = 1 - e^{-ax} - e^{-by} + e^{-ax-by-cxy}$$

ここで, このとき c がとりうる値の範囲を求めよ[1].

解 c のとりうる下限を得るためには, $F_{X,Y}(x, y) \leq F_X(x)$ であることを確認する必要がある. これは, 同時確率 $\Pr[X\leq x, Y\leq y]$ が Y とは独立に $\Pr[X\leq x]$ を超えることができないことによっている.

すなわち,

$$F_{X,Y}(x, y) = 1 - e^{-ax} - e^{-by} + e^{-ax-by-cxy} \leq 1 - e^{-ax} = F_X(x)$$

したがって, $-x(a+cy)\leq 0$ であり, $x\geq 0$ より $a+cy\geq 0$ となる. $y\geq 0, a>0$ より $a+cy\geq 0$ がいつも成立するには, $c\geq 0$ が必要である.

c のとりうる上限については, 同時確率密度関数を求める必要がある. 同時確率密度関数 $f_{X,Y}(x, y)$ は, 式 (4.7) から次のように求められる.

$$\frac{\partial F}{\partial x} = \frac{\partial(1 - e^{-ax} - e^{-by} + e^{-ax-by-cxy})}{\partial x} = ae^{-ax} - (a+cy)e^{-ax-by-cxy}$$

$$f_{X,Y}(x, y) = \frac{\partial^2 F}{\partial x \partial y} = \frac{\partial[ae^{-ax} - (a+cy)e^{-ax-by-cxy}]}{\partial y} = [(a+cy)(b+cx) - c]e^{-ax-by-cxy}$$

$x=0, y=0$ のとき $f_{X,Y}(0, 0) = ab - c$

確率密度関数は負の値はとらないので $ab - c \geq 0$ である. したがって, c の上限は $c \leq ab$ となる.

以上により, $0 \leq c \leq ab$ が得られる.

b. 周辺分布

前項でみたように, 同時確率密度関数や同時分布関数を知ることができれば, 多次元確率変数の特性はすべてわかったことになる. しかし, 結合分布する確率変数 X と Y があったとしても, X だけの分布特性を考えたいというときもある

---
[1] Kottegoda, N. T. *et al.* (1998): Statistic, Probability and Reliability for Civil and Environmental Engineers, International ed., McGraw-Hill, Singapore, pp. 125-126

だろう．ここで X のみの確率分布とは，Y の値にかかわらず X がとる確率分布のことであり，X の周辺分布（marginal distribution）と呼ばれる．

さて，表 4.1（b）で与えられるような同時確率分布の場合，下り方向の台数 X だけの確率質量関数はどのように与えられるであろうか．これは，表 4.1（b）の最後の行（合計のところ）で与えられ，

下りの台数 X	0	1	2	3	合計
$p_X(x)$	0.06	0.13	0.31	0.50	1

となる．つまり，同時確率質量関数 $p_{X,Y}(x, y)$ が与えられているとき，X の確率質量関数 $p_X(x)$ は，

$$p_X(x) = \sum_{j=1}^{J} p_{X,Y}(x, y_j) \tag{4.10}$$

で与えられる．各々の X の値に対応するべき確率質量は，X がその値をとるときのすべての確率質量の和であって，表 4.1（b）の1つの行を抜き出したものではないことに注意してほしい．式（4.10）で与えられる $p_X(x)$ を X の周辺確率質量関数という．そして，

$$P_X(x) = \sum_{x_i \leq x} p_X(x_i) \tag{4.11}$$

を X の周辺分布関数という．

X, Y が連続確率変数の場合には，同時確率密度関数を Y に関し，$-\infty$ から ∞ まで積分することにより，周辺確率密度関数 $f_X(x)$ が得られる．すなわち，

$$f_X(x) = \int_{-\infty}^{\infty} f_{X,Y}(x, y) dy \tag{4.12}$$

である．また，X の周辺分布関数 $F_X(x)$ は，

$$F_X(x) = \int_{-\infty}^{x} f_X(s) ds \tag{4.13}$$

で与えられる．

同時確率密度関数と周辺確率密度関数の関係を図示したものが図 4.3 である．X の周辺確率密度関数 $f_X(x)$ は，x のそれぞれの値に対して，同時確率密度関数 $f_{X,Y}(x, y)$ を y について積分したもの，つまり図中の縦線部の面積になっていることがわかる．

ところで，同時確率密度関数（離散確率変数の場合は同時確率質量関数）が X の関数 $g_X(x)$ と Y の関数 $g_Y(y)$ の積の形，すなわち，

$$f_{X,Y}(x, y) = g_X(x) \cdot g_Y(y) \tag{4.14}$$

4. 多次元分布

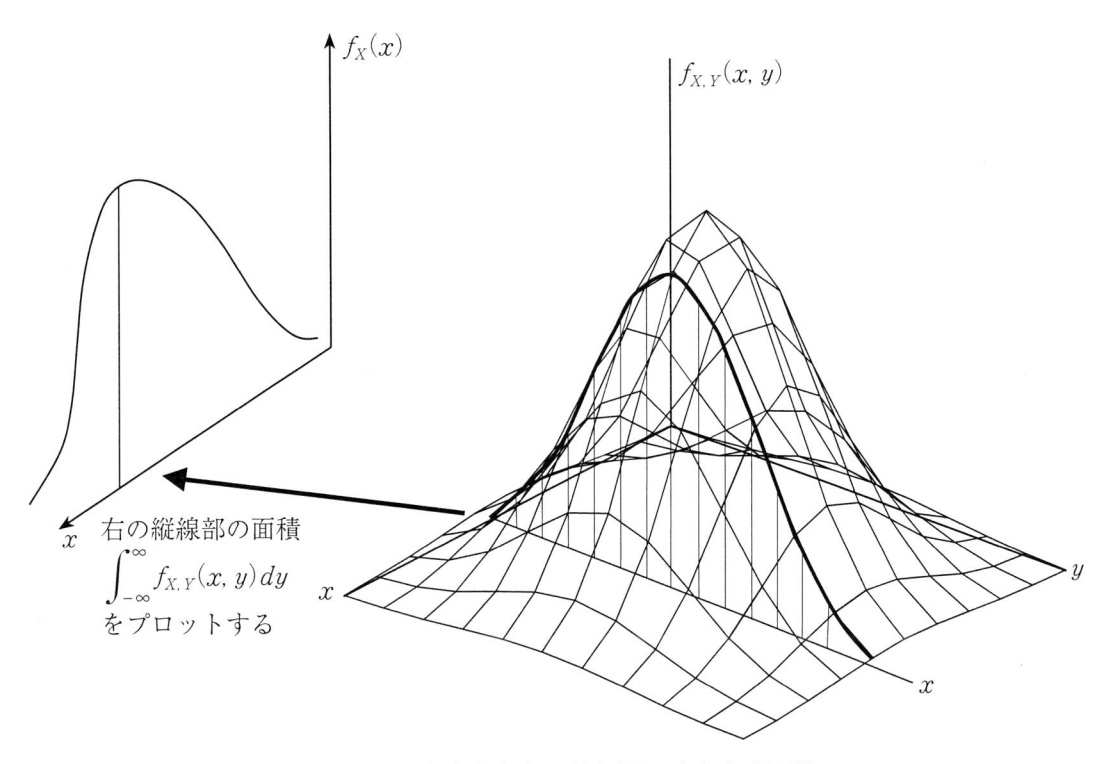

[図: $f_X(x)$ のプロット、$f_{X,Y}(x,y)$ の3次元プロット、矢印で「右の縦線部の面積 $\int_{-\infty}^{\infty} f_{X,Y}(x,y)\,dy$ をプロットする」と示される]

図 4.3 同時確率密度関数と周辺確率密度関数

のように表される場合がある．このような場合，確率変数 X と Y は独立であるという．式 (4.14) から，X の周辺確率密度関数 $f_X(x)$ を求めると，

$$f_X(x) = \int_{-\infty}^{\infty} g_X(x) \cdot g_Y(y)\,dy = g_X(x) \int_{-\infty}^{\infty} g_Y(y)\,dy = g_X(x) \cdot 1 = g_X(x)$$

であるから，2つの確率変数が独立であるとは，その同時確率密度関数がそれぞれの変数の周辺確率密度関数の積で表されることであるといってもよい．

c. 条件付分布

結合分布する複数の確率変数，すなわち多次元の確率変数を考える際には，そのうち，いくつかの確率変数の実現値がわかったという条件の下で，残りの変数の確率分布を問題にしなければならないことも多い．2つの確率変数 X, Y のうち，X の値を知って Y の値を予測する場合などである．

再び，a項で取り上げた横断歩道を通過する上り，下りの車の台数の例を考えてみよう．下りの通過台数 X と上りの台数 Y は，表 4.1 (b) で与えられるような同時確率質量関数 $p_{X,Y}(x,y)$ をもつのであった．今，上りの台数 Y が 2 であるということを知ったときの X の分布はどうなるであろうか．表 4.1 (b) の $Y=2$

に対応する行が，$Y=2$ に対する X の条件付確率を与えているのであろうか．答えは否である．なぜなら，表4.1 (b) の行からわかることは，

$p_{X,Y}(0, 2) = 0.03$, $\quad p_{X,Y}(1, 2) = 0.05$, $\quad p_{X,Y}(2, 2) = 0.08$,
$p_{X,Y}(3, 2) = 0.08$

ということであるが，これらを $X=0, 1, 2, 3$ について全部足し合わせても1にならない．あわてず，条件付確率の定義を思い出してみよう．$Y=2$ に対する X の条件付確率 $\Pr[X=x|Y=2]$ は，

$$\Pr[X=x|Y=2] = \frac{\Pr[X=x \text{ かつ } Y=2]}{\Pr[Y=2]}$$

で与えられるのであった．ところで，$\Pr[X=x \text{ かつ } Y=2]$ は同時確率質量関数 $p_{X,Y}(x, 2)$ で，$\Pr[Y=2]$ は周辺確率質量関数を用いて $P_Y(2)$ で与えられることは，a項，b項で学んだ．したがって，

$$\Pr[X=x|Y=2] = \frac{p_{X,Y}(x, 2)}{P_Y(2)}$$

である．

以上のことから，式 (4.1) で与えられる同時確率質量関数に対して，関数 $p_{X|Y}(x|y)$ を，

$$p_{X|Y}(x|y) = \frac{p_{X,Y}(x, y)}{P_Y(y)} = \frac{p_{X,Y}(x, y)}{\sum_{i=1}^{I} p_{X,Y}(x_i, y)} \tag{4.15}$$

と定義すれば，Y の値を知ったときの X の条件付確率を与えることになる．そこで，$p_{X|Y}(x|y)$ を条件付確率質量関数と呼ぶ．

連続な2次元確率変数 $Z=(X, Y)$ の場合には，Y がある値 y をとったという条件の下で X が値 x をとる確率密度を与える条件付確率密度関数 $f_{X|Y}(x|y)$ が，

$$f_{X|Y}(x|y) = \frac{f_{X,Y}(x, y)}{f_Y(y)} = \frac{f_{X,Y}(x, y)}{\int_{-\infty}^{\infty} f_{X,Y}(x, y) dx} \tag{4.16}$$

のように定義される．$f_{X|Y}(x|y)$ を x について $-\infty$ から ∞ まで積分すると，

$$\int_{-\infty}^{\infty} f_{X|Y}(x|y) dx = \int_{-\infty}^{\infty} \frac{f_{X,Y}(x, y)}{f_Y(y)} dx = \frac{1}{f_Y(y)} \int_{-\infty}^{\infty} f_{X,Y}(x, y) dx = \frac{f_Y(y)}{f_Y(y)} = 1 \tag{4.17}$$

となり，確かに確率密度関数としての性質を有することが確認できる．ここで，X, Y が互いに独立であるときは，$f_{X,Y}(x, y) = f_X(x) f_Y(y)$ であったから，

$$f_{X|Y}(x|y) = f_X(x), \qquad f_{Y|X}(y|x) = f_Y(y) \tag{4.18}$$

となることに注意しよう．

演習問題3 a項の演習問題2で与えられた2次元同時確率密度関数について，条件付確率密度関数$f_{X|Y}(x|y)$を求めよ．

4.2 多次元分布の特性

多次元の場合も，2次元の考え方を同様に拡張することにより得られる．

すなわち，k個の変数$X_1, X_2, \cdots, X_k$を同じ確率空間での確率変数とし，その分布関数として，$F(x_1, x_2, \cdots, x_k)$を，

$$F(x_1, x_2, \cdots, x_k) = \Pr[X_1 \leq x_1, X_2 \leq x_2, \cdots, X_k \leq x_k] \tag{4.19}$$

と定義する．すなわち，連続な確率変数の場合は，

$$F(x_1, x_2, \cdots, x_k) = \int_{-\infty}^{x_1} \int_{-\infty}^{x_2} \int_{-\infty}^{x_k} f(t_1, t_2, \cdots, t_k) dt_1, dt_2, \cdots, dt_k \tag{4.20}$$

となる．$f(t_1, t_2, \cdots, t_k) \geq 0$となる関数が存在するとき，$X_1, X_2, \cdots, X_k$を$k$次元の連続確率変数という．逆に分布関数が微分可能であるとき，$f(x_1, x_2, \cdots, x_k)$は，

$$f(x_1, x_2, \cdots, x_k) = \frac{\partial^k}{\partial x_1 \partial x_2 \cdots \partial x_k} F(x_1, x_2, \cdots, x_k) \tag{4.21}$$

で与えることができる．

4.3 期待値，分散，共分散

1次元確率変数の場合と同様に，多次元確率変数の場合にも，それぞれの変数の期待値（平均）や分散を定義することができる．今，連続な確率変数X, Yが同時確率密度関数$f_{X,Y}(x, y)$で特性づけられる分布に従っているとしよう．このとき，Xの平均$\mu_X(x)$は，

$$\mu_X(x) = \mathrm{E}[X] = \int_{-\infty}^{\infty} \int_{-\infty}^{\infty} x f_{X,Y}(x, y) dx dy \tag{4.22}$$

で定義されるが，

$$\mu_X(x) = \int_{-\infty}^{\infty} x \left[\int_{-\infty}^{\infty} f_{X,Y}(x, y) dy \right] dx = \int_{-\infty}^{\infty} x f_X(x) dx \tag{4.23}$$

となって，Yに無関係な量になる．ただし，$f_X(x)$はXの周辺確率密度関数である．また，Xの分散σ_X^2は，

$$\sigma_X^2 = \int_{-\infty}^{\infty} \int_{-\infty}^{\infty} (x - \mu_X)^2 f_{X,Y}(x, y) dx dy = \int_{-\infty}^{\infty} (x - \mu_X)^2 f_X(x) dx \tag{4.24}$$

で与えられる.

多次元の分布では，一方の確率変数の値を知った上での他方の変数の条件付期待値（条件付平均）や条件付分散も重要である．Y の値を知った上での X の条件付期待値は，

$$\mu_{X|Y}(x|y) = \mathrm{E}[X|Y] = \int_{-\infty}^{\infty} x f_{X|Y}(x|y) dx \tag{4.25}$$

のように条件となる Y の実現値 y の関数となるし，条件付分散は，

$$\sigma_{X|Y}^2 = \int_{-\infty}^{\infty} (x - \mu_{X|Y})^2 f_{X|Y}(x|y) dx \tag{4.26}$$

のように与えられる．ただし，$f_{X|Y}(x|y)$ は条件付確率密度関数である．

さて，多次元の確率分布を考える場合，

$$\sigma_{X,Y} = \int_{-\infty}^{\infty} \int_{-\infty}^{\infty} (x - \mu_X)(y - \mu_Y) f_{X,Y}(x, y) dx dy \tag{4.27}$$

で定義される共分散（covariance）が重要である．共分散を求める式 (4.27) 右辺の演算を演算子 $\mathrm{Cov}[X, Y]$ と書くこともある．共分散は，確率変数 X と Y の関係を表す量である．このことを明確にするために，共分散を X と Y の標準偏差で割った量 ρ を考えてみよう．すなわち，

$$\rho = \frac{\sigma_{X,Y}}{\sigma_X \sigma_Y} \tag{4.28}$$

である．ρ は相関係数（correlation coefficient）と呼ばれる．相関とは，確率変数 X と Y の間にどの程度線形の関係があるかということを表す言葉である．たとえば，確率変数 X と Y の間に，$Y = aX + b$ （$a \neq 0$）という関係，つまり，X がどのような値をとるかは確率的に変動するが，X が値 x をとったときには必ず Y の値は $ax + b$ となっている場合を考えよう．このとき，

$$\mu_Y = \mathrm{E}[Y] = \mathrm{E}[aX + b] = a\mu_X + b,$$

$$\sigma_Y^2 = \mathrm{E}[(Y - \mu_Y)^2] = \mathrm{E}[\{aX + b - (a\mu_X + b)\}^2] = a^2 \mathrm{E}[(X - \mu_X)^2] = a^2 \sigma_X^2$$

であることに注意すると，

$$\sigma_{X,Y} = \int_{-\infty}^{\infty} \int_{-\infty}^{\infty} (x - \mu_X)(y - \mu_Y) f_{X,Y}(x, y) dx dy$$

$$= \int_{-\infty}^{\infty} \int_{-\infty}^{\infty} (x - \mu_X)\{ax + b - (a\mu_X + b)\} f_{X,Y}(x, y) dx dy$$

$$= a \int_{-\infty}^{\infty} \int_{-\infty}^{\infty} (x - \mu_X)^2 f_{X,Y}(x, y) dx dy = a \sigma_X^2$$

となり，

$$\rho = \frac{\sigma_{X,Y}}{\sigma_X \sigma_Y} = \frac{a\sigma_X^2}{\sigma_X(|a|\sigma_X)} = \frac{a}{|a|}$$

より，a が正なら $\rho=1$，a が負なら $\rho=-1$ となることがわかる．逆に，$|\rho|=1$ なら X と Y の間に線形の関係が成り立つことも証明できる．

一方，任意の実数 t に対して，
$$\mathrm{E}[\{t(X-\mu_X)+(Y-\mu_Y)\}^2] = \sigma_X^2 t^2 + 2\sigma_{X,Y}t + \sigma_Y^2 \tag{4.29}$$
を考えよう．式 (4.29) 左辺は，確率変数の 2 乗の期待値であるからいかなる t に対しても非負であるはずであり，したがって，
$$\sigma_{X,Y}^2 - (\sigma_X \sigma_Y)^2 \leq 0$$
すなわち，
$$\frac{\sigma_{X,Y}}{\sigma_X \sigma_Y} \leq 1 \text{ つまり } |\rho| \leq 1$$
が成り立つ．

以上から，相関係数は，-1〜1 の値をとる量で，± 1 に近づくほど 2 つの確率変数の間に線形の関係が強くなることを示す量であるといえる．なお，$\rho=0$ のときを無相関という．すでに 2 つの確率変数の関係を表す概念として「独立」ということを学んでいるが，相関と独立は別の概念であることに注意してほしい．確率変数 X と Y が独立であれば，相関係数は 0 となるが，無相関であるからといって独立であるとは限らない．

以上の議論は，連続な確率変数について行ったが，同様のことは X と Y が離散確率変数の場合にもいうことができる．

例題 2 連続な確率変数 X, Y が同時確率密度関数 $f_{X,Y}(x,y)$ で特性づけられる分布に従っている．このとき，$X+Y$，$(X+Y)^2$ の期待値および，$X+Y$ の分散はどのように表されるか．

解 $X+Y$ の期待値は，
$$\mathrm{E}[X+Y] = \int_{-\infty}^{\infty} \int_{-\infty}^{\infty} (x+y) f_{X,Y}(x,y) dx dy$$
で表される．これをさらに展開すると
$$\mathrm{E}[X+Y] = \int_{-\infty}^{\infty} \int_{-\infty}^{\infty} x f_{X,Y}(x,y) dx dy + \int_{-\infty}^{\infty} \int_{-\infty}^{\infty} y f_{XY}(x,y) dx dy$$
$$= \int_{-\infty}^{\infty} x \left\{ \int_{-\infty}^{\infty} f_{X,Y}(x,y) dy \right\} dx + \int_{-\infty}^{\infty} y \left\{ \int_{-\infty}^{\infty} f_{XY}(x,y) dx \right\} dy$$

$$=\int_{-\infty}^{\infty} x f_X(x)dx + \int_{-\infty}^{\infty} y f_Y(y)dy = \mathrm{E}[X] + \mathrm{E}[Y]$$

となる．この一連の計算の中で X と Y は互いに独立という条件をつけておらず，上式は X と Y の独立性にかかわらず成立することに注意してほしい．

また，$\mathrm{E}[(X+Y)^2]$ についても同様に，

$$\begin{aligned}\mathrm{E}[(X+Y)^2] &= \int_{-\infty}^{\infty}\int_{-\infty}^{\infty}(x+y)^2 f_{X,Y}(x,y)dxdy \\ &= \int_{-\infty}^{\infty}\int_{-\infty}^{\infty} x^2 f_{X,Y}(x,y)dxdy + 2\int_{-\infty}^{\infty}\int_{-\infty}^{\infty} xy f_{X,Y}(x,y)dxdy \\ &\quad + \int_{-\infty}^{\infty}\int_{-\infty}^{\infty} y^2 f_{X,Y}(x,y)dxdy \\ &= \mathrm{E}[X^2] + \mathrm{E}[Y^2] + 2\mathrm{E}[XY]\end{aligned}$$

となる．

さらに，$X+Y$ の分散は，

$$\begin{aligned}\mathrm{Var}[X+Y] &= \mathrm{E}[(X+Y)^2] - \{\mathrm{E}[X+Y]\}^2 \\ &= \{\mathrm{E}[X^2] + \mathrm{E}[Y^2] + 2\mathrm{E}[XY]\} - \{\mathrm{E}[X] + \mathrm{E}[Y]\}^2 \\ &= \{\mathrm{E}[X^2] - (\mathrm{E}[X])^2\} + \{\mathrm{E}[Y^2] - (\mathrm{E}[Y])^2\} + 2\{\mathrm{E}[XY] - \mathrm{E}[X]\mathrm{E}[Y]\} \\ &= \mathrm{Var}[X] + \mathrm{Var}[Y] + 2\{\mathrm{E}[XY] - \mathrm{E}[X]\mathrm{E}[Y]\}\end{aligned}$$

となるが，

$$\begin{aligned}\mathrm{Cov}[X,Y] &= \mathrm{E}[(X-\mathrm{E}[X])(Y-\mathrm{E}[Y])] \\ &= \mathrm{E}[XY - X\mathrm{E}[Y] - Y\mathrm{E}[X] + \mathrm{E}[X]\mathrm{E}[Y]] \\ &= \mathrm{E}[XY] - \mathrm{E}[X]\mathrm{E}[Y]\end{aligned} \quad (4.30)$$

であるから，結局，

$$\mathrm{Var}[X+Y] = \mathrm{Var}[X] + \mathrm{Var}[Y] + 2\mathrm{Cov}[X,Y] \quad (4.31)$$

となる．式 (4.30), (4.31) の関係は，今後もよく使用するので，ぜひ覚えておいてほしい．

演習問題 4

① 式 (4.29) を示せ．

② 確率変数 X と Y が独立であれば，相関係数は 0 となることを証明せよ．

5. 確率変数の変換

確率密度（質量）関数のわかっている確率変数があったときに，その確率変数の関数として定義される別の確率変数の分布を知りたいという場面は，工学に限らずいろいろな分野でみられる．たとえば，比較的小さい流域の洪水のピーク流量 $Q(\mathrm{m}^3/\mathrm{s})$ を求める式に，

$$Q = \frac{1}{3.6} frA$$

という式がある．この式は合理式と呼ばれ，r は，洪水到達時間内の平均雨量強度 (mm/h)，A は流域面積 (km^2) で，f は流出係数と呼ばれる無次元のパラメータである．今，雨量強度 r の分布がわかったとすると，堤防の設計などを担当する人は，最大流量 Q がどのような分布に従うかを知りたくなるだろう．

また，長方形の土地の面積を知るために，縦の長さ X と Y を測量する場合を考えよう．測定には誤差が付き物だから，X と Y は確率変数であると考えることができる．X と Y の分布がわかれば，そこから，面積 $S = XY$ の分布を知りたくなるだろう．

ここでは，このような確率変数の変換について学ぶことにしよう．

5.1 1変数の場合

X が確率密度関数 $f_X(x)$ をもつ連続的な確率変数であり，その X についてさらに関数関係 $Y = \Phi(X)$ によって X と Y とが1対1に対応する場合，Y の確率密度関数はどのように表されるであろうか．後述する例題 1, 2 でみるように，確率変数が変数変換されたときに得られる確率密度関数を求めることが本章の課題である．たとえば，X が正規分布[1]に従うとき，$Y = aX + b$ (a, b：定数) の1次変換により，Y の確率密度関数はどのように表されるであろうか．また，$Y = X^2$ の変換により Y の確率密度関数はどのように表されるであろうか．

今，$Y = \Phi(X)$ の変換において，$X = h(Y)$ と解けたとする．Y は確率密度関数

---

[1] 正規分布については第8章で勉強する．ここでは，確率変数 X については，その確率密度関数がわかっていると考えればよい．

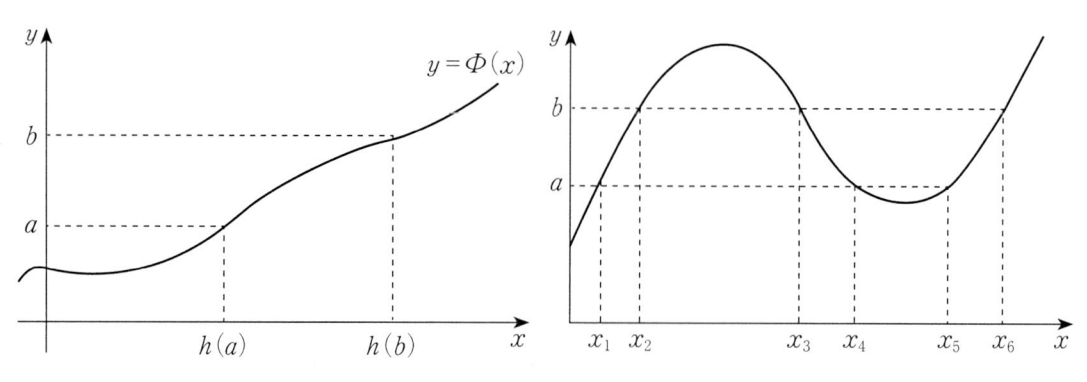

図 5.1 確率変数 X から Y への変換　　**図 5.2** 単調でない関数の場合

$g_Y(y)$ をもつ連続的な確率変数であり，$h'(y) = dx/dy$ とすると，

$$g_Y(y) = f_X\{h(y)\} \cdot |h'(y)| \tag{5.1}$$

と表される．ただし，$f_X(x)$ は X の確率密度関数である．このことを証明してみよう．

図 5.1 のような単調増加関数による変数変換をした場合の $a \le y \le b$ ($h(a) \le x \le h(b)$) の確率について考えてみる．

$$\Pr[a \le Y \le b] = \int_a^b g_Y(y)dy = \Pr[h(a) \le x \le h(b)] = \int_{h(a)}^{h(b)} f_X(x)dx$$

であるが，$x = h(y)$，$dx/dy = h'(y)$ であり $a \le y \le b$ であるから，結局

$$\Pr[a \le Y \le b] = \int_a^b f_X\{h(y)\}h'(y)dy$$

となり，

$$g_Y(y) = f_X\{h(y)\}h'(y)$$

となる．単調減少のときも同様に証明できるが，$h'(y)$ の符号が逆になるので，$h'(y)$ を総じて $|h'(y)|$ とすると式 (5.1) が成立する．

$Y = \Phi(X)$ が単調増加や単調減少ではなく図 5.2 のように y に対して x がいくつかの区分に分かれるときは，

$$\Pr[a < Y \le b] = \Pr[x_1 \le Y \le x_2] + \Pr[x_3 \le Y \le x_4] + \Pr[x_5 \le Y \le x_6]$$

となるので，一般的にはそれぞれの区分の $h(y)$ を $h_1(y), h_2(y), \cdots$ として，

$$g_Y(y) = f_X\{h_1(y)\}|h_1'(y)| + f_X\{h_2(y)\}|h_2'(y)| + \cdots + f_X\{h_n(y)\}|h_n'(y)| \tag{5.2}$$

となる．

例題 1 確率変数 X が平均 μ，分数 σ^2 の正規分布 $N(\mu, \sigma^2)$ に従い，その確率密度関数が

$$f_X(x) = \frac{1}{\sqrt{2\pi}\sigma} \exp\left(-\frac{(x-\mu)^2}{2\sigma^2}\right) \tag{5.3}$$

で表されるとき，$Y=(X-\mu)/\sigma$ で変換した Y の確率密度関数 $g_Y(y)$ を求めよ．

解 $y=(x-\mu)/\sigma$ より $x=\sigma y+\mu$，したがって $dx/dy=\sigma$ となる．式 (5.1) より，

$$g_Y(y) = \frac{1}{\sqrt{2\pi}\sigma} e^{-y^2/2} \cdot \sigma = \frac{1}{\sqrt{2\pi}} e^{-y^2/2} \tag{5.4}$$

が得られる．これは第8章で述べる $\mu=0$, $\sigma=1$ の標準正規分布の確率密度関数である．

例題2 X は正の値をとる確率変数で $Y=\ln X$ が $N(\mu, \sigma^2)$ に従うとき，X の確率密度関数 $g_X(x)$ を求めよ[2]．

解 $Y=\ln X$ で変換したときの Y の確率密度関数は，

$$f_Y(y) = \frac{1}{\sqrt{2\pi}\sigma} e^{-(y-\mu)^2/2\sigma^2}$$

である．$y=\ln x = h(x)$ とすると，$dy/dx = h'(x) = 1/x$ であるから，

$$g_X(x) = f_Y\{h(x)\} \cdot h'(x) = \frac{1}{\sqrt{2\pi}\sigma x} e^{-(\ln x - \mu)^2/2\sigma^2}$$

を得る．このような分布を対数正規分布といい，詳しくは第8章で取り扱う．

例題3 確率変数 X が $N(0,1)$ に従うとき，$Y=X^2$ の変換を施した場合の分布を求めよ．

解 $y=x^2$ から $x=\pm\sqrt{y}$，

$$\therefore \frac{dx}{dy} = \pm\frac{1}{2}\cdot\frac{1}{\sqrt{y}}$$

したがって，Y の確率密度関数 $g_Y(y)$ は式 (5.2) より次のように求められる．

$$g_Y(y) = \frac{1}{\sqrt{2\pi}}\cdot e^{-(\sqrt{y})^2/2}\cdot\frac{1}{2\sqrt{y}} + \frac{1}{\sqrt{2\pi}} e^{-(\sqrt{y})^2/2}\cdot\frac{1}{2\sqrt{y}} = \frac{1}{\sqrt{2\pi}}\cdot\frac{1}{\sqrt{y}} e^{-y/2} \tag{5.5}$$

なお，式 (5.5) は，$\Gamma(x)$ を $\Gamma(x) = \int_0^\infty e^{-t} t^{x-1} dt$ と定義されるガンマ関数とすると，

$$g_Y(y) = \frac{1}{2^{1/2}\Gamma\left(\frac{1}{2}\right)}\cdot y^{1/2-1}\cdot e^{-y/2}$$

と表すこともできる．これは第14章で述べる χ^2 分布で $n=1$ の場合，すなわち自由度 1 の χ^2 分布である．

次に，確率変数を1次式で変換したときの積率母関数について考えてみよう．

確率変数 X を $Y=aX+b$ で変換したとき，$E[e^{hx}] = M(h)$ で与えられる積率母関数は，

---

[2] これは，確率変数 Y の確率密度関数が $N(\mu, \sigma^2)$ に従うとき，$x=e^y$ の変換をした X の確率密度関数 $g_X(x)$ を求める場合と同じと解釈することもできる．

$$\mathrm{E}[e^{h(ax+b)}] = \int_{-\infty}^{\infty} e^{h(ax+b)} f_X(x) dx = e^{bh} \int_{-\infty}^{\infty} e^{ahx} f_X(x) dx = e^{bh} M(ah) \qquad (5.6)$$

となる．式（5.6）の関係を用いると次の例題4のように変換後の分布が容易に求まる．

例題4 確率関数 X が正規分布 $\mathrm{N}(\mu, \sigma^2)$ に従うとき，$Y = aX + b$ により変換した確率変数 Y はどのような分布に従うか．

解 正規分布 $\mathrm{N}(\mu, \sigma^2)$ の積率母関数は式（3.36）で示したように，
$$M(h) = e^{\mu h + \sigma^2 h^2/2}$$
で与えられる．したがって，Y の積率母関数は式（5.6）を用いて，
$$e^{bh} \cdot e^{a\mu h + \sigma^2 a^2 h^2/2} = e^{(a\mu + b)h + (a^2 \sigma^2/2) h^2}$$
となる．これは $\mathrm{N}(a\mu + b, a^2 \sigma^2)$ の積率母関数に対応している．すなわち，$Y = ax + b$ は $\mathrm{N}(a\mu + b, a^2 \sigma^2)$ に従う．

この結果は5.3節「確率変数の和の分布」でも用いる重要な事項である．

5.2 多変数の場合

まず2変数の場合について考えてみよう．2変数の場合でも5.1節の1変数の場合を拡張して話を進めることができる．

2変数 X_1, X_2 の同時確率密度関数を $f_{X_1, X_2}(x_1, x_2)$ とおき（X_1, X_2 が離散確率変数の場合は，確率質量関数を $p_{X_1, X_2}(x_1, x_2)$ とおき），
$$Y = g_1(X_1, X_2), \qquad Z = g_2(X_1, X_2) \qquad (5.7)$$
の変数変換を行ったとき，Y, Z の同時確率密度関数 $f_{Y, Z}(y, z)$ は（離散変数の場合は，確率質量関数 $p_{Y, Z}(y, z)$ は），どのように表せるだろうか．

1変数の場合と同様に，$X_1 = h_1(Y, Z)$，$X_2 = h_2(Y, Z)$ と解けたとする．ただし，式（5.7）の変換に伴い，Y, Z の境界条件も変換される．

これにより，離散確率変数の場合，Y, Z の確率質量関数 $p_{Y, Z}(y, z)$ は，
$$p_{Y, Z}(y, z) = p_{X_1, X_2}[h_1(y, z), h_2(y, z)] \qquad (5.8)$$
となる．連続確率変数なら，x_1, x_2 の偏導関数
$$\frac{\partial x_1}{\partial y}, \frac{\partial x_1}{\partial z}, \frac{\partial x_2}{\partial y}, \frac{\partial x_2}{\partial z}$$
が存在し，確率密度関数 $f_{Y, Z}(y, z)$ は
$$f_{Y, Z}(y, z) = |J| f_{X_1, X_2}(h_1(y, z), h_2(y, z)) \qquad (5.9)$$
で表される．J はヤコビの行列式である．

$$J = \begin{vmatrix} \dfrac{\partial x_1}{\partial y} & \dfrac{\partial x_1}{\partial z} \\ \dfrac{\partial x_2}{\partial y} & \dfrac{\partial x_2}{\partial z} \end{vmatrix} \tag{5.10}$$

例題5 2変数 X, Y の同時確率密度関数が

$$f_{X,Y}(x, y) = \frac{1}{\sqrt{2\pi}} e^{-x^2/2} \cdot \frac{1}{\sqrt{2\pi}} e^{-y^2/2}$$

で与えられている．確率変数 X, Y を，

$$R = \sqrt{X^2 + Y^2}, \qquad \Theta = \tan^{-1}\frac{Y}{X}$$

で変換するとき，R, Θ の確率密度関数 $f_{R,\Theta}(r, \theta)$ を求めよ．

解 $r = \sqrt{x^2 + y^2}$，$\theta = \tan^{-1}(y/x)$ を逆に解くと $x = r\cos\theta$, $y = r\sin\theta$ となる．また，$x^2 + y^2 = r^2$ である．ヤコビアンを計算すると，

$$\begin{vmatrix} \dfrac{\partial x}{\partial r} & \dfrac{\partial x}{\partial \theta} \\ \dfrac{\partial y}{\partial r} & \dfrac{\partial y}{\partial \theta} \end{vmatrix} = \begin{vmatrix} \cos\theta & -r\sin\theta \\ \sin\theta & r\cos\theta \end{vmatrix} = r\cos^2\theta + r\sin^2\theta = r$$

したがって，

$$f_{R,\Theta}(r, \theta) = \frac{1}{\sqrt{2\pi} \cdot \sqrt{2\pi}} e^{-r^2/2} \cdot r$$

となる．

5.3 確率変数の和の分布

確率変数の変換の特別な場合として特に重要なのは，複数の確率変数の和が従う分布を求めることである．

たとえば，多数の学生に対して試験を行ったときのことを考えてみよう．各科目の得点の分布は，得点を連続変数と考えて正規分布で表現されることが多い[3]．ところで，合格を気にする受験生は，各科目の得点ではなく，合計点数がどのような分布をしているかが気になるであろう．つまり，数学の得点 X が平均 μ_1 分散 σ_1^2 の正規分布 $N(\mu_1, \sigma_1^2)$ に，国語の得点 Y が $N(\mu_2, \sigma_2^2)$ に従う場合なら，X と Y の和の分布，つまり確率変数 $Z = X + Y$ がどのような確率密度関数をもつかが知りたくなる．さらに，それぞれの受験生がとる数学の点数と国語の点数に関係がない（つまり，X と Y が独立である）場合と，関係がある（X と Y が独立

---

[3] 正規分布に従う確率変数は $-\infty < X < \infty$ の値をとりうるが，試験の得点は上下限をもつから，分布のすそのあたりの話はおかしくなる．あくまで近似である．また，試験の得点の分布が必ず正規分布で近似できるわけではない．問題が難しすぎれば，山が左に偏った非対称の確率密度関数をもつであろう．

でない）場合に合計得点 Z の従う分布が異なるのか否かといったことにも興味がわく．

また，各家庭から燃えるごみと燃えないごみが日々出されるが，家庭によりそれらの排出量（たとえば重量）は異なる．各家庭からの燃えるごみの量と燃えないごみの量が，統計的にみてそれぞれ平均と分散が異なる正規分布に従うとするとき，両方を合わせたごみの量はどのような分布に従うだろうか．

以上の例のように，ある事象の中のいくつかの要素について分布特性がわかっているとき，それら要素を構成する確率変数の和をとって，要素の和の分布特性を知ろうとする例が多くある．本節では，工学でよく用いられるいくつかの分布について，和の分布の求め方，すなわち分布の「畳み込み」の方法について考えることにしよう．

なお，和の分布という言い方をしたときには，それぞれの確率変数を足してできる新しい確率変数の従う分布をいっているのであって，各変数の実現値を区別せずにプロットした場合の分布をいっているのではないことに注意してほしい．上記の試験の例では，あくまで合計得点をいっているのであって，数学と国語の得点を科目を区別せずに混ぜてしまってつくった確率変数の分布（つまり，数学または国語の得点という1つの確率変数の分布）をいっているのではない．

a. 確率変数の和の分布の直接的な求め方

連続分布において，確率変数 X, Y が互いに独立で，それぞれ確率密度関数 $f_X(x), g_Y(y)$ をもつとき，X と Y の和，すなわち $Z = X + Y$ の確率密度関数がどのようになるか考えてみよう．

X と Y は独立だから，これらの同時確率密度関数は $f_X(x) g_Y(y)$ で与えられ，$z = x + y$ であるから，Y と Z の同時確率密度関数は，式 (4.14) より，

$$f_X(z-y) g_Y(y)$$

となる．したがって，Z の確率密度関数を $h_Z(z)$ とすると，$h_Z(z)$ は次式で表される．

$$h_Z(z) = \int_{-\infty}^{\infty} f_X(z-y) \cdot g_Y(y) \, dy = \int_{-\infty}^{\infty} f_X(x) \cdot g_Y(z-x) \, dx \tag{5.11}$$

例 ここでは，それぞれが正規分布に従う互いに独立な確率変数の和が従う分布を考えよう．

5. 確率変数の変換

まず，2つの互いに独立な確率変数 X_1, X_2 がそれぞれ正規分布 $N(\mu_1, \sigma_1^2)$, $N(\mu_2, \sigma_2^2)$ に従うとき，$X = X_1 + X_2$ の分布を求めてみよう．

確率変数 X_1, X_2 の確率密度関数は，それぞれ以下の式で表される．

$$f_{X_1}(x_1) = \frac{1}{\sqrt{2\pi}\sigma_1}\exp\left[-\frac{(x_1-\mu_1)^2}{2\sigma_1^2}\right], \qquad g_{X_2}(x_2) = \frac{1}{\sqrt{2\pi}\sigma_2}\exp\left[-\frac{(x_2-\mu_2)^2}{2\sigma_2^2}\right]$$

$X = X_1 + X_2$ の確率密度関数を $h_X(x)$ とし，式 (5.11) より $h_X(x)$ を x と x_2 で表現すると次式となる．

$$\begin{aligned} h_X(x) &= \int_{-\infty}^{\infty} f_{X_1}(x-x_2)g_{X_2}(x_2)dx_2 \\ &= \int_{-\infty}^{\infty} \frac{1}{\sqrt{2\pi}\sigma_1}\cdot\frac{1}{\sqrt{2\pi}\sigma_2}\exp\left[-\frac{(x-x_2-\mu_1)^2}{2\sigma_1^2}\right]\cdot\exp\left[-\frac{(x_2-\mu_2)^2}{2\sigma_2^2}\right]dx_2 \end{aligned} \quad (5.12)$$

上式で，

$$\begin{aligned} &\exp\left[-\frac{(x-x_2-\mu_1)^2}{2\sigma_1^2}\right]\cdot\exp\left[-\frac{(x_2-\mu_2)^2}{2\sigma_2^2}\right] \\ &= \exp\left[-\frac{1}{2}\left\{\frac{(x-x_2-\mu_1)^2}{\sigma_1^2}+\frac{(x_2-\mu_2)^2}{\sigma_2^2}\right\}\right] \\ &= \exp\left[-\frac{1}{2}I(x)\right] \quad \left(\text{ただし，} I(x) = \frac{(x-x_2-\mu_1)^2}{\sigma_1^2}+\frac{(x_2-\mu_2)^2}{\sigma_2^2}\right) \end{aligned}$$

であり，x_2 で整理して計算を進めると最終的に $I(x)$ は次式となる（各自で確かめよ）．

$$I(x) = \frac{\sigma_1^2+\sigma_2^2}{\sigma_1^2\sigma_2^2}\left\{\left(x_2-\frac{\sigma_2^2(x-\mu_1)+\sigma_1^2\mu_2}{\sigma_1^2+\sigma_2^2}\right)^2+\frac{\sigma_1^2\sigma_2^2\{(x-\mu_1)-\mu_2\}^2}{(\sigma_1^2+\sigma_2^2)^2}\right\}$$

これらより式 (5.12) の $h_X(x)$ は，

$$\begin{aligned} h_X(x) &= \frac{1}{\sqrt{2\pi}\sqrt{2\pi}\sigma_1\sigma_2}\exp\left[-\frac{1}{2}\cdot\frac{\{x-(\mu_1+\mu_2)\}^2}{\sigma_1^2+\sigma_2^2}\right] \\ &\quad \cdot\int_{-\infty}^{\infty}\exp\left[-\frac{1}{2}\cdot\frac{\sigma_1^2+\sigma_2^2}{\sigma_1^2\sigma_2^2}\left\{x_2-\frac{\sigma_2^2(x-\mu_1)+\sigma_1^2\mu_2}{\sigma_1^2+\sigma_2^2}\right\}^2\right]dx_2 \end{aligned} \quad (5.13)$$

となる．式 (5.13) で

$$t = \frac{x_2-A}{\sqrt{(\sigma_1^2\sigma_2^2)/(\sigma_1^2+\sigma_2^2)}} \qquad \left(\text{ただし，} A = \frac{\sigma_2^2(x-\mu_1)+\sigma_1^2\mu_2}{\sigma_1^2+\sigma_2^2}\right)$$

と置換すると，

$$h_X(x) = \frac{1}{\sqrt{2\pi}\sqrt{\sigma_1^2+\sigma_2^2}}\exp\left[-\frac{1}{2}\frac{\{x-(\mu_1+\mu_2)\}^2}{\sigma_1^2+\sigma_2^2}\right]\int_{-\infty}^{\infty}\frac{1}{\sqrt{2\pi}}\exp\left[-\frac{1}{2}t^2\right]dt$$

となり，積分項 $\int_{-\infty}^{\infty}(1/\sqrt{2\pi})\exp(-1/2t^2)dt = 1$ より，

$$h_X(x) = \frac{1}{\sqrt{2\pi}\sqrt{\sigma_1^2+\sigma_2^2}}\exp\left[-\frac{1}{2}\cdot\frac{\{x-(\mu_1+\mu_2)\}^2}{\sigma_1^2+\sigma_2^2}\right] \quad (5.14)$$

が導かれる．このことから，X_1 と X_2 が互いに独立で，

$X_1 \sim N(\mu_1, \sigma_1^2)$, $X_2 \sim N(\mu_2, \sigma_2^2)$ のとき，X_1 と X_2 の和の分布は，$N(\mu_1+\mu_2, \sigma_1^2+\sigma_2^2)$ になることがわかる．

このように，和をとっても，もとと同種の分布形をもつことを「再生的な性質」（再生性）があるという（再生性の定理）．

例題 6 確率変数 X_1 は $N(\mu_1, \sigma_1^2)$ に，確率変数 X_2 は $N(\mu_2, \sigma_2^2)$ に従い，互いに独立であるとする．$X = AX_1 + BX_2$ および $X = AX_1 - BX_2$ の分布を求めよ．

解 5.1節の例題4に示したように，AX_1 は $N(A\mu_1, A^2\sigma_1^2)$ に，また BX_2 は $N(B\mu_2, B^2\sigma_2^2)$ に従う．再生性の定理により，$X = AX_1 + BX_2$ は $N(A\mu_1 + B\mu_2, A^2\sigma_1^2 + B^2\sigma_2^2)$ に従う．また，$X = AX_1 - BX_2$ の場合は，$X = AX_1 + BX_2$ において B を $-B$ に置き換えることにより，$N(A\mu_1 - B\mu_2, A^2\sigma_1^2 + B^2\sigma_2^2)$ に従うことが導ける．

例題 7 $X_i (i = 1, 2 \cdots, n)$ は正規分布 $N(\mu_i, \sigma_i^2)$ に従う互いに独立な確率変数とすれば，$\bar{X} = (X_1 + X_2 + \cdots + X_n)/n$ は，$\mu_i = \mu, \sigma_i = \sigma$ のとき $N(\mu, \sigma^2/n)$ に従うことを示せ．

解 5.1節の例題4および再生性の定理により，$\sum_{i=1}^{n}(a_i X_i + b_i)$ は，$N\left(\sum_{i=1}^{n}(a_i \mu_i + b_i), \sum_{i=1}^{n} a_i^2 \sigma_i^2\right)$ に従う．ここで，$\sum_{i=1}^{n}(X_i/n) = \bar{X}$ であることから，$a_i = 1/n, b = 0$ とおくと，$\mu_i = \mu, \sigma_i = \sigma$ なら，

$$\sum_{i=1}^{n}(a_i \mu_i + b_i) = \mu, \qquad \sum_{i=1}^{n} a_i^2 \sigma_i^2 = n\left\{\left(\frac{1}{n}\right)^2 \cdot \sigma^2\right\} = \frac{\sigma^2}{n}$$

したがって，$\bar{X}$ は $N(\mu, \sigma^2/n)$ に従う．

b. 和の分布の積率母関数あるいは特性関数の求め方

和の分布は，積率母関数あるいは特性関数を用いると，簡単に求められることが多い．ここでは主に積率母関数を用いる場合について，和の分布の求め方を考えてみよう．

X_1, X_2 は互いに独立な確率変数で，各々の確率密度関数を $f_{X_1}(x_1), f_{X_2}(x_2)$，積率母関数を $M_1(h), M_2(h)$ とする．$X_1 + X_2$ の積率母関数 $M(h)$ は式 (3.23) をもとにして，

$$M(h) = \int_{-\infty}^{\infty}\int_{-\infty}^{\infty} e^{h(x_1+x_2)} f_{X_1}(x_1) f_{X_2}(x_2) dx_1 dx_2$$

$$= \left[\int_{-\infty}^{\infty} e^{hx_1} f_{X_1}(x_1) dx_1\right]\left[\int_{-\infty}^{\infty} e^{hx_2} f_{X_2}(x_2) dx_2\right] = M_1(h) \cdot M_2(h) \qquad (5.15)$$

が得られ，和をとったときの積率母関数は，それぞれの確率変数の積率母関数の積で与えられることがわかる．このことは，各種分布の和の分布を求める場合に大いに利用できる．

特性関数についても同様に，

$$\varphi(t) = \varphi_1(t) \cdot \varphi_2(t) \tag{5.16}$$

となる．多数の独立な確率変数の和については，

$$X = X_1 + X_2 + \cdots + X_n$$

では，

$$M(h) = M_1(h) \cdot M_2(h) \cdot \cdots \cdot M_n(h) \tag{5.17}$$

となる．また，$X = a_1 X_1 + a_2 X_2 + \cdots + a_n X_n + b$ の積率母関数 $M(h)$ は，式 (5.6) より，

$$M(h) = e^{bh} M_1(a_1 h) \cdot M_2(a_2 h) \cdot \cdots \cdot M_n(a_n h) \tag{5.18}$$

で与えられる．ただし，$M_i(h)$ は X_i の積率母関数である．

以下では，各種分布の和の分布を，式 (5.15) を用いて求めてみよう．

例題 8

① 考えている事象の生起確率が p のベルヌーイ試行を n 回繰り返すとき，事象の生起確率は二項分布に従うことは 3.8 節の a 項で述べた．この二項分布を $\mathrm{B}(n, p)$ と書こう．今，離散確率変数 X_1 と X_2 が互いに独立で，それぞれ $\mathrm{B}(n_1, p)$，$\mathrm{B}(n_2, p)$ に従うとき，合計の生起回数 $Y = X_1 + X_2$ の分布を求めよ．

解 長さ n のベルヌーイ試行列に関する二項分布の積率母関数は，$q = 1 - p$ とすると，

$$M(h) = (pe^h + q)^n \tag{5.19}$$

であるから，Y の積率母関数 $M_Y(h)$ は，

$$M_Y(h) = M_{X_1}(h) \cdot M_{X_2}(h) = (pe^h + q)^{n_1} (pe^h + q)^{n_2} = (pe^h + q)^{n_1 + n_2}$$

となり，式 (5.19) と見比べると，これは，$\mathrm{B}(n_1 + n_2, p)$ の積率母関数となっていることがわかる．つまり，Y は二項分布 $\mathrm{B}(n_1 + n_2, p)$ に従う．

② 離散確率変数 X_1 と X_2 が互いに独立で，それぞれ確率質量関数

$$p_{X_1}(x_1) = \frac{\lambda_1^{x_1}}{x_1!} e^{-\lambda_1}, \qquad p_{X_2}(x_2) = \frac{\lambda_2^{x_2}}{x_2!} e^{-\lambda_2}$$

に従うとき，$Y = X_1 + X_2$ の分布を求めよ（確率質量関数が上式のように与えられる分布は，ポアソン分布と呼ばれ，第 7 章で詳説される）．

解 ポアソン分布の積率母関数は，

$$M(h) = e^{\lambda(e^h - 1)} \tag{5.20}$$

で与えられるから，$Y = X_1 + X_2$ の積率母関数 $M_Y(h)$ は，

$$M_Y(h) = M_{X_1}(h) \cdot M_{X_2}(h) = e^{\lambda_1(e^h - 1)} \cdot e^{\lambda_2(e^h - 1)} = e^{(\lambda_1 + \lambda_2)(e^h - 1)}$$

となり，式 (5.20) と比較すると，パラメータが $\lambda_1 + \lambda_2$ のポアソン分布の積率母関数となっていることがわかる．つまり，Y は $\lambda_1 + \lambda_2$ をパラメータにもつポアソン分布に従う．

③ 連続確率変数 X_1 と X_2（$X_1, X_2 > 0$）が互いに独立で，それぞれ確率密度関数

$$f_{X_1}(x_1) = \frac{\alpha^{\lambda_1}}{\Gamma(\lambda_1)} x_1^{\lambda_1 - 1} e^{-\alpha x_1}, \qquad f_{X_2}(x_2) = \frac{\alpha^{\lambda_2}}{\Gamma(\lambda_2)} x_2^{\lambda_2 - 1} e^{-\alpha x_2}$$

に従うとき，$Y = X_1 + X_2$ の分布を求めよ（確率密度関数が上式で与えられるような分布は，ガンマ分布と呼ばれ，9.3節で詳説される）．

解 ガンマ分布の積率母関数は，

$$M(h) = \frac{1}{\left(1 - \dfrac{h}{\alpha}\right)^\lambda} \tag{5.21}$$

で与えられるから，$Y = X_1 + X_2$ の積率母関数 $M_Y(h)$ は，

$$M_Y(h) = M_{X_1}(h) \cdot M_{X_2}(h) = \frac{1}{\left(1 - \dfrac{h}{\alpha}\right)^{\lambda_1} \left(1 - \dfrac{h}{\alpha}\right)^{\lambda_2}} = \frac{1}{\left(1 - \dfrac{h}{\alpha}\right)^{\lambda_1 + \lambda_2}}$$

となる．この式と式 (5.21) を見比べれば，$M_Y(h)$ はパラメータが α，$\lambda_1 + \lambda_2$ のガンマ分布の積率母関数となっていることがわかる．つまり，Y はガンマ分布に従う．

正規分布に再生性があることは a 項で述べたが，上記のような分布についても再生性があることがわかる．

演習問題 正規分布の和の分布は 5.3 節 a 項において直接的な方法によって求めた．これを積率母関数を用いて求めよ．

第Ⅱ部　工学分野でよく用いられる分布

　ランダム現象をどのようにモデル化するかということは，結局，その現象のランダム特性を表す確率密度関数としてどのような形状の関数を用いるかということに帰着される．すでに，第Ⅰ部で学んだように，標本空間 Ω 上での積分値が 1 となる非負の関数であれば，それを確率密度関数として用いることができる．しかし，ある関数が確率密度関数としての条件を備えているということと，その関数が表す分布特性が考えている現象の確率特性をよく表しているかということとは，全く別の事柄であることに注意しなければならない．確率モデルを考える上で工学上重要なことは，対象とする現象の確率特性を的確に表している分布を探し出すことである．

　もちろん，対象とする現象の確率特性をよく表す分布を探すといっても，その方法はさまざまである．

　最も基本的な方法は，考えている現象のメカニズムをいくつかの条件に抽象化して表現し，その条件から現象を支配している分布を導き出すことである．たとえば，第 6 章で学ぶ二項分布は，特定の事象が生起するか，しないかという試行の繰り返しに対していくつかの条件を与え，そこから生起回数が従う分布として導き出されるものである．また，ポアソン過程と呼ばれる連続時間上の事象の生起特性からは，ポアソン分布が導かれる．さらに，複数の確率変数の間に関数関係がある場合には，そのうち分布特性のわかっている変数をもとにして，第 5 章で述べた方法で変数変換を行うことにより，別の変数が従う分布を解析的に得ることもできる．

　面白いことに，このようにある事象の生起特性を考えて導き出された分布が，当初考えられていた現象とは別のところで役に立つことも多い．たとえば，後でみるように，ポアソン過程において考えている事象が初めて生起するまでの時間は指数分布に従うが，雨の降らない時間（雨がやんでから次に雨が降るまでの時間）の分布も，いくつかの条件のもとでは指数分布に従うことが導かれる．また，多数の人間の身長や体重が正規分布に従うと考えてよいことはよく知られているが，何かを測定した場合の測定値のもつ誤差の分布も，正規分布に従う．このように，いろいろな現象によく当てはまる分布は，工学上特に重要である．

ところで，世の中には考えている現象が生起するメカニズムを簡単な条件で記述できないような複雑な現象も多い．このような場合には，上述のように直接その現象を支配する分布を導き出すことは難しい．そこで，広く行われている方法は，その現象を表す確率変数を決め，その確率変数の実現値を収集し，実現値の特徴から対象とする現象を表現するにふさわしい分布を選択するという方法である．この方法の詳細は，第III部の統計と呼ばれる分野で詳しく述べることになるが，少なくとも，どのような分布があるかということを知っておかなくては，このようなアプローチをとることはできない．

第II部では，工学の分野で広く用いられている重要な分布を紹介し，その特徴や分布間の関係を理解することにしよう．

6. 二項分布

6.1 ベルヌーイ試行列と二項分布

ある事象が生起するか否かといったことは，古来，確率現象に関する人間の関心の中心であった．くじを引けばそれが当たりであるかはずれであるかといったことが関心の中心になるし，家を建てれば壊れないかどうかが心配になる．このように現象を2値的に扱う場合，工学上は，その現象が生起する回数がどのような分布に従うかを知ることが必要なことが多い．たとえば，河川堤防の計画をする場合には，堤防の耐用年数の間に河川堤防を越えるような年最大水位が生じる年が何回あるかといったことが問題になる．また，複数の部分からなるプラントを運用するような場合には，故障箇所の個数が問題になるであろう．これらの例はいずれも試行を繰り返すときに，考えている事象が生起する回数が何回かという問題として考えることができる．先の堤防の例では堤防の耐用年数が総試行回数であり，毎回の試行で考えるべき事象はその年の最大水位が堤防高を越えるかどうかということである．プラントの例では，プラントを構成する部分システムの数を試行回数と考え，各部分が故障するかどうかを各々の試行において着目する事象であると考えればよい．

6. 二項分布

このように，ある試行を繰り返すとき，事象が生起する回数の確率を考える際のモデルとして，2.10節で述べたベルヌーイ試行列（Bernoulli trials）がある．その特性をここで繰り返し要約すると，ベルヌーイ試行列とは，

① 各試行では，ある事象 A が生起するかしないかのみを考える，

② 対象とする事象 A が生起する確率は，すべての試行において一定の値 p で与えられる，

③ 各試行は統計的に独立である，

という3つの条件を満たす試行の列をいう．今，n 回の試行を行うことを考え，X をそのうち事象 A が生起する回数とすると，X はどのような分布に従うであろうか．n 回の試行のうち x 回だけ事象 A が生起する場合の数は ${}_nC_x$ 通りあるから，

$$\Pr[X=x]=f_X(x)={}_nC_x p^x(1-p)^{n-x} \quad (x=0,1,\cdots,n) \tag{6.1}$$

である．確率質量関数が上式のように表される離散分布を二項分布（binomial distribution）と呼ぶ．二項分布の名前は，確率質量関数が二項係数の形式で与えられることに由来している．なお，

$$\sum_{x=0}^{n}\Pr[X=x]=\sum_{x=0}^{n}{}_nC_x p^x(1-p)^{n-x}$$

であるが，

$$\sum_{x=0}^{n}{}_nC_x p^x(1-p)^{n-x}=\{p+(1-p)\}^n$$

であるから，結局，

$$\sum_{x=0}^{n}\Pr[X=x]=1$$

となり，確かに確率質量関数としての資格を満たしていることがわかる．二項分布は試行回数と1試行での事象の生起確率を決めればその形が決まるため，二項分布のことを $B(n,p)$ と書くこともある．

二項分布の確率質量関数の一例を図6.1に示す．この図は試行回数 n を10に固定し，p の値を変えて確率質量関数を折れ線でプロットしたものである．確率関数の形は $p=0.5$ のときに左右対称となり，p の値が0.5から離れるにつれ非対称な形状になることがわかる．なお，わかりやすいようにグラフは折れ線で表記したが，二項分布は離散分布であるので，値をもつのは折れ線の頂点の部分のみであることに注意してほしい．

二項分布の平均と分散を求めておこう．まず，

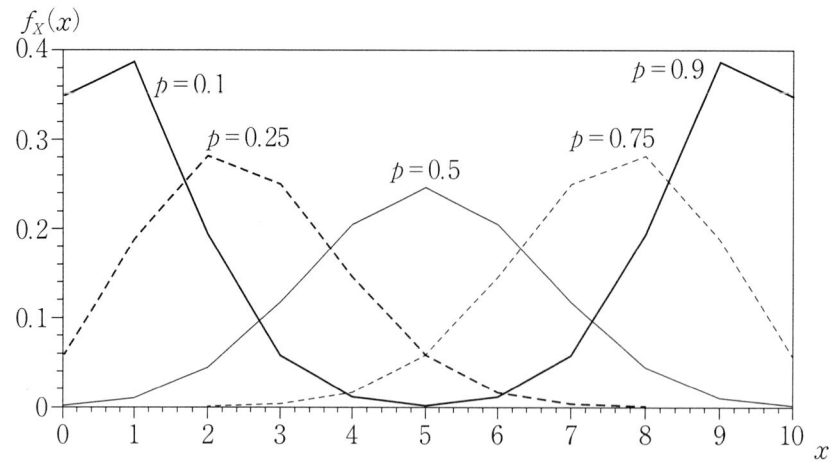

図 6.1 試行回数 10 に対する二項分布の確率質量関数の例

$$E[X] = \sum_{x=0}^{n} x \cdot {}_nC_x p^x (1-p)^{n-x} = \sum_{x=1}^{n} x \frac{n(n-1)\cdots(n-x+1)}{x!} p^x (1-p)^{n-x}$$

$$= np \sum_{x=1}^{n} \frac{(n-1)\cdots(n-x+1)}{(x-1)!} p^{x-1} (1-p)^{n-x}$$

であることから，$k = x - 1$ とおくと，

$$E[X] = np \sum_{k=0}^{n-1} \frac{(n-1)\cdots(n-k)}{k!} p^x (1-p)^{n-1-k}$$

$$= np \sum_{k=0}^{n-1} {}_{n-1}C_k p^k (1-p)^{n-1-k} = np\{p + (1-p)\}^{n-1} = np \tag{6.2}$$

を得る．すなわち，二項分布の平均は np で与えられることがわかった．次に分散を考えよう．X の 2 次のモーメント $E[X^2]$ は，

$$E[X^2] = \sum_{x=0}^{n} x^2 \cdot {}_nC_x p^x (1-p)^{n-x}$$

で与えられるが，この式の右辺を $x^2 = x(x-1) + x$ を用いて書き換えると，

$$E[X^2] = \sum_{x=0}^{n} x(x-1) {}_nC_x p^x (1-p)^{n-x} + \sum_{x=0}^{n} x \, {}_nC_x p^x (1-p)^{n-x}$$

となる．右辺第 2 項は先に求めた X の平均にほかならないことに注意すれば，

$$E[X^2] = n(n-1)p^2 \sum_{x=2}^{n} \frac{(n-2)\cdots(n-x+1)}{(x-2)!} p^{x-2} (1-p)^{n-x} + np$$

となる．ここで，$k = x - 2$ とおくと，

$$E[X^2] = n(n-1)p^2 \sum_{k=0}^{n-2} \frac{(n-2)\cdots(n-2-k+1)}{k!} p^x (1-p)^{n-2-k} + np$$

$$= n(n-1)p^2 \sum_{k=0}^{n-2} {}_{n-2}C_k p^k (1-p)^{n-2-k} + np$$

$$= n(n-1)p^2\{p+(1-p)\}^{n-2} + np = n(n-1)p^2 + np$$

を得る．したがって，X の分散 $\mathrm{Var}[X]$ は，

$$\mathrm{Var}[X] = \mathrm{E}[X^2] - \{\mathrm{E}[X]\}^2 = np(1-p) \tag{6.3}$$

と求められる．

さて，以上，二項分布に従う確率変数の平均と分散をそれらの定義に従って求めたが，二項定理の微分形を利用して，これらをもっと簡便に求めることもできる．今，p と q を任意の実数として，二項定理，すなわち，恒等式

$$\sum_{x=0}^{n} {}_nC_x p^x q^{n-x} = (p+q)^n \tag{6.4}$$

の両辺を p で偏微分すると，

$$\sum_{x=0}^{n} {}_nC_x x p^{x-1} q^{n-x} = n(p+q)^{n-1}$$

を得る．両辺に p をかければ

$$\sum_{x=0}^{n} {}_nC_x x p^x q^{n-x} = np(p+q)^{n-1}$$

を得るが，p を1回の試行で考えている事象の生起する確率，$q=1-p$，n を試行回数，x を事象の生起回数とすれば，上式の左辺は二項分布に従う確率変数 X の平均の定義にほかならない．右辺は，$p+q=1$ であることから np となり，結局，二項分布の平均が np であることがわかる．賢明な読者は，ここで，分散を求めるためには，恒等式(6.4)の二階微分をつくればよいことに気づくであろう．ぜひ，自分の手を動かして，分散を求めてみてほしい．

6.2　初生起時刻，再帰時間間隔の分布と再現期間

ベルヌーイ試行列は，1回の試行である事象が生起するかしないかを考える際の最も基本的なモデルである．その考え方は単純であるが，工学の幅広い分野で，特に，機械やシステムの設計や故障の解析に応用されている．たとえば，自動車の部品の設計について考えてみよう．ある自動車が1万個の部品から構成されており，その部品の1つでも故障すると自動車としての機能が果たせないものとしよう．自動車の保証期間を走行距離10万kmとし，その期間に自動車が故障する確率を0.01以下に抑えたい．このとき，各部品に許される故障確率（保証期間内に壊れる確率）はいくらになるだろうか．

もう一つの例として，河川堤防の高さを決めることを考えてみよう．堤防の高

さを決めるのであるから，考えなければならない外力は河川水位であり，水位の高いときが問題になる．そこで，1年間で最大の水位（年最大水位）を考えることにすれば，堤防高を決める問題は，たとえば今後50年間で年最大水位が堤防の高さを越える確率を0.1以下にするような高さを決めることに帰着される．

以上の問題は，いずれもベルヌーイ試行列を用いて考えることができる．すでに触れたように，自動車の設計問題では，部品の個数を試行回数と考えればよいし，堤防高の設計では1年を1回の試行と考えればよい．ここでは，ベルヌーイ試行列と工学的設計問題との関係について考えることにする．

まず，1回の試行における事象の発生確率がp，試行回数nのベルヌーイ試行列において，最初にその事象が生起するまでの試行回数T_1を考えてみよう．T_1は初生起時刻（first occurrence time）と呼ばれるが，繰り返しのたびに異なる値をとるであろうから離散確率変数である．確率変数T_1がある値t_1をとるということは，t_1-1回までは事象が生起せず，t_1回目に生起するということであるから，

$$\Pr[T_1 = t_1] = (1-p)^{t_1-1} p \tag{6.5}$$

となる．確率質量関数が式(6.5)で表されるような離散分布を幾何分布（geometric distribution）という．ところで，1回事象が生起した後，次にその事象が生起するまでの試行回数T_a（再帰時間，recurrence time）の分布はどうなるであろうか．実は，ベルヌーイ試行列では各試行における事象の生起は独立であるから，T_aも同じく幾何分布に従う．つまり，ベルヌーイ試行列を最初から観測し，事象の生起を観測したとき，その次の試行から1回目，2回目とカウントすれば，結局，最初からの観測と何ら変わりはないのである．それでは，無限回の試行をするとき，再帰時間T_aの平均t_Rはどうなるであろうか．$q=1-p$と書くことにすれば，t_Rは，

$$t_R = E[T_a] = \sum_{t_a=1}^{\infty} t_a (1-p)^{t_a-1} p = p(1+2q+3q^2+\cdots) = p\frac{1}{(1-q)^2} = \frac{p}{p^2} = \frac{1}{p} \tag{6.6}$$

と求められる．再帰時間の平均t_Rは，再現期間（return period）と呼ばれ，繰り返し外力を受けるシステムの安全性を表現する重要な指標である．式(6.6)をみれば，再現期間が1回の試行で事象が生起する確率pの逆数になっていることに注意してほしい．このことは，次のように使われる．たとえば先の堤防高の設計問題において，過去のデータから年最大水位の分布を求め，その分布から超

過確率が 1/50 となる水位の値を求め，それを堤防高としたとしよう．そうすると 1 年間に水位が堤防高を越える確率 p は 1/50 であるから，再現期間は 50 年ということになる．再現期間は再帰時間の平均値であるから，このことは，平均して 50 年に 1 回起こるような高い水位までこの堤防は防ぐことができるということもできる．

例題1 河川水位の年最大値 h が図のような分布をしているとき，これから 50 年間に溢水が起こる確率を 1/50 以下にしたい．堤防の高さを求めよ．また，この場合の安全性を，再現期間を用いて表すと何年になるか．ただし，溢水は年最大水位のみによって起こると考えてよいことにする．

解 50 年間に溢水の起こる年数を X とし，年最大水位が堤防高を越える確率を p とすると，X は $B(50, p)$ に従う．50 年の間に溢水が生じる事象を E と書くと，
$$\Pr[E] = 1 - \Pr[X=0] = 1 - (1-p)^{50}$$
である．50 年間の溢水確率を 1/50 以下にするのだから，
$$1 - (1-p)^{50} \leq 0.02 \quad (p \leq 0.0004)$$
を得る．今，年最大水位の確率密度関数（図）で超過確率が 0.0004 に対応する水位を x と書くと，
$$p = \frac{1}{2}(4-x)\left\{-\frac{1}{4}(x-2) + \frac{1}{2}\right\} = \frac{1}{8}(4-x)^2$$
であるから，
$$\frac{1}{8}(4-x)^2 \leq 0.0004$$
を解いて，$x \geq 3.944$，つまり，堤防高を 3.94 m 以上にしなければならないことがわかる．

また，上で求めたように 50 年間の溢水確率を 1/50 以下にするためには，毎年の溢水

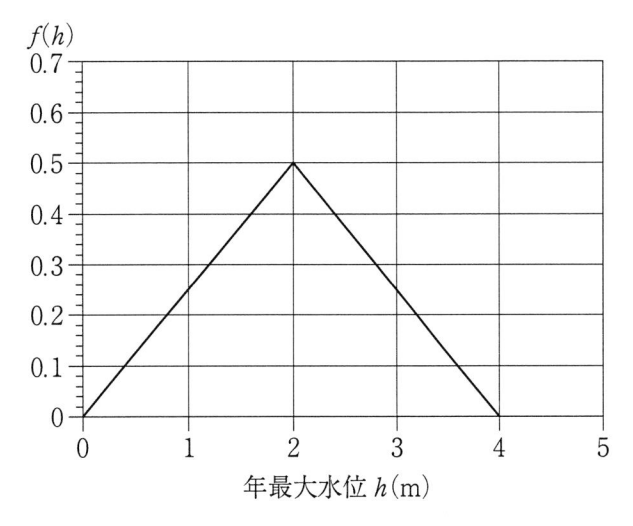

図 年最大水位の確率密度関数

確率を0.0004に抑える必要がある．これに対応する再現期間は，1/0.0004 = 25000年である．この例からもわかるように，「堤防のおかげで50年間に溢水が起こる確率が○○以下である」ということと，「再現期間50年に対応する堤防がある」ということは，全く異なることを表していることに注意してほしい．

例題2 家を買おうとしている人が，設計士に「この家は地震に対して大丈夫ですか」とたずねたところ，「この家は再現期間50年の規模の地震に堪えられるように設計されています」という返事を受けた．この人は，「それなら50年間にこの家が壊れるような地震にあう確率はほとんど0だから安心だ」と考えた．この考え方は正しいだろうか．

解 言葉の雰囲気に惑わされず，実際に50年間に設計規模を超える地震に遭遇する確率$\Pr[E]$を求めてみよう．設計外力の再現期間が50年であるから，毎年設計外力を超えるような規模の地震にあう確率pは，$p = 1/50$である．したがって，

$$\Pr[E] = 1 - \Pr[X=0] = 1 - (1-p)^{50} = 1 - \left(\frac{49}{50}\right)^{50} = 0.64$$

を得る．50年間に設計規模を超える地震にあう確率は0どころか，50%を超えるのである．再現期間のもつ意味に十分注意してほしい．

例題3 自動車のタイミングベルトの材質を検討している．強度の目安として10万km走行する間にベルトが切れる確率を0.01以下に抑えたいとする．しかし，多数のベルトサンプルを実際に10万km走行分使用してテストをすることは難しく，せいぜい100km走行して切れるか切れないかのテストしかできないとする．さて，当初の目的を達成するためには，100kmの走行テスト中にベルトが切れる確率をいくらまで抑えればよいだろうか．

解 100kmの走行を1回の試行と考えると，10万kmの走行は試行回数1000ということになる．これから1000回の試行におけるベルト破損確率を0.01以下にするような1回あたりの破損確率pを，二項分布を用いて求めればよいような気がする．しかし，少し待ってほしい．このような部品は使用を繰り返すことによって，劣化すると考えるべきである．ベルトの破損確率は，それまで使用してきた期間の長さによって異なるであろう．このことは，すべての試行においてpが一定であるというベルヌーイ試行列の条件を満足しないことを意味する．したがって，このような場合，二項分布を用いることはできない．

6.3 大数の法則

ベルヌーイ試行列において試行回数をどんどん大きくしていくと，事象の生起回数の分布はどのようになるであろうか．このことを考えるために，$B(n, p)$に従う確率変数をXとするとき，$Y = X/n$で定義される確率変数を考えよう．$B(n, p)$の確率質量関数を$f_X(x)$とすると，確率変数の変換式により，Yの確率質量関数

$g_Y(x)$ は,

$$g_Y(y) = \sum_{x|y=\frac{x}{n}} f_X(x) = {}_nC_{ny} p^{ny}(1-p)^{n-ny} \quad \left(y = 0, \frac{1}{n}, \frac{2}{n}, \cdots, \frac{n-1}{n}, 1\right)$$

となる.図 6.2 は $p = 0.4$ とし,試行回数 n を変化させたときの Y の分布関数 $G_Y(y)$ をプロットしたものである. n が大きくなるにつれて,分布関数は $y = 0.4$ 付近で急に立ち上がる形状になっていくのがわかる.このことは,確率質量が $y = 0.4$ 付近に集中して分布し,バラツキが小さくなっていることを示している.

また, X の平均と分散をそれぞれ, μ_X, σ_X^2, Y の平均と分散を μ_Y, σ_Y^2 と書くことにすると,

$$\mu_Y = E[Y] = E\left[\frac{X}{n}\right] = \frac{1}{n} E[Y] = \frac{1}{n} np = p,$$

$$\sigma_Y^2 = E[(Y - \mu_Y)^2] = E\left[\left(\frac{X}{n} - p\right)^2\right] = \frac{1}{n^2} E[(X - np)^2] = \frac{1}{n^2} \sigma_X^2$$

$$= \frac{1}{n^2} np(1-p) = \frac{1}{n} p(1-p)$$

を得る.このことからも,試行回数にかかわらず Y の平均は p であるが,分散は試行回数を大きくすると 0 に近づいていくことがわかる. Y は考えている事象が生起する相対頻度であるから,結局,毎回の試行において事象が生起するかしないかは確率的にしかわからないが,試行回数を大きくすればその事象の生起する回数の割合は一定の値に近づいていき,その値は 1 回の試行で事象が生起する確率と同じであるということができる.この性質を大数の法則(law of large numbers)という.

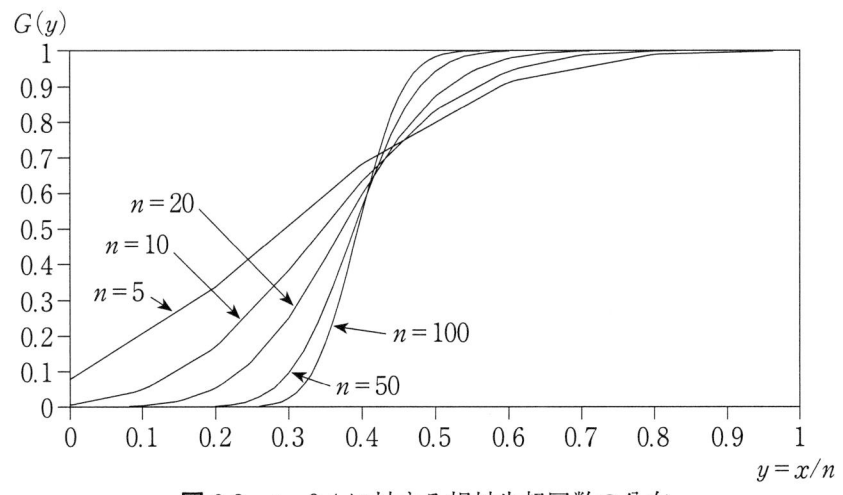

図 6.2 $p = 0.4$ に対する相対生起回数の分布

大数の法則は，実験や観測によって事象の生起確率を推定する際の根拠を与える重要な法則である．手元にあるサイコロが 1 の目を出す確率が実際にいくらになるのかを知りたければ，何度も繰り返してサイコロを振り，総試行回数に対して 1 の目が出た回数の割合を求めればよいということになる．大数の法則は，試行回数が十分に大きければ，その実験によって得られた 1 の目が出るという事象の相対生起頻度が，1 回の試行で 1 の目の出る確率であると考えてよいということを教えてくれるのである．

7. ポアソン分布

　前章では，繰り返し試行の基本的なモデルについて学んだが，試行回数と時間との関係で違和感をもたれた読者もいるかもしれない．本当は連続時間上で生起する事象についても，時間をある一定の間隔で区切ることによって，離散的な試行に対応させていたからである．たとえば，窓口サービスの効率化を検討するために，窓口に客が到着する様子を確率的なモデルで表現することを考えたとしよう．ベルヌーイ試行列を用いるためには，時間を何らかの間隔 Δt で離散化して，この間隔を1つの試行として考える．つまり，Δt の間に1人の客が到着するかしないかの観測を1回の試行と考えるわけである．したがって，時間 Δt 内に2人以上が窓口に到着するようなケースがあると困ったことになる．しかし，同時に2人の人が窓口に到着することもあるわけで，Δt が有限であれば，どうしてもその可能性を排除することはできない．したがって，二項分布において Δt を無限に小さくする，言い換えれば，試行回数を無限大にするといった極限のモデルが必要になってくる．

　実は，本章で紹介するポアソン分布は，連続時間上での事象の生起回数の分布であって，以上のような二項分布の極限に対応するものである．しかし，ここでは，見通しをよくするために，連続時間上で事象が生起する状態を記述するモデルを考えることから始めることにしよう．

7.1 ポアソン過程とポアソン分布

　連続時間上で生起する事象を表すモデルとして，ポアソン過程（Poisson process）がある．ポアソン過程とは，任意の時刻で生起する事象が，

① Δt を微小な時間とするとき，任意の時刻 t から時刻 $t+\Delta t$ の間に事象の生起する確率は，時刻 t に無関係に $\lambda \Delta t$ で与えられる．ただし，λ は定数である，

② 時刻 t と時刻 $t+\Delta t$ の間に事象が2回以上生起する確率は，$\lambda \Delta t$ に比べて無視できる，

③ 重複しない2つの区間における事象の生起は独立である，

という3つの条件を満足するような過程である．定数 λ は発生率と呼ばれ，こ

の値によってポアソン過程が規定される．上記3条件が，それぞれ，ベルヌーイ試行列の条件に対応したものであることはすぐにわかるであろう．ポアソン過程は，ベルヌーイ試行列の連続時間版であるといってもよい．

さて，ポアソン過程において時刻0から時刻tまでに，事象の生起する回数Xがどのような分布をするか考えてみよう．今，時刻0から時刻tの間に事象がx回生起する確率を$p_x(t)$と書くことにしよう．時刻0から$t+\Delta t$までに事象がx回生起するには，時刻tまでにすでにx回生起していてその後の時間Δtには事象が生起しないというケースと，時刻tまでに$x-1$回生起していてその後の時間Δtに事象が1回生起するというケースがある．時刻tまでに$x-2$回生起していてその後Δtの間に事象が2回生起するというケースなどは，上記ポアソン過程の条件②によって無視してよいということになるからである．微小時間Δtに事象が生起する確率は$\lambda \Delta t$，生起しない確率は$1-\lambda \Delta t$であるから，時刻tと時刻$t+\Delta t$の間では，

$$p_x(t+\Delta t) = p_x(t)(1-\lambda \Delta t) + p_{x-1}(t)\lambda \Delta t \quad (x=0, 1, \cdots) \tag{7.1}$$

なる関係が成り立つことになる．ただし，$p_{-1}(t)=0$とする．式 (7.1) を整理して$\Delta t \to 0$の極限をとれば，

$$\frac{d}{dt}p_x(t) = -\lambda p_x(t) + \lambda p_{x-1}(t) \tag{7.2}$$

なる微分方程式を得る．この微分方程式を解けば，

$$p_x(t) = \frac{(\lambda t)^x}{x!}e^{-\lambda t} \tag{7.3}$$

が得られる．式 (7.3) は，発生率λの事象が時刻0から時刻tの間に生起する回数Xの確率質量関数であり，このような分布をポアソン分布（Poisson distribution）と呼ぶ．

いうまでもなくポアソン分布は離散分布であるが，式 (7.3) のように表記した場合，時刻tが式中に現れるため，連続分布であると誤解する人もいるので注意しよう．なお，この場合のtは事象の生起をカウントする時間で所与のものであるから，$\mu = \lambda t$とおいて，与えられた時間tに事象が発生する回数Xの分布として，

$$f_X(x) = \frac{\mu^x}{x!}e^{-\mu} \tag{7.4}$$

と表現されることもある．

ここで，微分方程式 (7.2) から式 (7.3) で与えられる分布が導かれることを

7. ポアソン分布

確認しておこう．式 (7.2) は時間に関しての微分方程式であると同時に，生起回数 x に関しては漸化式の形式をしているので，数学的帰納法が役に立つであろう．

まず，$x=0$ のときを考える．$p_{-1}(t)=0$ であることに注意すると，式 (7.2) は，

$$\frac{d}{dt}p_0(t) = -\lambda p_0(t)$$

となる．これは簡単な変数分離形の常微分方程式であり，

$$\int_{p_0(0)}^{p_0(t)} \frac{dp_0(t)}{p_0(t)} = \int_0^t -\lambda dt, \qquad \ln p_0(t) - \ln p_0(0) = -\lambda t$$

であるが，時刻 0 から時刻 0 の間に事象が生起することはないから，$p_0(0)=1$ であることを考慮すると，

$$p_0(t) = e^{-\lambda t}$$

となる．これは，式 (7.3) において $x=0$ とおいたものにほかならない（$0!=1$ である）．したがって，$x=0$ のとき，微分方程式 (7.2) の解が式 (7.3) で与えられることがわかった．

次に，$x=k$ のときに微分方程式 (7.2) の解が式 (7.3) で与えられる，すなわち，

$$p_k(t) = \frac{(\lambda t)^k}{k!} e^{-\lambda t}$$

と仮定しよう．すると，$x=k+1$ に対する式 (7.2) は，

$$\frac{d}{dt}p_{k+1}(t) = -\lambda p_{k+1}(t) + \lambda \frac{(\lambda t)^k}{k!} e^{-\lambda t}$$

となる．これは，一階線形微分方程式であり，両辺に $p_{k+1}(t)$ の係数 λ から得られる $\exp[\int \lambda dt] = e^{\lambda t}$ をかければ，完全微分形となることが知られている．すなわち，

$$e^{\lambda t}\frac{d}{dt}p_{k+1}(t) = -\lambda e^{\lambda t}p_{k+1}(t) + \lambda \frac{(\lambda t)^k}{k!} e^{-\lambda t}e^{\lambda t}$$

$$e^{\lambda t}\frac{d}{dt}p_{k+1}(t) + \lambda e^{\lambda t}p_{k+1}(t) = \lambda \frac{(\lambda t)^k}{k!}$$

$$\frac{d}{dt}\{e^{\lambda t}p_{k+1}(t)\} = \lambda \frac{(\lambda t)^k}{k!}$$

$$e^{\lambda t}p_{k+1}(t) - e^{\lambda \cdot 0}p_{k+1}(0) = \frac{1}{(k+1)}\frac{(\lambda t)^{k+1}}{k!}$$

$$e^{\lambda t}p_{k+1}(t) = \frac{(\lambda t)^{k+1}}{(k+1)!}$$

$$p_{k+1}(t) = \frac{(\lambda t)^{k+1}}{(k+1)!} e^{-\lambda t}$$

となる．ただし，時刻 0 に事象が $k+1$ 回生起することはありえないから $p_{k+1}(0) = 0$ を用いた．さて，こうして得られた $p_{k+1}(t)$ は，式 (7.3) において $x = k+1$ として得られる形と一致する．以上から，$x = k$ のときに式 (7.3) が正しいと仮定すると，$x = k+1$ のときにも式 (7.3) が正しくなることがわかった．このことと，$x = 0$ のときに式 (7.3) が成り立つことを合わせれば，すべての非負の整数に対して，微分方程式 (7.2) の解が式 (7.3) で与えられることが証明されたことになる．

さて，ポアソン分布の確率質量関数の形状は，発生率 λ と対象とする期間 t の積であるパラメータ μ の値で決まることに注意しよう．パラメータ μ は考えている期間の平均発生回数であるということもできる．μ の値によって確率質量関数の形状は，図 7.1 のように変化する．なお，形状の違いをわかりやすくするため折れ線グラフで描いているが，実際には離散分布であることに注意してほしい．

ここでポアソン分布の平均と分散を求めておこう．表記を簡単にするためポアソン分布の確率質量関数として式 (7.4) の表記を用いる．平均と分散の誘導には，恒等式（指数関数のマクローリン展開）

$$e^{\mu} = \sum_{x=0}^{\infty} \frac{\mu^x}{x!} \tag{7.5}$$

を利用するのが便利である．式 (7.5) の両辺を μ で微分すると，

$$e^{\mu} = \sum_{x=0}^{\infty} x \frac{\mu^{x-1}}{x!}$$

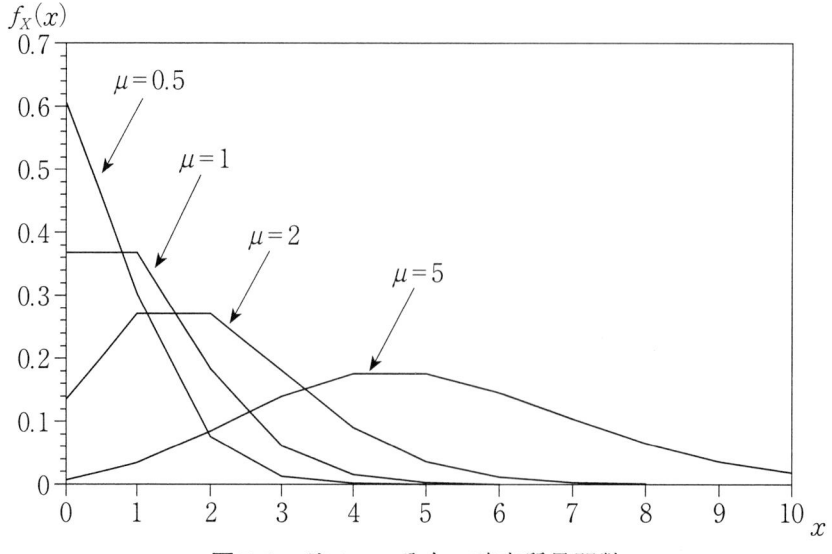

図 7.1 ポアソン分布の確率質量関数

を得る．この式の両辺に $\mu e^{-\mu}$ をかけると，

$$\mu = \sum_{x=0}^{\infty} x \frac{\mu^x}{x!} e^{-\mu}$$

となる．ここで，少し注意すれば，右辺が $\sum_{x=0}^{\infty} x \cdot f_X(x)$ となっていることがわかるだろう．したがって，ポアソン分布の平均は確率質量関数の形状を決めるパラメータ μ の値と一致することがわかる．μ が発生率と生起回数を観測する時間の積，つまり，考えている期間中の平均発生回数を表すパラメータであったことを考えると，この結果は直感に合致する．

分散も同様にして求められる．まず，式（7.5）の両辺を μ で二階微分すると，

$$e^{\mu} = \sum_{x=0}^{\infty} x(x-1) \frac{\mu^{x-2}}{x!}$$

を得るが，この両辺に $\mu^2 e^{-\mu}$ をかけると，

$$\mu^2 = \sum_{x=0}^{\infty} x(x-1) \frac{\mu^x}{x!} e^{-\mu} = \sum_{x=0}^{\infty} x(x-1) f_X(x) = \mathrm{E}[X^2] - \mathrm{E}[X] = \mathrm{E}[X^2] - \mu$$

となる．つまり，$\mathrm{E}[X^2] = \mu^2 + \mu$ であるから，

$$\mathrm{Var}[X] = \mathrm{E}[X^2] - \{\mathrm{E}[X]\}^2 = \mu^2 + \mu - \mu^2 = \mu$$

を得る．つまり，ポアソン分布では，平均も分散も同じ値 μ となるのである．

7.2 初生起時刻，再帰時間の分布と再現期間

ポアソン過程においても，ベルヌーイ試行列の場合と同様に初生起時刻，再帰時間や再現期間を考えることができる．まず，発生率 λ のポアソン過程（確率質量関数として $f_X(x) = \{(\lambda t)^x / x!\} e^{-\lambda t}$ の形を考える）で初生起時刻 T_1 がどのような分布に従うかを考えてみよう．初生起時刻 T_1 がある値 t_1 以下であるということは，時刻 $0 \sim t_1$ の間に事象が少なくとも1回生起するということであるから，

$$\mathrm{Pr}[T_1 \leq t_1] = 1 - f_X(0) = 1 - e^{-\lambda t_1}$$

が成り立つ．この関係は任意の t_1（ただし，$t_1 > 0$）について成り立ち，確率変数 T_1 がある値 t_1 を超えない確率を与えているから，T_1 の分布関数 $F_{T_1}(t_1)$ にほかならない．つまり，

$$F_{T_1}(t_1) = 1 - e^{-\lambda t_1} \tag{7.6}$$

が成り立つ．確率密度関数 $f_{T_1}(t_1)$ は，式（7.6）の両辺を t_1 で微分し，

$$f_{T_1}(t_1) = \lambda e^{-\lambda t_1} \quad (t_1 \geq 0) \tag{7.7}$$

で与えられる．確率密度関数が式（7.7）で与えられるような連続分布を指数分

布(exponential distribution)という．結局，ポアソン過程における初生起時刻の分布は指数分布で表されることがわかった．ポアソン過程では重複のない異なる区間での事象の生起は独立であったから，再帰時間（一度事象が生起してから次に事象が生起するまでの時間）T_a も初生起時刻と同様に指数分布に従う．

再現期間 t_R はどうなるであろうか．再現期間は再帰時間の平均であったから，

$$\mathrm{E}[T_a] = \int_0^\infty t_a \lambda e^{-\lambda t_a} dt_a = \left[t_a(-e^{-\lambda t_a})\right]_{t_a=0}^\infty - \int_0^\infty (-e^{-\lambda t_a}) dt_a = \frac{1}{\lambda} \tag{7.8}$$

となる．つまり，発生率 λ のポアソン過程における再現期間は，$1/\lambda$ に等しい．このことは，1回の試行で事象が生起する確率が p のベルヌーイ試行列において再現期間が $1/p$ であったこととよく似ていることに注意しよう．ただし，ポアソン分布は連続時間上の過程から直接導かれているために，ベルヌーイ試行列を用いたときのように，時間を細かい区間に区切って考える必要がないところがポイントである．なお，発生率 λ のポアソン過程で単位時間に事象の発生する確率は $(\lambda^1/1!)e^{-\lambda \cdot 1} = \lambda e^{-\lambda}$ であるが，仮にこれを単位時間で区切ったベルヌーイ試行列でモデル化したと考えてみよう．この場合，ベルヌーイ試行列における p は単位時間に事象の発生する確率であるから，$p = \lambda e^{-\lambda}$ とならなければならない．今，指数関数のマクローリン展開を考えれば，

$$\lambda e^{-\lambda} = \lambda \left\{ 1 + \left(-\frac{1}{1}\lambda\right) + \frac{1}{2}\lambda^2 + \cdots \right\} = \lambda + (-\lambda^2) + \frac{1}{2}\lambda^3 + \cdots$$

であるから，発生率 λ がその2乗が無視できるような小さな値であるとき，λ と p が等しいと見なすことができ，ベルヌーイ試行列における p とポアソン過程の発生率 λ が同じような意味をもつことがわかる．

7.3 二項分布とポアソン分布との関係

離散的な試行における事象の生起モデルとしてベルヌーイ試行列を，連続時間上での事象の生起モデルとしてポアソン過程を考え，生起回数の分布として，それぞれ，二項分布，ポアソン分布が導かれることをみてきた．ところで，時間を離散的にみるか，連続とみるかの違いはあるものの，両者がよく似ていることに読者は気づかれたに違いない．それならば，連続時間上で生起する事象の生起回数を二項分布でモデル化したとして，時間の分割を十分大きくすればそれはポアソン分布に近づくのではないだろうか．ここでは，こんな視点から両分布の関係を考えてみよう．

7. ポアソン分布

発生率 λ のポアソン過程で時刻 $0 \sim t$ の間に事象が発生する回数の分布を求めることを考える．まず，時刻 $0 \sim t$ の間を n 個の同じ長さの区間に分けて二項分布を適用する．つまり，$\Delta t = t/n$ の時間をベルヌーイ試行列における1回の試行とみるわけである．考えている時間 t の間に事象が生起する平均回数は λt であるから，1回あたりの生起確率は $p = \lambda t/n$ と考えるのが自然である．したがって，時刻 $0 \sim t$ の間に事象が発生する回数 X の確率質量関数は，

$$f_X(x) = {}_nC_x p^x (1-p)^{n-x}$$

で与えられる．しかし，残念ながらこの式で与えられる値は近似値である．なぜなら，1回の試行に対応すると考えた Δt の間に事象が2回以上生起する可能性を否定できないからである．分割数 n を大きくとれば，それだけこの問題は起こりにくくなるだろう．そこで，$p = \lambda t/n$ の関係は変化しないという条件，つまり，np が一定で λt に等しいという条件の下で，分割数を極限まで大きくすることを考えよう．

$$f_X(x) = {}_nC_x p^x (1-p)^{n-x} = \frac{n(n-1)\cdots(n-x+1)}{x!}\left(\frac{\lambda t}{n}\right)^x \left(1 - \frac{\lambda t}{n}\right)^{n-x}$$

$$= \frac{(\lambda t)^x}{x!} \cdot 1 \cdot \left(1 - \frac{1}{n}\right)\cdots\left(1 - \frac{x-1}{n}\right)\cdot\left(1 - \frac{\lambda t}{n}\right)^{-x}\cdot\left(1 - \frac{\lambda t}{n}\right)^n$$

に注意すれば，

$$\lim_{n\to\infty} f_X(x) = \frac{(\lambda t)^x}{x!} \cdot \lim_{n\to\infty}\left(1-\frac{1}{n}\right)\cdots\lim_{n\to\infty}\left(1-\frac{x-1}{n}\right)\cdot\lim_{n\to\infty}\left(1-\frac{\lambda t}{n}\right)^{-x}\cdot\lim_{n\to\infty}\left(1-\frac{\lambda t}{n}\right)^n$$

$$= \frac{(\lambda t)^x}{x!} e^{-\lambda t}$$

となり，ポアソン分布の確率質量関数を得る．このことから，ポアソン分布は連続時間上で一定の発生率で独立に生起する事象の生起回数の分布を，時間を分割することにより二項分布で近似し，分割数を無限大にした際に得られる分布であるということができる．あるいは，np は二項分布の平均であったから，二項分布において平均を一定に保ったまま試行回数を大きくすると，二項分布はポアソン分布で近似できるということも可能である．

以上のように，ポアソン分布は連続時間上で生起する事象のモデルとして導かれるものであるが，それ以外に，頻繁に起こらない現象のモデルとしてもよく用いられる．表7.1 はあるサッカーリーグにおける1チーム1試合あたりの得点の頻度分布である．全部で2586試合あったが，1試合の各チームの得点を考えているので，データ数は試合数の2倍となっている．表から1試合あたりの平均得

表 7.1 サッカーリーグ 1 試合 1 チームの得点分布

得点	0	1	2	3	4	5	6	7	8	9
チーム数	1138	1558	1339	712	283	96	32	12	1	1

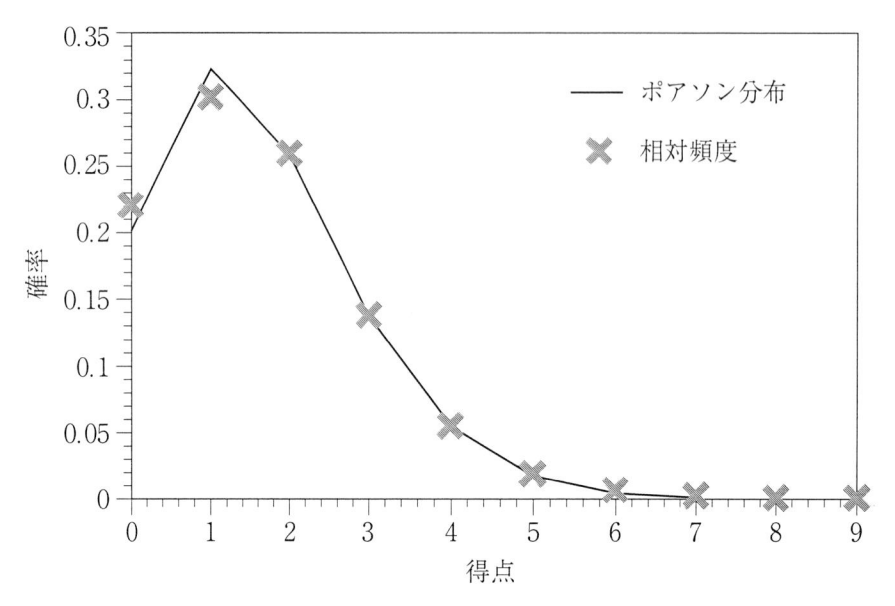

図 7.2 サッカーリーグ 1 試合 1 チームの得点分布

点は 1.6 点であることがわかる．そこで，1 試合の得点 X が平均 1.6 のポアソン分布に従うと仮定してみよう．確率質量関数は，

$$f_X(x) = \frac{(1.6)^x}{x!} e^{-1.6}$$

となる．これを実際のデータから得られた相対頻度とともにプロットしたのが図 7.2 である．ポアソン分布の確率質量関数を決めるパラメータは 1 つだけであるにもかかわらず，両者は非常によく合っている．このほか，ある地域での 1 日あたりの交通事故や航空機事故の件数なども，ポアソン分布によく従うといわれている．

例題 ある遊園地で 1 両 4 人乗りのジェットコースターが，5 分間隔で運行されている．このコースターには 1 分あたり平均 3 人の人が乗りにやってくる．1 回の運行で積み残しが発生する確率を 5% 以下にするためには，ジェットコースターを何両編成で運行すればよいだろうか．

解 ジェットコースターの発車時間間隔は 5 分であるから，この間に到着した人が次の発車まで待つことになる．乗客の到着が，発生率 $\lambda = 3$（人/分）のポアソン分布に従

うと考えると，$t=5$（分）の間にジェットコースターに乗りにくる人数 X の確率質量関数は，
$$f_X(x) = \frac{(3 \cdot 5)^x}{x!} e^{-3 \cdot 5}$$
である．分布関数を $F_X(x)$ と書くことにすると，
$$F_X(21) = \sum_{x=0}^{21} \frac{(15)^x}{x!} e^{-15} = 0.947, \qquad F_X(22) = \sum_{x=0}^{22} \frac{(15)^x}{x!} e^{-15} = 0.967$$
であるから，積み残しが発生する確率を5％以下にするためには，少なくとも1回で22人を乗車させる必要がある．つまり，6両編成が必要であるということがわかる．

8. 正規分布

8.1 正規分布の基本的性質

　工学の分野でも最もよく知られ，また最もよく用いられるといっても過言ではない確率分布に，正規分布がある．確率変数 X が確率密度関数

$$f_X(x) = \frac{1}{\sigma\sqrt{2\pi}} \exp\left[-\frac{1}{2}\left(\frac{(x-\mu)}{\sigma}\right)^2\right] \quad (-\infty < x < \infty) \tag{8.1}$$

に従うとき X は平均 μ，標準偏差 σ の正規分布（normal distribution）に従うといわれる．正規分布は別名ガウス分布（Gaussian distribution）とも呼ばれる．なお，平均 μ，分散 σ^2 の正規分布は，しばしば $N(\mu, \sigma^2)$ という記号を用いて表される．また，正規分布に従う確率変数のことを特に正規変数，正規変量と呼ぶことがある．

　正規分布は測定を行うときの誤差が従う分布として有名である．また，多数の独立な確率変数の和をとったとき，個々の変数が従う分布が何であっても，その和の分布は正規分布で近似できるという中心極限定理（正確な内容は 8.5 節を参照のこと）のおかげで，理論的にも応用上も最も重要な地位を占める分布である．読者もこの後，統計の部分で正規分布や正規分布から導き出される分布群のお世話になるはずである．

　式（8.1）をみてわかるとおり，正規分布の確率密度関数は $x=\mu$ に関して左右対称の形をしており，その位置と形状を決めるパラメータは μ と σ である．図8.1(a) は μ を変えたときの確率密度関数を描いたものであり，図 8.1(b) は σ を変えたときの確率密度関数を描いたものである．図から，μ は確率密度関数の最頻値の位置を表すパラメータであり，σ は最頻値の位置の高さやそれに伴うカーブの形状の違いを表すパラメータであることがわかる．実は，正規分布ではこれら2つのパラメータが平均と標準偏差を表しているのである．

　それを確認するために，まず式（8.1）が確率密度関数の要件を満たしていることを確かめておこう．そのためには，式（8.1）の関数を変域全体で積分して 1 となるかどうかをみればよい．すなわち，

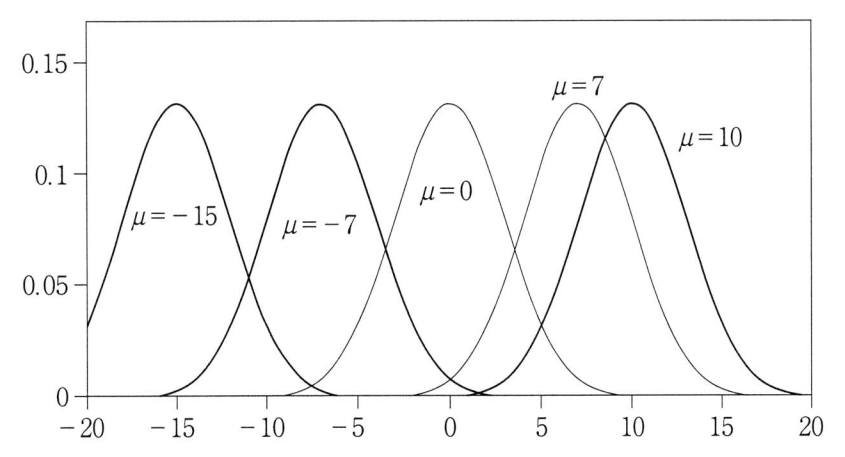

(a) 標準偏差を固定 ($\sigma=1$) したときの種々の平均に対する確率密度関数

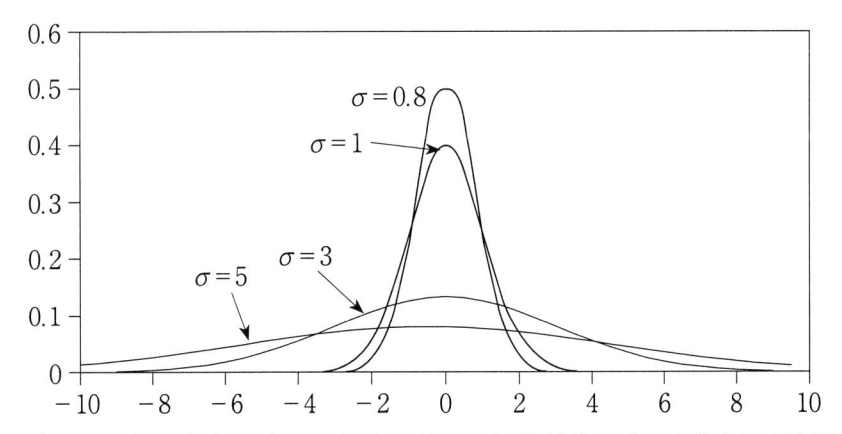

(b) 平均を固定 ($\mu=0$) したときの種々の標準偏差に対する確率密度関数

図 8.1 正規分布の確率密度関数

$$\int_{-\infty}^{\infty} f_X(x)\,dx = \int_{-\infty}^{\infty} \frac{1}{\sigma\sqrt{2\pi}} \exp\left[-\frac{1}{2}\left(\frac{x-\mu}{\sigma}\right)^2\right]dx \tag{8.2}$$

を求めることになる．ここで，積分変数を $t=(x-\mu)/\sigma$ と変換すると，

$$\int_{-\infty}^{\infty} \frac{1}{\sigma\sqrt{2\pi}} \exp\left[-\frac{1}{2}\left(\frac{x-\mu}{\sigma}\right)^2\right]dx = \int_{-\infty}^{\infty} \frac{1}{\sqrt{2\pi}} \exp\left[-\frac{1}{2}t^2\right]dt$$

$$= \frac{2}{\sqrt{2\pi}} \int_0^{\infty} \exp\left[-\frac{1}{2}t^2\right]dt \tag{8.3}$$

となる．結局，$\int_0^{\infty} e^{-t^2/2}dt$ の値を求めればよいことになるが，この値を知るには少し回り道が必要である．今，積分

$$\iint_{\substack{0\le x<\infty \\ 0\le y<\infty}} \exp\left[-\frac{1}{2}(x^2+y^2)\right]dx\,dy$$

の値を求めることを考えてみよう．$x=r\cos\theta, y=r\sin\theta$ と積分変数を変換すると，

$$\iint_{\substack{0\leq x<\infty \\ 0\leq y<\infty}} \exp\left[-\frac{1}{2}(x^2+y^2)\right]dx\,dy$$
$$=\iint_{\substack{0\leq r<\infty \\ 0\leq \theta<\pi/2}} \exp\left[-\frac{1}{2}(r^2\cos^2\theta+r^2\sin^2\theta)\right]\left|\frac{\partial(x,y)}{\partial(r,\theta)}\right|dr\,d\theta$$
$$=\iint_{\substack{0\leq r<\infty \\ 0\leq \theta<\pi/2}} \exp\left[-\frac{1}{2}r^2\right]r\,dr\,d\theta = \int_{\theta=0}^{\pi/2}\left\{\int_0^\infty r\exp\left[-\frac{1}{2}r^2\right]dr\right\}d\theta$$
$$=\int_{\theta=0}^{\pi/2}\left\{\left[-\exp\left[-\frac{1}{2}r^2\right]\right]_0^\infty\right\}d\theta = \int_{\theta=0}^{\pi/2}d\theta = \frac{\pi}{2}$$

となる．ところで，$I=\int_0^\infty e^{-t^2/2}dt$ とおけば，

$$\iint_{\substack{0\leq x<\infty \\ 0\leq y<\infty}} \exp\left[-\frac{1}{2}(x^2+y^2)\right]dx\,dy = \int_0^\infty e^{-x^2/2}dx\int_0^\infty e^{-y^2/2}dy = I^2$$

であるから，$I^2=\pi/2$ となり，$I=\sqrt{\pi/2}$ であることがわかる．少し回り道をしたが，式 (8.3) に戻ろう．

$$\int_{-\infty}^\infty \frac{1}{\sigma\sqrt{2\pi}}\exp\left[-\frac{1}{2}\left(\frac{x-\mu}{\sigma}\right)^2\right]dx = \frac{2}{\sqrt{2\pi}}\int_0^\infty \exp\left[-\frac{1}{2}t^2\right]dt = \frac{2}{\sqrt{2\pi}}\sqrt{\frac{\pi}{2}} = 1$$

となり，確かに式 (8.1) で与えられる関数は確率密度関数の要件を満たしていることが確認できた．

さて，正規分布の平均は，

$$E[X] = \int_{-\infty}^\infty x f_X(x)\,dx = \int_{-\infty}^\infty x \frac{1}{\sigma\sqrt{2\pi}}\exp\left[-\frac{1}{2}\left(\frac{x-\mu}{\sigma}\right)^2\right]dx$$

により求められる．ここで $t=(x-\mu)/\sigma$ と積分変数を変換すると，

$$E[X] = \int_{-\infty}^\infty \frac{\sigma t+\mu}{\sqrt{2\pi}}\exp\left[-\frac{1}{2}t^2\right]dt = \frac{\sigma}{\sqrt{2\pi}}\int_{-\infty}^\infty te^{-(1/2)t^2}dt + \mu\int_{-\infty}^{+\infty} e^{-(1/2)t^2}dt$$
$$= \frac{\sigma}{\sqrt{2\pi}}\left[-e^{-(1/2)t^2}\right]_{-\infty}^\infty + \mu = \mu$$

となり，確かに正規分布の平均がパラメータ μ で与えられることがわかる．次に分散は，

$$\mathrm{Var}[X] = \int_{-\infty}^\infty (x-\mu)^2 f_X(x)\,dx = \int_{-\infty}^\infty (x-\mu)^2 \frac{1}{\sigma\sqrt{2\pi}}\exp\left[-\frac{1}{2}\left(\frac{x-\mu}{\sigma}\right)^2\right]dx$$

で求められる．先ほどと同じように $t=(x-\mu)/\sigma$ と積分変数を変換すると，

$$\mathrm{Var}[X] = \int_{-\infty}^\infty \frac{\sigma^2 t^2}{\sqrt{2\pi}}e^{-(1/2)t^2}dt = \sigma^2\left\{-\left[t\frac{1}{\sqrt{2\pi}}e^{-(1/2)t^2}\right]_{-\infty}^\infty + \int_{-\infty}^\infty \frac{1}{\sqrt{2\pi}}e^{-(1/2)t^2}dt\right\}$$

を得る．ここで，$(1/\sqrt{2\pi})e^{-(1/2)t^2}$ は平均が 0，標準偏差が 1 の正規分布の確率密度関数と見なせる．したがって，上式の最右辺括弧内の第 1 項はその平均を表しいるから 0 であり，第 2 項は確率密度関数の全区間での積分であるから 1 となる．

結局,$\mathrm{Var}[X]=\sigma^2$ であることが確認できた.

ところで,後に多次元正規分布のところでみるように,正規分布の取り扱いの上では,その特性関数が重要な役割を果たす.その準備として(1次元)正規分布の特性関数 $\varphi_X(t)$ を求めておこう.

$$\begin{aligned}\varphi_X(t) &= \mathrm{E}[\exp\{itx\}] = \int_{-\infty}^{\infty} \frac{1}{\sqrt{2\pi}\sigma} \exp\left\{itx - \frac{1}{2}\left(\frac{x-\mu}{\sigma}\right)^2\right\} dx \\ &= \exp\left[i\mu t - \frac{\sigma^2 t^2}{2}\right] \int_{-\infty}^{\infty} \frac{1}{\sqrt{2\pi}\sigma} \exp\left[-\frac{1}{2}\left\{\frac{x-(i\sigma^2 t + \mu)}{\sigma}\right\}^2\right] dx \\ &= \exp\left[i\mu t - \frac{\sigma^2 t^2}{2}\right]\end{aligned} \quad (8.4)$$

本当は,式(8.4)の2行目の積分が1となることを示さなければならないが,厳密にそれをいうことは本書の範囲を超えることになるので,省略する.ここでは,正規分布の確率密度関数とのアナロジーで直感的に理解しておいてほしい.

8.2 標準正規分布と正規分布表

前節で正規分布の基本的な性質を知ったが,実際に正規確率変数がある範囲の値をとる確率を求めるにはどうしたらよいだろうか.残念ながら,正規分布の確率密度関数(8.1)を任意の区間で解析的に積分することはできない.実際に確率を計算するためには,コンピュータによる数値積分を行うか,数表を用いるしかない.ただし,数表といっても正規分布の平均や分散はさまざまな値をとるわけで,その組み合わせに対して一々数表をつくっておくことなど不可能である.ところが正規分布には,次に述べるような便利な性質があり,数表は1枚で済むのである.

前節で,正規分布の平均や分散を求める際に,確率変数からその平均を引き標準偏差で割るといった変換を行った.実は,正規確率変数の場合,この変換を施すことにより,すべて平均が0で標準偏差が1の正規分布に帰着されるのである.今,X が $\mathrm{N}(\mu, \sigma)^2$ に従うものとし,確率変数 Y を

$$Y = \frac{X-\mu}{\sigma}$$

で定義しよう.X, Y の確率密度関数をそれぞれ $f_X(x), f_Y(y)$ と書くと,

$$f_Y(y) = f_X(\sigma y + \mu)\left|\frac{dx}{dy}\right| = \frac{1}{\sqrt{2\pi}} \exp\left[-\frac{1}{2}y^2\right] \quad (8.5)$$

となる.式(8.5)は式(8.1)で $\mu=0, \sigma=1$ とおいた形をしており,平均が0で

標準偏差が1の正規分布の確率密度関数であることがわかる．この正規分布を特に標準正規分布（standard normal distribution）と呼ぶ．このように，すべての正規確率変数は，平均を引いて標準偏差で割るという変換を施すことによって標準正規分布に変換することができるので，標準正規分布について区間別の積分結果の値を数表にしておけば，これを用いて正規分布に従う変数がある範囲をとる確率を計算することができる．

例題1 付表Aは，
$$\Phi(z) = 1 - \phi(z) = \int_{-\infty}^{z} \frac{1}{\sqrt{2\pi}} \exp\left[-\frac{1}{2}x^2\right] dx$$
の値を z の値についてまとめたものであり，正規分布表と呼ばれる．この表を用いて，$N(4, 2^2)$ に従う確率変数 X が $-1 \leq X \leq 5$ の範囲にある確率を求めよ．

解 $Y = (X-4)/2$ は標準正規分布に従うから，
$$\Pr[-1 \leq X \leq 5] = \Pr\left[\frac{-1-4}{2} \leq Y \leq \frac{5-4}{2}\right] = \Phi(0.5) - \Phi(-2.5)$$
$$= \Phi(0.5) - (1 - \Phi(2.5)) = 0.691 - (1 - 0.994) = 0.685$$
となる．ただし，付表Aには，$z < 0$ に対する $\Phi(z)$ の値は示されていないので，標準正規分布の累積分布関数の場合 $\Phi(z) = 1 - \Phi(-z)$ であることを利用している．

ところで，確率変数 X が $N(\mu, \sigma^2)$ に従うとき，$\mu - \sigma \leq X \leq \mu + \sigma$ となる確率は，標準正規変数 Y が $-1 \leq Y \leq 1$ となる確率と同じであるから，正規分布表から0.683であることがわかる．同様に，$\mu - 2\sigma \leq X \leq \mu + 2\sigma$，$\mu - 3\sigma \leq X \leq \mu + 3\sigma$ となる確率は0.954, 0.997である．正規分布に従う確率変数が，平均まわりに標準偏差の整数倍の区間に入る確率は，このように平均と標準偏差の値によらず一定であることも，正規分布の重要な性質の一つである．

8.3 多次元正規分布

a. 多次元正規分布

結合分布する n 個の確率変数 $X_1, X_2, \cdots, X_n$ があり，$\boldsymbol{X}$ をこれら確率変数のベクトルとする．$\boldsymbol{X} = (X_1, X_2, \cdots, X_n)^\mathrm{T}$ が同時確率密度関数

$$f_X(\boldsymbol{x}) = \frac{1}{\sqrt{(2\pi)^n |\boldsymbol{V}|}} \exp\left[-\frac{1}{2}(\boldsymbol{x}-\boldsymbol{\mu})^\mathrm{T} \boldsymbol{V}^{-1}(\boldsymbol{x}-\boldsymbol{\mu})\right] \tag{8.6}$$

で与えられるとき，$\boldsymbol{X}$ は n 次元正規分布に従うという．ただし，$\boldsymbol{x}^\mathrm{T}$ はベクトル $\boldsymbol{x}$ の転置を，$|\boldsymbol{V}|$, $\boldsymbol{V}^{-1}$ は行列 $\boldsymbol{V}$ の行列式，逆行列をそれぞれ表している．式 (8.6)

に現れる $\boldsymbol{\mu}$ は平均値ベクトルと呼ばれ，$X_1, X_2, \cdots, X_n$ の平均を $\mu_1, \mu_2, \cdots, \mu_n$ とするとき，$\boldsymbol{\mu} = (\mu_1, \mu_2, \cdots, \mu_n)^{\mathrm{T}}$ で与えられる．$\boldsymbol{V}$ は $n \times n$ 対称行列で，その i 行 j 列成分 v_{ij} は，X_i, X_j の標準偏差を σ_i, σ_j，相関係数を ρ_{ij} とするとき，

$$v_{ij} = \sigma_i \sigma_j \rho_{ij}$$

で与えられる．行列 $\boldsymbol{V}$ は，その第 i 行 j 列成分が対応する確率変数の共分散を表していることから，共分散行列と呼ばれる．平均値ベクトルが $\boldsymbol{\mu}$，共分散行列が $\boldsymbol{V}$ の多次元正規分布を，$\mathrm{N}_n(\boldsymbol{\mu}, \boldsymbol{V})$ という記号で表記することがある．

一般に工学が扱う現象には，複数の確率変数が結合分布しているケースが多いが，多次元正規分布はそれらの確率モデルを考える際に最もよく用いられる重要な分布である．次の例題で，2次元の場合について，多次元正規分布の特徴をみてみることにしよう．

例題2 2つの河川 A, B が合流してできる河川を考える．河川 A, B の流量 X_1, X_2 は2次元正規分布に従っており，$\mu_1 = 10 (\mathrm{m}^3/\mathrm{s})$，$\sigma_1 = 1 (\mathrm{m}^3/\mathrm{s})$，$\mu_2 = 15 (\mathrm{m}^3/\mathrm{s})$，$\sigma_2 = 2 (\mathrm{m}^3/\mathrm{s})$，$\rho_{12} = 0.8$ である．
① X_1, X_2 の同時確率密度関数を書け．
② 河川 A の流量 X_1 が $12 \mathrm{~m}^3/\mathrm{s}$ を超える確率を求めよ．
③ 河川 B の流量 X_2 が $20 \mathrm{~m}^3/\mathrm{s}$ であるとき，河川 A の流量 X_1 が $12 \mathrm{~m}^3/\mathrm{s}$ を超える確率を求めよ．

解 2次元の場合，共分散行列 $\boldsymbol{V}$ およびその逆行列 $\boldsymbol{V}^{-1}$ は，

$$\boldsymbol{V} = \begin{pmatrix} \sigma_1^2 & \sigma_1 \sigma_2 \rho_{12} \\ \sigma_1 \sigma_2 \rho_{12} & \sigma_2^2 \end{pmatrix}, \quad \boldsymbol{V}^{-1} = \frac{1}{\sigma_1^2 \sigma_2^2 (1 - \rho_{12}^2)} \begin{pmatrix} \sigma_2^2 & -\sigma_1 \sigma_2 \rho_{12} \\ -\sigma_1 \sigma_2 \rho_{12} & \sigma_1^2 \end{pmatrix}$$

で与えられるから，式 (8.6) で $n = 2$ の場合を書き下せば，

$$f_{X_1, X_2}(x_1, x_2) = \frac{1}{2\pi \sigma_1 \sigma_2 \sqrt{1 - \rho_{12}^2}}$$
$$\times \exp\left[-\frac{1}{2(1 - \rho_{12}^2)} \left\{ \left(\frac{x_1 - \mu_1}{\sigma_1}\right)^2 - 2\rho_{12} \left(\frac{x_1 - \mu_1}{\sigma_1}\right) \left(\frac{x_2 - \mu_2}{\sigma_2}\right) + \left(\frac{x_2 - \mu_2}{\sigma_2}\right)^2 \right\} \right] \quad (8.7)$$

となる．これが2次元正規分布の同時確率密度関数である．問題の数値を代入すれば，

$$f_{X_1, X_2}(x_1, x_2) = \frac{1}{2.4\pi} \exp\left[-\frac{1}{0.72} \left\{ \left(\frac{x_1 - 10}{1}\right)^2 - 0.16 \left(\frac{x_1 - 10}{1}\right) \left(\frac{x_2 - 15}{2}\right) + \left(\frac{x_2 - 15}{2}\right)^2 \right\} \right]$$

を得る．

河川 A の流量が特定の値を超える確率を求めるためには，X_1 の周辺分布を知らなければならない．X_1 の周辺確率密度関数を $f_{X_1}(x_1)$ とすると，

$$f_{X_1}(x_1) = \int_{-\infty}^{\infty} f_{X_1, X_2}(x_1, x_2) \, dx_2$$

である．簡単のために，$y_1 = (x_1 - \mu_1)/\sigma_1$，$y_2 = (x_2 - \mu_2)/\sigma_2$ と変数変換を行うと，

$$f_{X_1}(x_1) = \int_{-\infty}^{\infty} \frac{1}{2\pi\sigma_1\sqrt{1-\rho_{12}^2}} \exp\left[-\frac{1}{2(1-\rho_{12}^2)}(y_1^2 - 2\rho_{12}y_1y_2 + y_2^2)\right] dy_2$$

$$= \int_{-\infty}^{\infty} \frac{1}{2\pi\sigma_1\sqrt{1-\rho_{12}^2}} \exp\left[-\frac{1}{2(1-\rho_{12}^2)}\{(y_2 - \rho_{12}y_1)^2 - \rho_{12}^2 y_1^2 + y_1^2\}\right] dy_2$$

$$= \frac{1}{\sqrt{2\pi}\sigma_1} \exp\left[-\frac{(1-\rho_{12}^2)y_1^2}{2(1-\rho_{12}^2)}\right] \int_{-\infty}^{\infty} \frac{1}{\sqrt{2\pi}\sqrt{1-\rho_{12}^2}} \exp\left[-\frac{1}{2}\left(\frac{y_2 - \rho_{12}y_1}{\sqrt{1-\rho_{12}^2}}\right)^2\right] dy_2$$

となる．最後の式の積分は，平均が $\rho_{12}y_1$，分散が $1-\rho_{12}^2$ の正規分布の確率密度関数の標本空間全体にわたる積分であるから1である．したがって，

$$f_{X_1}(x_1) = \frac{1}{\sqrt{2\pi}\sigma_1} \exp\left[-\frac{y_1^2}{2}\right] = \frac{1}{\sqrt{2\pi}\sigma_1} \exp\left[-\frac{1}{2}\left(\frac{x_1-\mu_1}{\sigma_1}\right)^2\right] \tag{8.8}$$

となり，周辺分布は正規分布となることがわかる．これは2次元正規分布の場合だけではなく，多次元正規分布一般に成り立つ性質である．ただし，すべての変数について周辺分布が正規分布であるからといってそれらの変数が多次元正規分布に従うと考えてはならない．逆は成り立たないのである．

さて，これで問②に答える準備ができた．河川Aの流量 X_1 が $12\,\mathrm{m}^3$ を超える確率は，式(8.8)および正規分布表より，

$$\Pr[X_1 > 12] = \int_{12}^{\infty} f_{X_1}(x_1) dx_1 = \phi\left(\frac{12-10}{1}\right) = 0.023$$

と求められる．

次に，問③に答えるためには，X_1 の条件付確率密度関数 $f_{X_1|X_2}(x_1|x_2)$ を知らなければならない．条件付確率密度関数は定義により，

$$f_{X_1|X_2}(x_1|x_2) = \frac{f_{X_1,X_2}(x_1,x_2)}{f_{X_2}(x_2)}$$

である．ただし，$f_{X_2}(x_2)$ は X_2 の周辺確率密度関数である．式(8.7), (8.8)を参考にすれば，

$$f_{X_1|X_2}(x_1|x_2) = \frac{1}{\sqrt{2\pi}\sigma_1\sqrt{1-\rho_{12}^2}} \exp\left[-\frac{1}{2(1-\rho_{12}^2)}\left\{\left(\frac{x_1-\mu_1}{\sigma_1}\right)^2 - 2\rho_{12}\left(\frac{x_1-\mu_1}{\sigma_1}\right)\left(\frac{x_2-\mu_2}{\sigma_2}\right)\right.\right.$$
$$\left.\left. + \{1-(1-\rho_{12}^2)\}\left(\frac{x_2-\mu_2}{\sigma_2}\right)^2\right\}\right]$$

$$= \frac{1}{\sqrt{2\pi}\sigma_1\sqrt{1-\rho_{12}^2}} \exp\left[-\frac{1}{2(1-\rho_{12}^2)}\left\{\left(\frac{x_1-\mu_1}{\sigma_1}\right) - \rho_{12}\left(\frac{x_2-\mu_2}{\sigma_2}\right)^2\right\}\right]$$

$$= \frac{1}{\sqrt{2\pi}\sigma_1\sqrt{1-\rho_{12}^2}} \exp\left[-\frac{1}{2}\left(\frac{x_1 - \left\{\mu_1 + \rho_{12}\left(\frac{\sigma_1}{\sigma_2}\right)(x_2-\mu_2)\right\}}{\sigma_1\sqrt{1-\rho_{12}^2}}\right)^2\right]$$

となる．したがって，河川Bの流量 X_2 が $20\,\mathrm{m}^3/\mathrm{s}$ であるという条件のもとでは，河川Aの流量 X_1 は，平均が $10 + 0.8 \times (1/2) \times (20-15) = 12$，標準偏差が $1 \times \sqrt{1-0.8^2} = 0.6$ の正規分布に従うことになり，河川Aの流量が $12\,\mathrm{m}^3/\mathrm{s}$ を超える確率 $\Pr[X_1 > 12 | X_2 = 20]$ は，

$$\Pr[X_1 > 12 | X_2 = 20] = \phi\left(\frac{12-12}{0.6}\right) = \phi(0) = 0.5$$

となる．この値を問②の答えと見比べてほしい．X_2 に何の条件も付されない場合には，

$X_1>12$ である確率は 2.3% にすぎなかったのに，$X_2=20$ なる条件の下では，その確率は 50% を超えるのである．感覚的にいえば，このことは，河川 A と B の流量の相関が高いため，河川 B で大きな流量が発生したという事実を知れば，河川 A にも大きな流量が発生すると考えるのが自然であるということを示している．同時確率密度関数を用いた分析がいかに重要かということがわかるであろう．

b. 多次元正規分布の性質

多次元正規分布は，さまざまな多変量解析手法の理論的基礎となっている点でも重要である．そこで，以下，多次元正規分布の主な性質を確認しておこう．

多次元正規分布の性質 I

正規確率変数 $X_1, \cdots, X_n$ が互いに無相関であるならば，$X_1, \cdots, X_n$ は独立である．

一般に，確率変数同士に相関がないからといって，それらが独立であるという保証にはならなかった．しかし，正規確率変数の場合には，相関がないことと独立であることは同値なのである．実際，$X_1, \cdots, X_n$ の相関係数がすべて 0 であれば，共分散行列は対角成分に対応する変数の分散をもつ対角行列となるから，

$$\boldsymbol{V}^{-1} = \begin{pmatrix} \frac{1}{\sigma_1^2} & 0 & \cdots & 0 \\ 0 & \frac{1}{\sigma_2^2} & & \vdots \\ \vdots & & \ddots & 0 \\ 0 & \cdots & 0 & \frac{1}{\sigma_n^2} \end{pmatrix}, \quad |\boldsymbol{V}| = \sigma_1^2 \sigma_2^2 \cdots \sigma_n^2$$

となり，$X_1, \cdots, X_n$ の同時確率密度関数 $f_{\boldsymbol{X}}(\boldsymbol{x})$ は，

$$\begin{aligned} f_{\boldsymbol{X}}(\boldsymbol{x}) &= \frac{1}{\sqrt{(2\pi)^n \sigma_1^2 \sigma_2^2 \cdots \sigma_n^2}} \exp\left[-\frac{1}{2}\sum_{i=1}^{n}\frac{(x_i-\mu_i)^2}{\sigma_i^2}\right] \\ &= \frac{1}{\sqrt{2\pi}\sigma_1}\exp\left[-\frac{(x_1-\mu_1)^2}{2\sigma_1^2}\right]\cdots\frac{1}{\sqrt{2\pi}\sigma_n}\exp\left[-\frac{(x_n-\mu_n)^2}{2\sigma_n^2}\right] \\ &= f_{X_1}(x_1)\cdots f_{X_n}(x_n) \end{aligned}$$

と 1 次元正規分布の確率密度関数の積で表されることから，$X_1, \cdots, X_n$ が独立であることがわかる．ただし，$\boldsymbol{V}^{-1}$ は V の逆行列を，$|\boldsymbol{V}|$ は行列式を表す．また，以上の結果から，逆もまた正しいことがわかる．

次の性質に移る前に，共分散行列のもつ特徴を復習しておこう．共分散行列 $\boldsymbol{V}$ は実対称行列であるから，

$$PVP^\mathrm{T} = \Lambda \tag{8.9}$$

となるような直交行列 P と対角行列 Λ が存在することは線形代数学の教えるところである．これを利用して $V^{1/2}$ を，

$$V^{1/2} = P^\mathrm{T} \Lambda^{1/2} P \tag{8.10}$$

で定義しよう．ただし，$\Lambda^{1/2}$ は Λ の対角要素をそれぞれ 1/2 乗した要素をもつ対角行列である．実際，

$$V^{1/2} V^{1/2} = P^\mathrm{T} \Lambda^{1/2} PP^\mathrm{T} \Lambda^{1/2} P = P^\mathrm{T} \Lambda^{1/2} \Lambda^{1/2} P = P^\mathrm{T} \Lambda P = V$$

となるから，式 (8.10) で定義される行列は V の平方根という意味をもつ．

この共分散行列の平方根行列を用いることで，次の重要な性質が導かれる．

多次元正規分布の性質 II

確率変数ベクトル X が n 次元正規分布 $\mathrm{N}_n(\mu, V)$ に従うとき，

$$Z = (V^{1/2})^{-1}(X - \mu) \tag{8.11}$$

は，$\mathrm{N}_n(0, I_n)$ に従う．ただし，0 は要素がすべて 0 のベクトル，I_n は n 次単位行列を表す．

この定理の意味するところは，結合分布している（独立でない）正規変量であっても，式 (8.11) のような変換を施すことにより，独立な正規変量をつくり出すことができるということである．多次元の確率変数は，それらが独立であるかないかによって取り扱いの手間が格段に違うから，この性質はきわめて重要である．実際，主成分分析は，この性質に基づく方法である．

さて，性質 II を導くには，確率変数の変換を思い出さなければならない．X の同時確率密度関数を $f_X(x)$，Z の同時確率密度関数を $f_Z(z)$ とすると，

$$f_Z(z) = f_X(x) \left| \frac{\partial x}{\partial z} \right| \tag{8.12}$$

が成り立つ．今，式 (8.11) より，$V^{1/2}$ の i 行 j 列成分を c_{ij} と書くと，

$$x = \mu + V^{1/2} z = \left(\mu_1 + \sum_{j=1}^n c_{1j} z_j, \; \mu_2 + \sum_{j=1}^n c_{2j} z_j, \; \cdots, \; \mu_n + \sum_{j=1}^n c_{nj} z_j \right)^\mathrm{T}$$

であるから，

$$\left| \frac{\partial x}{\partial z} \right| = \begin{vmatrix} c_{11} & c_{12} & \cdots & c_{1n} \\ c_{21} & c_{22} & \cdots & c_{2n} \\ \vdots & \vdots & \ddots & \\ c_{n1} & \cdots & c_{n-1\,n} & c_{nn} \end{vmatrix} = \left| V^{1/2} \right|$$

である．ところで，P が直交行列，Λ が対角行列であることに注意すると，式

(8.10) より,

$$|\bm{V}^{1/2}|=|\bm{P}^{\mathrm{T}}\Lambda^{1/2}\bm{P}|=|\bm{P}^{\mathrm{T}}||\Lambda^{1/2}||\bm{P}|=|\bm{P}^{\mathrm{T}}\bm{P}||\Lambda^{1/2}|=|\bm{I}||\Lambda^{1/2}|=|\Lambda^{1/2}|=\prod_{i=1}^{n}\sqrt{r_i},$$

$$|\bm{V}|^{1/2}=|\bm{P}^{\mathrm{T}}\Lambda\bm{P}|^{1/2}=\left(|\bm{P}^{\mathrm{T}}||\Lambda||\bm{P}|\right)^{1/2}=\left(|\bm{P}^{\mathrm{T}}\bm{P}||\Lambda|\right)^{1/2}=|\Lambda|^{1/2}=\left(\prod_{i=1}^{n}r_i\right)^{1/2}=\prod_{i=1}^{n}\sqrt{r_i}$$

となって (ただし, r_i は Λ の第 i 対角成分である),

$$\left|\bm{V}^{1/2}\right|=|\bm{V}|^{1/2}$$

であることがわかる. よって, 式 (8.12) は,

$$f_{\bm{Z}}(\bm{z})=\frac{1}{\sqrt{(2\pi)^n|\bm{V}|}}\exp\left[-\frac{1}{2}(\bm{V}^{1/2}\bm{z})^{\mathrm{T}}\bm{V}^{-1}(\bm{V}^{1/2}\bm{z})\right]\left|\bm{V}^{1/2}\right|$$

$$=\frac{1}{\sqrt{(2\pi)^n}}\exp\left[-\frac{1}{2}\bm{z}^{\mathrm{T}}(\bm{V}^{1/2})^{\mathrm{T}}\bm{V}^{-1}\bm{V}^{1/2}\bm{z}\right]$$

と変形される. ここで, 対角行列とその転置行列は同じであること, 直交行列 $\bm{P}$ については $\bm{P}^{-1}=\bm{P}^{\mathrm{T}}$ であることに注意すると,

$$(\bm{V}^{1/2})^{\mathrm{T}}=(\bm{P}^{\mathrm{T}}\Lambda^{1/2}\bm{P})^{\mathrm{T}}=(\Lambda^{1/2}\bm{P})^{\mathrm{T}}(\bm{P}^{\mathrm{T}})^{\mathrm{T}}=\bm{P}^{\mathrm{T}}(\Lambda^{1/2})^{\mathrm{T}}\bm{P}=\bm{P}^{\mathrm{T}}\Lambda^{1/2}\bm{P}=\Lambda^{1/2},$$

$$\bm{V}^{-1}=(\bm{P}^{\mathrm{T}}\Lambda\bm{P})^{-1}=\bm{P}^{-1}(\bm{P}^{\mathrm{T}}\Lambda)^{-1}=\bm{P}^{-1}\Lambda^{-1}(\bm{P}^{\mathrm{T}})^{-1}=\bm{P}^{\mathrm{T}}\Lambda^{-1}\bm{P}$$

が成り立つから,

$$f_{\bm{Z}}(\bm{z})=\frac{1}{\sqrt{(2\pi)^n}}\exp\left[-\frac{1}{2}\bm{z}^{\mathrm{T}}\cdot\bm{P}^{\mathrm{T}}\Lambda^{1/2}\bm{P}\cdot\bm{P}^{\mathrm{T}}\Lambda^{-1}\bm{P}\cdot\bm{P}^{\mathrm{T}}\Lambda^{1/2}\bm{P}\cdot\bm{z}\right]$$

$$=\frac{1}{\sqrt{(2\pi)^n}}\exp\left[-\frac{1}{2}\bm{z}^{\mathrm{T}}\cdot\bm{P}^{\mathrm{T}}\Lambda^{1/2}\Lambda^{-1}\Lambda^{1/2}\bm{P}\cdot\bm{z}\right]$$

$$=\frac{1}{\sqrt{(2\pi)^n}}\exp\left[-\frac{1}{2}\bm{z}^{\mathrm{T}}\cdot\bm{P}^{\mathrm{T}}\bm{P}\cdot\bm{z}\right]=\frac{1}{\sqrt{(2\pi)^n}}\exp\left[-\frac{1}{2}\bm{z}^{\mathrm{T}}\bm{z}\right]$$

を得る. これは, $\mathrm{N}_n(\bm{0},\bm{I}_n)$ の同時確率密度関数にほかならない.

以上の証明過程をみれば, 性質 II の逆として, 多次元正規分布が次の性質 III をもつことも容易に理解できる. 読者はぜひ自分で証明を書き下してみてほしい.

多次元正規分布の性質 III

確率変数ベクトル $\bm{Z}$ が n 次元正規分布 $\mathrm{N}_n(\bm{0},\bm{I}_n)$ に従うとき,

$$\bm{X}=\bm{\mu}+\bm{V}^{1/2}\bm{Z} \tag{8.13}$$

は, $\mathrm{N}_n(\bm{\mu},\bm{V})$ に従う.

さて, 多次元正規分布のもつ基本的な性質の最後として, その特性関数を考え

ておこう．正規分布について特性関数にこだわるのは，特に多次元の場合，正規分布の性質や正規分布から導き出される分布を考えるときに，必須となるからである．

多次元正規分布の性質 IV

確率変数ベクトル X が n 次元正規分布 $N_n(\mu, V)$ に従うとき，その特性関数は，

$$\varphi_X(t) = \exp\left[i\mu^T t - \frac{1}{2} t^T V t\right] \tag{8.14}$$

で与えられる．ただし，$t = (t_1, \cdots, t_n)^T$ である．

いきなり，$\varphi_X(t)$ を求めるのは大変なので，$N_n(0, I_n)$ に従う確率変数ベクトル Z を考え，その特性関数 $\varphi_Z(t)$ を求めることから始めよう．特性関数の定義より，

$$\begin{aligned}
\varphi_Z(t) &= E[\exp(it^T x)] \\
&= \int_{-\infty}^{\infty} dx_1 \cdots \int_{-\infty}^{\infty} dx_n \frac{1}{(\sqrt{2\pi})^n} \exp\left[it^T x - \frac{1}{2} x^T I_n x\right] \\
&= \int_{-\infty}^{\infty} dx_1 \cdots \int_{-\infty}^{\infty} dx_n \frac{1}{(\sqrt{2\pi})^n} \exp\left[-\frac{1}{2}(x^T x - 2it^T x)\right] \\
&= \int_{-\infty}^{\infty} dx_1 \cdots \int_{-\infty}^{\infty} dx_n \frac{1}{(\sqrt{2\pi})^n} \exp\left[-\frac{1}{2}\{(x-it)^T(x-it) + t^T t\}\right] \\
&= \exp\left[-\frac{1}{2} t^T t\right] \int_{-\infty}^{\infty} dx_1 \cdots \int_{-\infty}^{\infty} dx_n \frac{1}{(\sqrt{2\pi})^n} \exp\left[-\frac{1}{2}(x-it^T)(x-it)\right] \\
&= \exp\left[-\frac{1}{2} t^T t\right] \int_{-\infty}^{\infty} \frac{1}{\sqrt{2\pi}} \exp\left[-\frac{1}{2}(x_1 - it_1)^2\right] dx_1 \cdots \\
&\quad \int_{-\infty}^{\infty} \frac{1}{\sqrt{2\pi}} \exp\left[-\frac{1}{2}(x_n - it_n)^2\right] dx_n = \exp\left[-\frac{1}{2} t^T t\right] \tag{8.15}
\end{aligned}$$

を得る．

さて，いよいよ $\varphi_X(t)$ を求めよう．X は $N_n(\mu, V)$ に従うので，性質 III により，$N_n(0, I_n)$ に従う確率変数ベクトル Z を用いて $X = \mu + V^{1/2} Z$ と表される．したがって，

$$\varphi_X(t) = E[\exp(it^T x)] = E[\exp\{it^T(\mu + V^{1/2} z)\}] = \exp[it^T \mu] \cdot E[\exp(it^T V^{1/2} z)]$$

となる．ところで，すでにみたように $V^{1/2}$ は対称行列であって，

$$t^T V^{1/2} = \{(V^{1/2})^T t\}^T = (V^{1/2} t)^T$$

である．$V^{1/2} t$ は n 次列ベクトルであるから，$s = V^{1/2} t$ とおくと，

$$\varphi_X(t) = \exp[it^T \mu] \cdot E[\exp(is^T z)]$$

を得る．ここで，$E[\exp(is^T z)]$ は s を補助変数として表した $N_n(0, I_n)$ の特性関数であるから，式 (8.15) より

$$\varphi_X(t) = \exp[it^T\mu] \cdot \exp\left[-\frac{1}{2} s^T s\right] = \exp[it^T\mu] \cdot \exp\left[-\frac{1}{2}(V^{1/2}t)^T(V^{1/2}t)\right]$$

$$= \exp\left[it^T\mu - \frac{1}{2}(t^T V^{1/2} V^{1/2} t)\right] = \exp\left[i\mu^T t - \frac{1}{2} t^T V t\right] \tag{8.16}$$

を得る．

われわれは，次節で早速この特性関数のお世話になることになる．

8.4 正規変量の線形関数

正規分布には，正規確率変数を線形結合してできる確率変数も正規分布に従うという特徴（再生性）がある．互いに独立な正規分布の再生性についてはすでに5.3節で学んだが，考える変数群が互いに独立ではなく，多次元正規分布に従う場合にも再生性がある．すなわち，確率変数 $X_1, X_2, \cdots, X_n$ が $N_n(\mu, V)$ に従うとき，$Y = a + \sum_{i=1}^{n} b_i X_i = a + b^T X$ は，平均が

$$a + \sum_{i=1}^{n} b_i \mu_i = a + b^T \mu \tag{8.17}$$

で，分散が

$$\sum_{i=1}^{n} b_i^2 \sigma_i^2 + 2\sum_{i=1}^{n}\sum_{j=i+1}^{n} b_i b_j \sigma_i \sigma_j \rho_{ij} = b^T V b \tag{8.18}$$

の正規分布に従うのである．ただし，a および $b_i (i=1,\cdots,n)$ は定数で $b=(b_1, \cdots, b_n)^T$，μ_i, σ_i はそれぞれ X_i の平均と標準偏差，ρ_{ij} は X_i と X_j の相関係数を表している．

現実の問題を確率モデルで表現する場合には，複数の確率変数の和で表される量の分布が問題となることが多い．たとえば，前節の例題に示した河川流量の問題では，合流後の流量の確率分布が重要である．また，工事や機械の組み立てをいくつかの工程に分けて実施する場合，それぞれの工程に要する時間を確率変数で表し，全工期の分布を考えて工程管理を行うということが必要になる．このような場合，それぞれの変数が正規分布に従えば，その和も正規分布に従うことが直ちにわかるため，応用上きわめて便利である．ある地点から別の地点までの距離を測定するときには，いくつかの区間に分割して距離を測定し，その和を求めるといった方法がとられるが，その場合でも全区間の距離の測定誤差は正規分布に従うといってよいこともわかる．さらに，第II部の統計の章では，正規分布に従う母集団から抽出した標本を解析することを学ぶが，そこでも正規分布の再生性が重要な役割を演じる．

さて，多次元正規分布に従う確率変数ベクトルの1次結合が，正規分布に従うことを確認しておこう．これは，すなわち，n 次確率変数ベクトル $\boldsymbol{X}$ が $\mathrm{N}_n(\boldsymbol{\mu}, \boldsymbol{V})$ に従うとき，a を定数，$\boldsymbol{b}$ を定数ベクトルとして，確率変数 $Y = a + \boldsymbol{b}^\mathrm{T}\boldsymbol{X}$ が従う分布を求めよということになる．複数の独立な確率変数の和で定義される確率変数の分布の求め方は5.1節で学んだが，ここでは，それらが結合分布していることに注意しなければならない．この場合は特性関数を利用するのが便利である．今，Y の特性関数を $\varphi_Y(t)$ とすると，

$$\varphi_Y(t) = \mathrm{E}[\exp(ity)] = \mathrm{E}[\exp\{it(a+\boldsymbol{b}^\mathrm{T}\boldsymbol{x})\}] = \exp[ita]\mathrm{E}[\exp(it\boldsymbol{b}^\mathrm{T}\boldsymbol{x})]$$

であるが，n 次列ベクトル $\boldsymbol{s}$ を $\boldsymbol{s} = t\boldsymbol{b}$ で定義すると，

$$\varphi_Y(t) = \exp[ita]\mathrm{E}[\exp(i\boldsymbol{s}^\mathrm{T}\boldsymbol{x})]$$

となる．$\mathrm{E}[\exp(i\boldsymbol{s}^\mathrm{T}\boldsymbol{x})]$ は n 次元正規分布の特性関数であるから，式 (8.14) より，

$$\mathrm{E}[\exp(i\boldsymbol{s}^\mathrm{T}\boldsymbol{x})] = \exp\left[i\boldsymbol{\mu}^\mathrm{T}\boldsymbol{s} - \frac{1}{2}\boldsymbol{s}^\mathrm{T}\boldsymbol{V}\boldsymbol{s}\right] = \exp\left[i\boldsymbol{\mu}^\mathrm{T}(t\boldsymbol{b}) - \frac{1}{2}(t\boldsymbol{b})^\mathrm{T}\boldsymbol{V}(t\boldsymbol{b})\right]$$

$$= \exp\left[i\boldsymbol{b}^\mathrm{T}\boldsymbol{\mu}t - \frac{t^2}{2}\boldsymbol{b}^\mathrm{T}\boldsymbol{V}\boldsymbol{b}\right]$$

となることがわかる．結局，Y の特性関数は，

$$\varphi_Y(t) = \exp[ita]\exp\left[i\boldsymbol{b}^\mathrm{T}\boldsymbol{\mu}t - \frac{t^2}{2}\boldsymbol{b}^\mathrm{T}\boldsymbol{V}\boldsymbol{b}\right] = \exp\left[i(a+\boldsymbol{b}^\mathrm{T}\boldsymbol{\mu})t - \frac{t^2}{2}\boldsymbol{b}^\mathrm{T}\boldsymbol{V}\boldsymbol{b}\right] \quad (8.19)$$

となる．これは式 (8.4) と同じ形をしており，確率密度関数と特性関数が1対1の対応をしていることから，Y は正規分布に従うことがわかる．また，式 (8.19) と式 (8.4) を比較することにより，Y の平均が $a + \boldsymbol{b}^\mathrm{T}\boldsymbol{\mu}$ で，分散が $\boldsymbol{b}^\mathrm{T}\boldsymbol{V}\boldsymbol{b}$ で与えられることもわかる．

8.5 中心極限定理

前節でみたように，確率変数が正規分布に従う場合には，その確率変数の和もまた正規分布に従うということが理論的に保証される．ところで，現実の問題を考える場合には，和を考える確率変数が，正規分布ではない場合も多い．このような場合，確率変数の和に関して何か共通な性質があれば，データ解析にきわめて便利である．

多数の確率変数の和に関して，中心極限定理として知られる強力な定理があり，多数の独立な確率変数の和として定義される確率変数は，もとの分布にかかわらず，近似的に正規分布に従っていると見なすことができる．

中心極限定理

互いに独立な多数の確率変数の和を考え，加える変数の数を無限大にすると，和の分布は正規分布に収束する．

今，n 個の確率変数 $X_1, X_2, \cdots, X_n$ が互いに独立で，それぞれが平均 μ_i，分散 σ_i^2 の分布に従っているとしよう．これらの和 $Y = \sum_{i=1}^{n} X_i$ の平均と分散は，$X_1, X_2, \cdots, X_n$ が独立であることに注意すると，

$$\mathrm{E}[Y] = \sum_{i=1}^{n} \mu_i, \qquad \mathrm{Var}[Y] = \sum_{i=1}^{n} \sigma_i^2 \tag{8.20}$$

で与えられる．このことだけでは，平均と分散がわかるだけであるが，実は，加える変数の数 n が十分に大きければ，Y の分布は $\mathrm{N}\left(\sum_{i=1}^{n} \mu_i, \sum_{i=1}^{n} \sigma_i^2\right)$ で近似できるというのが中心極限定理の実用的な意味である．なお，n がどれくらい大きければ和の分布が正規分布に従うと見なしてよいかについては，和をとる個々の変数がどのような分布に従っているかによる．個々の変数の分布が正規分布に近いほど収束は早いし，また，個々の分布の形状が似ているほど収束は早い．もちろん，中心極限定理が成立しないような分布もあるが，厳密な証明や各確率変数が満たすべき条件については，中心極限定理に関する書物を参照してほしい．ただ，本書で扱っているようなよく知られた分布の場合には，上記定理が成立すると考えてよい．読者は後に第 III 部の統計の章で，早速この定理のお世話になるはずである．

ここでは，中心極限定理の雰囲気を理解するために，次のような例を考えてみよう．サイコロを 4 つ用意し，各サイコロの目を確率変数 X_1, X_2, X_3, X_4 で表す．$X_1 \sim X_4$ は明らかに独立で同一の確率分布に従う．$X_1 \sim X_4$ を用いて，確率変数 $X_1 \sim X_4$ を，

$Y_1 = X_1$
$Y_2 = X_1 + X_2$
$Y_3 = X_1 + X_2 + X_3$
$Y_4 = X_1 + X_2 + X_3 + X_4$

と定義し，それぞれの確率質量関数をプロットしたものが図 8.2 (a)〜(d) である．各グラフには，対応する正規分布，それぞれ

$$\mathrm{N}\left(\frac{7}{2}, \frac{35}{12}\right), \qquad \mathrm{N}\left(2 \cdot \frac{7}{2}, 2 \cdot \frac{35}{12}\right), \qquad \mathrm{N}\left(3 \cdot \frac{7}{2}, 3 \cdot \frac{35}{12}\right), \qquad \mathrm{N}\left(4 \cdot \frac{7}{2}, 4 \cdot \frac{35}{12}\right)$$

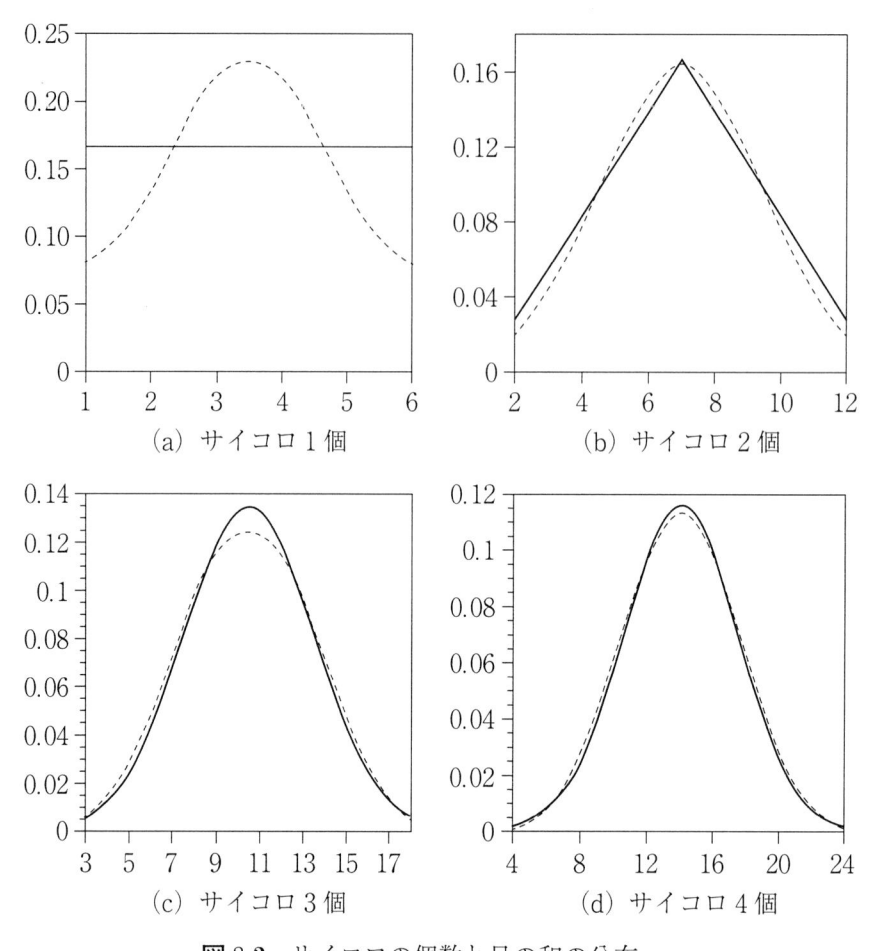

図 8.2 サイコロの個数と目の和の分布

の確率密度関数を合わせて描いてある．両者を比較してみてほしい．サイコロ1個の場合には，Y_1 はいずれの値についても確率質量は 1/6 であり，同じ平均と標準偏差をもつ正規分布の確率密度関数とは似ても似つかない形状の差がある．サイコロが2つの場合の目の合計 Y_2 は，同一の分布に従う確率変数（一つ一つのサイコロの目）2個の和であり，三角形の確率質量関数をもつようになった分，対応する正規分布の確率密度関数と少し近い形状になっている．この傾向はサイコロの数を増やすに従い激しくなり，4個のサイコロの場合では驚くほど両者の分布形状が似通っている．

このように，同一の確率分布に従う独立な確率変数多数の和をとれば，その和が正規分布に近づくというのが，中心極限定理のいわんとすることである．

9. 対数正規分布と指数分布

9.1 対数正規分布

確率変数 X の対数をとってできる変数 $Y=\ln X$ が正規分布に従うとき，確率変数 X は対数正規分布（log-normal distribution）に従うといわれる．対数正規分布の確率密度関数は，

$$f_X(x) = \frac{1}{\sqrt{2\pi}\zeta} \frac{1}{x} \exp\left\{-\frac{1}{2}\left(\frac{\ln x - \lambda}{\zeta}\right)^2\right\} \quad (x>0) \tag{9.1}$$

で与えられる．Y が正規分布に従うことから，すでに学んだ確率変数の変換方法に従い，$X=e^Y$ の確率密度関数を求めることで，式（9.1）は容易に得られる．確率密度関数の式中に現れる λ と ζ は確率密度関数の形状を決めるパラメータである．式（9.1）の導出過程を思い浮かべれば，対数正規変数の指数をとってできる変数の従う正規分布の平均と標準偏差であることがわかる．しかし，この2つのパラメータは，対数正規変量 X の平均，標準偏差とはならないことに注意してほしい．実際，対数正規分布の平均 μ_X と分散 σ_X^2 は，

$$\mu_X = \exp\left(\lambda + \frac{\zeta^2}{2}\right) \tag{9.2}$$

$$\sigma_X^2 = e^{2\lambda}(e^{2\zeta^2} - e^{\zeta^2}) = \mu_X^2(e^{\zeta^2} - 1) \tag{9.3}$$

で与えられる．以上から，平均 μ_X と分散 σ_X^2 が与えられれば，確率密度関数のパラメータ λ, ζ は，

$$\lambda = \ln \mu_X - \frac{\zeta^2}{2} \tag{9.4}$$

$$\zeta^2 = \ln\left\{1 + \left(\frac{\sigma_X}{\mu_X}\right)^2\right\} \tag{9.5}$$

で得られる．式（9.5）からわかるように，σ_X/μ_X が小さいときには，パラメータ ζ が近似的に対数正規分布のバラツキを表しているといってもよい．なお，確率変数の標準偏差と平均の比，σ_X/μ_X は変動係数（coefficient of variation）と呼ばれる．

対数正規分布の確率密度関数が λ と ζ の値によってどう変わるかを描いたも

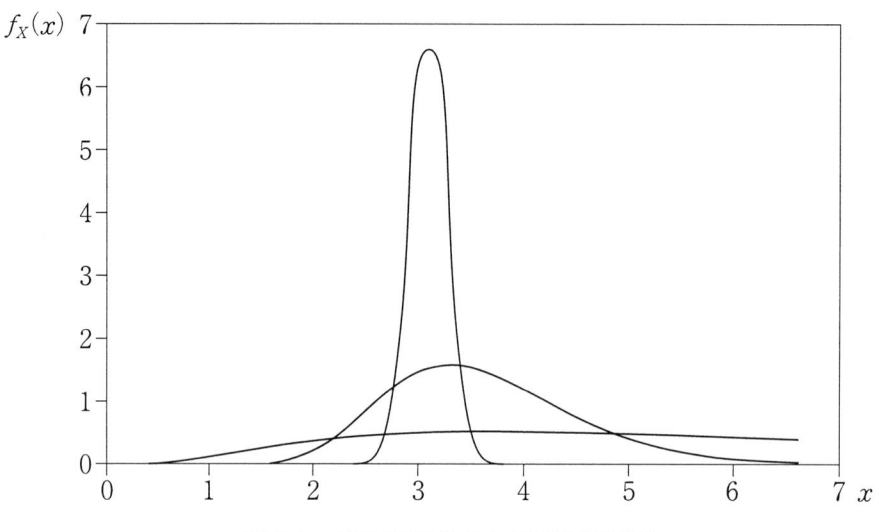

図 9.1 対数正規分布の確率密度関数

のが,図 9.1 である.正規分布の確率密度関数の形状とは異なり,対数正規分布は左右でひずんだ形状をしていること,X が正の領域でのみ定義されることが特徴である.特にパラメータ ζ の値によって確率密度関数の形状は左右対称に近いものから,左右に大きくひずんだものまで,さまざまな形状をとることがわかる.これらの特徴のゆえに,対数正規分布は,豪雨時の雨量の分布や風速の分布など,工学的に重要な物理量の変動を表現する際に幅広く用いられている.

独立な対数正規変量の積と商の分布

独立な正規変量の和,差として定義される確率変数は,正規分布に従うという再生性があることは第 8 章で学んだ.対数正規分布は,正規変量の指数変換によって得られる分布であるから,この性質は対数正規変量の積と商に受け継がれる.

すなわち,$X_1, \cdots, X_n$ がそれぞれパラメータ $\lambda_i, \zeta_i (i=1, \cdots, n)$ の独立な対数正規変量とすると,これらの積で定義される確率変数 $Z = aX_1 \cdots X_n$ は対数正規分布に従い,そのパラメータ λ_Z, ζ_Z は次式で与えられる.

$$\lambda_Z = \ln a + \sum_{i=1}^{n} \lambda_i \tag{9.6}$$

$$\zeta_Z^2 = \sum_{i=1}^{n} \zeta_i^2 \tag{9.7}$$

式 (9.6),(9.7) は,$Y_i = \ln X_i$ が正規分布に従うこと,$\ln Z = \ln a + \ln X_1 + \cdots + \ln X_n$ であることから,正規分布の再生性を利用すれば容易に証明することがで

きる.

同様に,$Z' = a/(X_1 \cdot X_2 \cdots X_n)$ と表される場合にも,Z' は対数正規分布に従い,そのパラメータ λ_Z, ζ_Z は,

$$\lambda_{Z'} = \ln a - \sum_{i=1}^{n} \lambda_i \tag{9.8}$$

$$\zeta_{Z'}^2 = \sum_{i=1}^{n} \zeta_i^2 \tag{9.9}$$

で与えられる.

9.2 指数分布

確率変数 $X(\geq 0)$ の確率密度関数が

$$f_X(x) = \lambda e^{-\lambda x} \quad (x \geq 0, \lambda > 0) \tag{9.10}$$

で表されるとき,X は指数分布 (exponential distribution) に従うといわれる.定数 λ は,確率密度関数の形状を決めるパラメータである.図 9.2 は λ の種々の値に対する確率密度関数の形状を描いたものである.パラメータ λ は,$X=0$ のときの確率密度の大きさを決めると同時に,右に向かって確率密度が逓減していく度合いを支配していることがわかる.

読者はすでに指数分布にお目にかかっている.ポアソン過程において,対象としている事象が初めて生起するまでの時間(初生起時刻)や,一度事象が生起して次にその事象が生起するまでの時間(再帰時間)が指数分布に従うのであった.このように理論的には,指数分布はポアソン過程との結びつきが強いが,たとえ

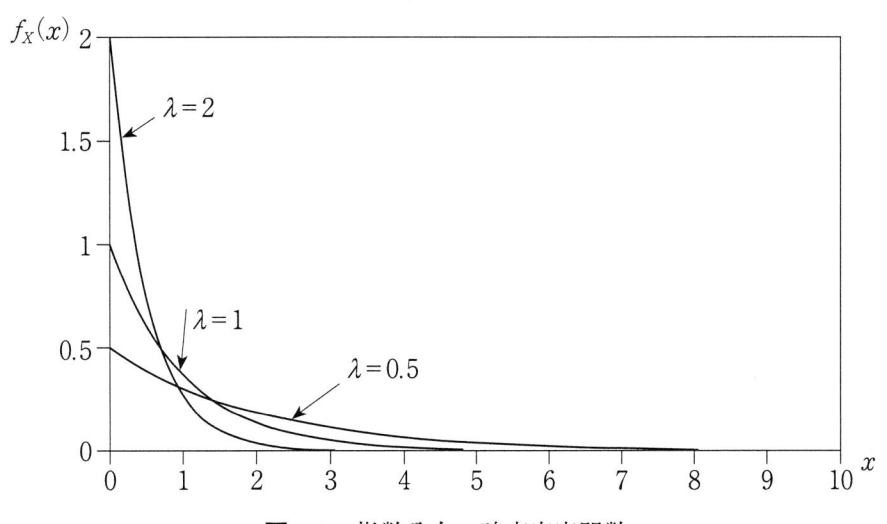

図 9.2 指数分布の確率密度関数

ば日降水量の分布のように，非負の値しかとらず，0付近の値が相対的に生起しやすいといった特徴をもつ物理量の分布を表現する際にも広く用いられている．

さて，ここで，指数分布では確率変数のとりうる値が下限値をもっているという性質が重要であることを強調しておきたい．われわれは，決定論的に値の変化を予測できない量の変動を表す際に確率分布を用いるが，対象とする量が上限値や下限値をもっていることも少なくない．もちろん，上下限値が常識的あるいは理論的にはっきりとしている場合もあれば，限りがあるはずだという程度でそれがどれくらいかということを把握できていない場合もある．日雨量や年降水量といった変量を扱う場合には，0が下限値であることがはっきりわかる．しかし，上限値はというと，何らかの上限があるだろうということは誰しもうなずくところであるが，それが何mmなのかといったところまでは残念ながらわかっていない．われわれは，変動する量を確率変数とみることによりそのバラツキを把握しようとする際に，実際には，観測データによく適合する分布を探し，パラメータを推定するという手順をとる．したがって，対象とする変量のバラツキ具合いをよく表す分布を選び出したところで，それ自身が推定にすぎない．また，こうした取り扱いをする際に知りたいのは，あまり観測できないようなまれな値が生起する確率である．ところが，新しく追加された観測値を含めて推定をやり直すと，分布形やパラメータが変わるといった問題に遭遇することもある．このような場合に，対象とする量の上限値や下限値がわかっており，それらが反映された確率分布があれば，大きな間違いをする危険性は少なくなるであろう．こういった意味から，上限値や下限値をもつ分布形というのは特に重要なのである．

たとえば，日雨量の分布を正規分布で表現したとしよう．正規分布であれば，どうしても確率変数が負の値をとるという可能性が残ってしまう．仮に得られたデータが正規分布によく適合していたといても，非超過確率を求める際にはその妥当性に疑念がわくであろう．このような場合，正規分布の代わりに対数正規分布を用いれば，この問題を回避することができる．

さて，前置きが長くなったが，指数分布では，下限値を表現できるという特徴から，下限値が0である式（9.10）の形に下限値を表すパラメータbを導入した次の形式の確率密度関数も用いられる．

$$f_X(x) = \lambda e^{-\lambda(x-b)} \quad (x \geq b \geq 0, \lambda > 0) \tag{9.11}$$

確率密度関数が式（9.11）で表される分布は，シフトした指数分布と呼ばれている．

9. 対数正規分布と指数分布

例題1 雨が降り止んでから次の降雨が始まるまでの時間を X とする．今，雨が降り止んでから x 時間経過したとき，次の微小時間 dx に雨が降る確率は，雨の降り終わりからの経過時間 x にかかわらず，考える微小時間 dx に比例するとする．このとき，X の分布を求めよ[1]．

解 まず，無降雨時間 x の確率密度関数を $f(x)$ とすると，時刻 x から時刻 $x+dx$ の間に雨が降る確率は $f(x)dx$ で与えられる．なぜなら，$f(x)dx$ は無降雨時間が時刻 x と $x+dx$ の間にある確率を表しているが，そのことは，次の雨が時刻 x から $x+dx$ の間に降り出すことと同義であるからである．

一方，時刻 x から時刻 $x+dx$ の間に雨の降る確率は dx に比例するから，その比例定数を λ としよう．すると，無降雨時間が x と $x+dx$ の間にあるという事象は，時刻 x までは雨が降らず（すなわち x 以降に雨が降り），x から時刻 $x+dx$ の間に雨が降るということにほかならないから，その確率は，

$$\left\{\int_x^\infty f(x)dx\right\} \cdot \lambda dx$$

で与えられる．以上から，

$$f(x)dx = \int_x^\infty f(x)dx \cdot \lambda dx$$

つまり，

$$f(x) = \int_x^\infty \lambda f(x)dx \tag{9.12}$$

が成り立つことがわかる．式 (9.12) の両辺を x で微分すると，

$$\frac{df(x)}{dx} = -\lambda f(x)dx \tag{9.13}$$

なる微分方程式を得る．これを解けば，

$$f(x) = ce^{-\lambda x}$$

が得られる．なお，c は積分定数であり，標本空間全体に対する確率が1であることから，$c=\lambda$ であることがわかる．結局，無降雨時間 X は，指数分布に従うことがわかった．

9.3 ガンマ分布

ポアソン過程において，対象とする事象が k 回生起するまでの時間 T_k の分布を考えてみよう．T_k が任意の値 $t(>0)$ より小さいということは，時刻 t までに考えている事象が k 回以上生起するということであるから，その確率は，ポアソン過程における事象の生起回数を X, X の確率質量関数を $f_X(x)$ とすると，

$$1-\sum_{x=0}^{k-1} f_X(x) = 1-\sum_{x=0}^{k-1}\frac{(\lambda t)^x}{x!}e^{-\lambda t}$$

で与えられる．ただし，λ は発生率である．一方，T_k が任意の値 $t(>0)$ より小

---
[1] 春日屋伸昌 (1986)：『水文統計学概説』，鹿島出版会より．

さい確率は，確率変数 T_k の分布関数 $F_{T_k}(t)$ で与えられるから，結局，

$$F_{T_k}(t) = 1 - \sum_{x=0}^{k-1} \frac{(\lambda t)^x}{x!} e^{-\lambda t} \tag{9.14}$$

である．両辺を t で微分すれば，T_k の確率密度関数 $F_{T_k}(t)$ が得られる．すなわち，

$$\begin{aligned}
f_{T_k}(t) &= -\left\{\sum_{x=1}^{k-1} \frac{x(\lambda t)^{x-1}\lambda}{x!} e^{-\lambda t} + \sum_{x=0}^{k-1} \frac{(\lambda t)^x}{x!}(-\lambda) e^{-\lambda t}\right\}\\
&= -\sum_{x=0}^{k-2} \frac{(x+1)(\lambda t)^x \lambda}{(x+1)!} e^{-\lambda t} + \sum_{x=0}^{k-2} \frac{\lambda(\lambda t)^x}{x!} e^{-\lambda t} + \frac{\lambda(\lambda t)^{k-1}}{(k-1)!} e^{-\lambda t}\\
&= \sum_{x=0}^{k-2} \left\{-\frac{\lambda(\lambda t)^x}{x!} + \frac{\lambda(\lambda t)^x}{x!}\right\} e^{-\lambda t} + \frac{\lambda(\lambda t)^{k-1}}{(k-1)!} e^{-\lambda t} = \frac{\lambda(\lambda t)^{k-1}}{(k-1)!} e^{-\lambda t} \tag{9.15}
\end{aligned}$$

である．確率密度関数が式（9.15）で表される分布は，ガンマ分布（gamma distribution）と呼ばれる．なお，後に述べるように，k が負の値もとれるように拡張された分布もガンマ分布と呼ばれるので，特に区別するために，式（9.15）の確率密度関数をもつ分布をアーラン分布（Erlang distribution）と呼ぶこともある．

式（9.15）で表されるガンマ分布の確率密度関数は，2つのパラメータ k, λ によって規定され，図9.3 に示すような形状をとる．特に，$k=1$ のときには指数分布と一致する．この意味で，ガンマ分布は指数分布を含み，より広範な分布形態を表すことのできる分布であるということができる．

ガンマ分布の平均 μ は，

$$\mu = \int_0^\infty t f_{T_k}(t) dt = \frac{\lambda^k}{(k-1)!} \int_0^\infty t^k e^{-\lambda t} dt$$

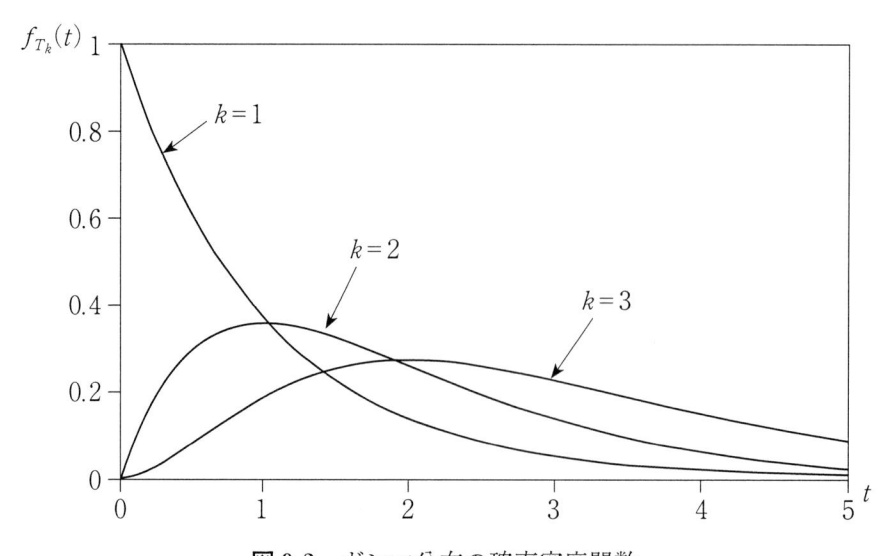

図9.3 ガンマ分布の確率密度関数

であるが,

$$\int_0^\infty t^k e^{-\lambda t}dt = \left[\frac{t^k}{-\lambda}e^{-\lambda t}\right]_0^\infty - \int_0^\infty \frac{k}{-\lambda}t^{k-1}e^{-\lambda t}dt = \frac{k}{\lambda}\int_0^\infty t^{k-1}e^{-\lambda t}dt$$
$$= \frac{k}{\lambda}\left\{\left[\frac{t^{k-1}}{-\lambda}e^{-\lambda t}\right]_0^\infty - \int_0^\infty \frac{k-1}{-\lambda}t^{k-2}e^{-\lambda t}dt\right\} = \frac{k}{\lambda}\cdot\frac{k-1}{\lambda}\int_0^\infty t^{k-2}e^{-\lambda t}dt$$
$$= \frac{k}{\lambda}\cdot\frac{k-1}{\lambda}\cdots\frac{1}{\lambda}\int_0^\infty e^{-\lambda t}dt = \frac{k!}{\lambda^{k+1}}$$

であるから,

$$\mu = \frac{\lambda^k}{(k-1)!}\cdot\frac{k!}{\lambda^{k+1}} = \frac{k}{\lambda} \tag{9.16}$$

となる. 同様な計算で, 分散 σ^2 も

$$\sigma^2 = \frac{k}{\lambda^2} \tag{9.17}$$

と得られる.

ところで, 式 (9.15) で表される確率密度関数では, パラメータ k は非負の整数に限られていた. もともと, k は事象の生起回数を表していたのだから, 整数なのは当たり前である. しかし, パラメータ k が実数値をとれるように拡張された確率密度関数

$$f_X(x) = \frac{\lambda(\lambda x)^{k-1}}{\Gamma(k)}e^{-\lambda x} \quad (x \geq 0) \tag{9.18}$$

も知られており, ガンマ分布と呼ばれる. 第5章で定義したように, $\Gamma(k)$ はガンマ関数で,

$$\Gamma(k) = \int_0^\infty s^{k-1}e^{-s}ds \tag{9.19}$$

である. ガンマ関数は, k の値が整数のときには階乗に一致する, すなわち,

$$\Gamma(k) = (k-1)!$$

であるから, 式 (9.18) の確率密度関数は式 (9.15) の表現を含んでいることがわかる.

確率密度関数が式 (9.18) で表されるガンマ分布の平均 μ, 分散 σ^2 も,

$$\mu = \frac{k}{\lambda}, \qquad \sigma^2 = \frac{k}{\lambda^2} \tag{9.20}$$

で与えられる.

なお, 確率密度関数が式 (9.18) で表される一般的なガンマ分布の場合には, この節の最初に示したポアソン過程との関連という意味合いは薄れてくるが, パ

ラメータ λ, k の値の組み合わせにより,より広範な分布形状を表現することができるため,指数分布ではうまく表現できない窓口サービス時間の分布など,待ち行列の解析を中心に広く用いられている.

10. 極値分布

10.1 順序統計量とその分布

われわれは，自然現象や社会現象を確率的に取り扱おうとするとき，一定の期間内で生起する値の最小値や最大値を問題にすることがある．たとえば，洪水対策を考える際には，1年の間に発生する日雨量や2日雨量の年最大値がどのような確率分布に従うかを考え，対象とする設計外力を決定する．渇水対策を考える際には，旬単位や月単位の河川流量の最小値が問題となる．また，水道パイプの設計や給水計画を立てる際には，1日の中で最も水を使うときの流量が重要な設計指針である．いずれの場合でも，これら最大値あるいは最小値を確率変数と考え，どのような確率分布に従うかをデータに基づいて推定することが基本的な作業であり，使用する確率分布として，前章までででみてきた種々の確率分布が候補になるだろう．

ところで，ここで最大値や最小値のもつ意味を考えてみてほしい．たとえば，日降水量の年最大値の分布を考える場合，年最大日降水量が確率変数であるというところから出発するという考え方がある．しかし，年最大日降水量は毎日の降水量のデータが365個得られて初めて決まるものである．このとき，毎日の降水量も，もともと確率変数ではないか！　こう考えれば，年最大日降水量という確率変数は，日降水量という確率変数がもとにあって，その年間最大値をとるという変換が行われることによって定義されるものであることがわかる．もし，日降水量の従う確率分布がわかれば，その確率密度関数から年最大日降水量の分布を導き出せるはずである．そこでここでは，同一の確率分布に従う確率変数の実現値がいくつか得られたときに，それを大小順に並べ替えた量が従う分布を考えてみることにしよう．

確率変数 X が確率密度関数 $f_X(x)$ で表される確率分布に従っているとする．試行や観測を繰り返せば，X の実現値 $x_{(1)}, x_{(2)}, \cdots, x_{(n)}$ が得られる．下付きの $(1), \cdots, (n)$ は，それぞれの実現値が得られた試行や観測の番号を表す．さらに試行を n 回繰り返すと，最初に得られたものとは異なる実現値 $x'_{(1)}, x'_{(2)}, \cdots, x'_{(n)}$

が得られる．つまり，n回の試行を1つのセットとして何セットもの試行を行えば，それぞれのセットのj番目に得られる実現値は，試行のセットごとに異なる値をとるであろう（もちろんたまたま同じ値が得られる可能性もある）．つまり，n回の試行や観測においてj番目に得られる実現値は確率変数であり，これを$X_{(j)}$と表すことにしよう．$X_{(j)}$はもとの確率変数Xと同じ分布に従うことはいうまでもない（実はこれは標本確率変数と呼ばれるものに相当する．詳しくは第III部を参照してほしい）．このようにして得られたn個の確率変数$X_{(j)}$を小さい順に並べたものを$X_i(i=1,\cdots,n)$と書こう．定義により$X_1 \leq X_2 \leq \cdots \leq X_n$である．このようにして定義される$X_i$を第$i$位の順序統計量という．

さて，第i位の順序統計量X_iはどのような分布に従うであろうか．今，確率変数Xの確率密度関数を$f_X(x)$，分布関数を$F_X(x)$とし，n回の試行を行ってXのn個の実現値を観測するとする．このときのXの第i位順序統計量をX_iと書こう．そして，X_iが微小区間$[x, x+\Delta x]$の値をとるという事象を考える．この事象が生起するためには，

① X_iの値が微小区間$[x, x+\Delta x]$に入る，

② $1 \leq j \leq i-1$なる番号jに対しては，$X_j \leq x$である，

③ $i < j \leq n$なる番号jに対しては，$x+\Delta x \leq X_j$である，

という3つの条件が満足されなければならない．①の事象が生起する確率が$f_X(x)dx$で表せることは容易にわかる．事象②が1つのjについて生起する，つまり，$1 \leq j \leq i-1$なる1つのjについて$X_j \leq x$となる確率は，$F_X(x)$である．また，事象③が1つのjについて生起する確率は$1-F_X(x+\Delta x)$である．第i位順序統計量が区間$[x, x+\Delta x]$に入るということは，n回の試行の間に事象①が1回，事象②が$i-1$回，事象③が$n-i$回生起するということであって，その起こり方は，

$$n \cdot {}_{n-1}C_{i-1} \cdot {}_{n-i}C_{n-i} = n \cdot \frac{(n-1)!}{\{n-1-(i-1)\}!(i-1)!} \cdot 1 = \frac{n!}{(n-i)!(i-1)!} \quad (10.1)$$

通りある．したがって，第i位順序統計量X_iの確率密度関数を$g_{X_i}(x)$と書くと，

$$g_{X_i}(x)\Delta x = \frac{n!}{(n-i)!(i-1)!} \cdot f_X(x)\Delta x \cdot \{F_X(x)\}^{i-1} \cdot \{1-F_X(x+\Delta x)\}^{n-i}$$

$$(10.2)$$

が成り立ち，両辺をΔxで割り$\Delta x \to 0$とすると，

$$g_{X_i}(x) = \frac{n!}{(n-i)!(i-1)!} \cdot f_X(x) \cdot \{F_X(x)\}^{i-1} \cdot \{1-F_X(x)\}^{n-i}$$

$$= i\frac{n!}{(n-i)!\,i!} f_X(x) \cdot \{F_X(x)\}^{i-1} \left[\sum_{k=0}^{n-i} {}_{n-i}\mathrm{C}_k \{-F_X(x)\}^k 1^{n-i-k} \right]$$

$$= i\,{}_n\mathrm{C}_i f_X(x) \sum_{k=0}^{n-i} {}_{n-i}\mathrm{C}_k (-1)^k \{F_X(x)\}^{i+k-1} \tag{10.3}$$

を得る．これを積分すれば分布関数

$$G_{X_i}(x) = i\,{}_n\mathrm{C}_i \sum_{k=0}^{n-i} \frac{1}{i+k} {}_{n-i}\mathrm{C}_k (-1)^k \{F_X(x)\}^{i+k} \tag{10.4}$$

が得られる．

以上で，第 i 位の順序統計量の分布を，もととなる確率変数の従う分布から導くことができた．式 (10.3), (10.4) からわかるように，順序統計量の分布はもとの分布がもつ分布関数の形状に大きく依存していることがわかる．

10.2 最大極値と最小極値の分布

前節では，任意の順位をもつ順序統計量の確率密度関数と分布関数が，もとの分布とどのような関係をもつかを考えたが，工学上特に重要になるのは，最大極値と最小極値の分布である．橋梁や堤防など自然の外力に耐える構造物を設計する場合，設計対象とする外力を求める際には，風速や流量などの最大極値が問題になる．一方，そのような構造物に使う材料の品質を管理する場合には，その材料がもつ耐力の最小値が問題になるであろう．

そこで，確率密度関数 $f_X(x)$ で特性づけられる母集団から n 個の標本を取り出し，その最大値を Y，最小値を Z としよう．確率変数 Y の密度関数 $g_Y(y)$ と分布関数 $G_Y(y)$ は，それぞれ，式 (10.3), (10.4) において $i=n$ とおいて，

$$g_Y(y) = g_{X_n}(x) = n f_X(y) \{F_X(y)\}^{n-1} \tag{10.5}$$

$$G_Y(y) = G_{X_n}(y) = \{F_X(y)\}^n \tag{10.6}$$

で与えられる．一方，最小極値 Z の密度関数 $g_Z(z)$ と分布関数 $G_Z(z)$ は，式 (10.3), (10.4) において $i=1$ として，

$$g_Z(z) = g_{X_1}(z) = n f_X(z) \{1 - F_X(z)\}^{n-1} \tag{10.7}$$

$$G_Z(z) = G_{X_1}(z) = 1 - \{1 - F_X(z)\}^n \tag{10.8}$$

となる．

式 (10.5)～(10.8) を使えば，任意の分布に従う確率変数の最大極値，最小極値の確率密度関数や分布関数を得ることができる．とはいっても，もとの分布がどのような関数を含むかによって，極値の分布が解析的に表現できるかどうかが異なってくる．たとえば，確率変数 X が正規分布に従う場合，式 (10.5)～(10.8)

からはもはや解析的には表現できないことがわかる.

ここでは,もとの分布と極値分布との関係を把握するために,もとの分布が指数分布であるときの極値の分布を求めてみよう.

例題1 指数分布に従う母集団からn個の標本を取り出すとき,その最大極値が従う分布を求めよ.

解 確率変数Xが指数分布に従うとすると,その確率密度関数$f_X(x)$,分布関数$F_X(x)$は,

$$f_X(x) = \lambda e^{-\lambda x} \tag{10.9}$$
$$F_X(x) = 1 - e^{-\lambda x} \tag{10.10}$$

で与えられる.したがって,その最大極値Yの確率密度関数$g_Y(y)$は,式(10.5)より,

$$g_Y(y) = n\lambda e^{-\lambda y}\{1 - e^{-\lambda y}\}^{n-1} \tag{10.11}$$

となり,分布関数は,式(10.6)より,

$$G_Y(y) = (1 - e^{-\lambda y})^n \tag{10.12}$$

となることが容易にわかる.

ここで,もとの分布が同じであっても取り出す標本の数nが異なれば,極値分布は異なる形状をもつということに注意してほしい.図10.1は,$n = 2, 5, 10$の場合について,指数分布から導かれる最大極値の確率密度関数を描いたものである.取り出す標本数が増えるに従って,分布が右寄りになってくることがわかる.標本数が多くなればそれだけ大きな最大極値が得られる可能性は高まるから,この性質はわれわれの直感とよく一致している.なお,図10.1でもとの分布である指数分布の確率密度関数も一緒に描いてあるが,これは$n = 1$に対応する最大極値分布でもあることに注意してほしい.標本を1つしか取り出さないのであれば,それがすなわち最大値ということになるからである.

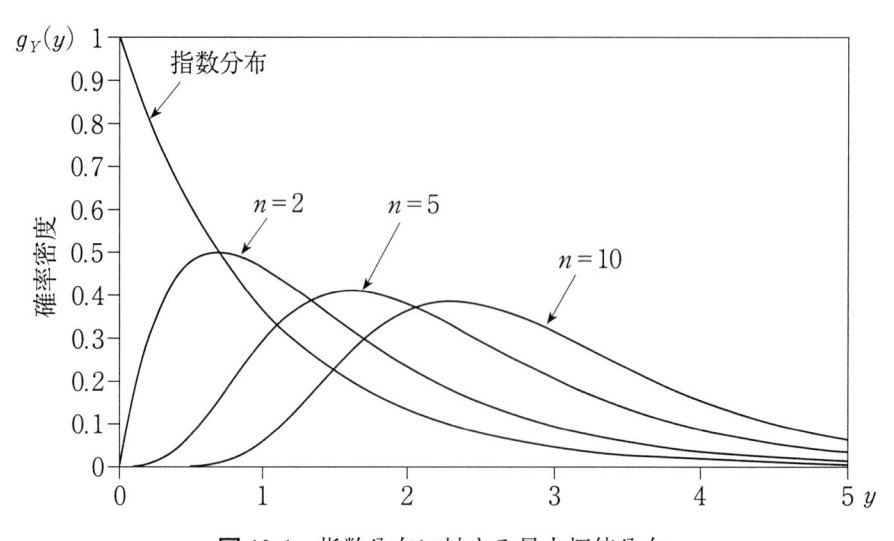

図 10.1 指数分布に対する最大極値分布

演習問題 確率変数 X が次の確率密度関数をもつとき，X の最大極値および最小極値の分布を求め，適当な標本数について，その確率密度関数，分布関数を図示せよ．

$$f_X(x) = \begin{cases} 1 & (0 \leq x \leq 1) \\ 0 & (x<0,\ x>1) \end{cases}$$

10.3 漸近分布

10.2 節でみたように，ある確率変数の値を観測して得られる最大値，最小値の分布は，観測値の数に依存する．工学が対象とする現象には，自然現象と社会現象の両方があるが，いずれにしても，観測によって得られたデータからその最大値や最小値の特性を議論することが多い．このとき，考える期間，つまり，観測データの数によって分布形状が変わるのでは困ったことになる．たとえば，日雨量の分布を出発点として，洪水対策のために堤防を設計することを考えてみよう．設計外力を年最大値で考える場合には，$n=365$ に対する分布を考えることになるが，10 年間の最大値で考える場合には，$n=365\times10$ に対する分布を議論しなければならない．一方，このような考え方をすれば，年最大値で考えた場合と 10 年最大値で考えた場合で，同等の安全度に対応する超過確率をいくらにとればよいかといった問題も抱え込むことになる．

結局，十分長い期間を考えたとき，その期間中に起こりうる極値がどのような確率的性質をもっているかということが問題になってくる．そこで，標本数 n が十分大となった場合の極値の分布を考えてみよう．なお，標本数を無限大とした場合の極値の分布は漸近分布と呼ばれる．

さて，確率変数 X が確率密度関数 $f_X(x)$，分布関数 $F_X(x)$ で表される分布に従っているとすると，X の標本を n 個取り出したときの最大極値 Y_n の分布は，式 (10.5) で与えられるのであった．今，式 (10.5) の分布をもつ最大値 Y_n に対して，

$$S_n = n\{1 - F_X(Y_n)\} \tag{10.13}$$

なる変換を施し，新たな確率変数 S_n を定義しよう．S_n の確率密度関数 $h_{S_n}(s_n)$ は，確率変数の変換公式より，

$$h_{S_n}(s_n) = f_{Y_n}(y_n) \left| \frac{dy_n}{ds_n} \right|$$

で与えられる．ところで，

$$Y_n = F_X^{-1}\left(1 - \frac{S_n}{n}\right), \qquad \frac{dy_n}{ds_n} = -\frac{1}{nf_{Y_n}(y_n)}$$

より，

$$h_{S_n}(s_n) = \left\{F_X\left(F_X^{-1}\left(1 - \frac{s_n}{n}\right)\right)\right\}^{n-1} = \left\{1 - \frac{s_n}{n}\right\}^{n-1} \tag{10.14}$$

となる．ところで，

$$\lim_{n \to \infty}\left(1 - \frac{s_n}{n}\right)^{n-1} = e^{-s_n} \tag{10.15}$$

であるから，n が十分に大きいとき，

$$h_{S_n}(s_n) = e^{-s_n} \tag{10.16}$$

となることがわかる．分布関数 $H_{S_n}(s_n)$ は，式 (10.16) より，

$$H_{S_n}(s_n) = 1 - e^{-s_n} \tag{10.17}$$

式 (10.16)，(10.17) はもとの確率変数の分布がわかっているときに，その最大極値の漸近分布を与える一般式である．もとの確率変数を式 (10.13) で変換して得られる確率変数 S_n が，n が十分大きいとき式 (10.16) に示す確率密度関数に従うので，逆に式 (10.16) から最大極値 Y_n の確率密度関数を求めることができる．

例題 2 式 (10.13)〜(10.17) を参考に，指数分布に関する最大極値の漸近分布を求めよ．

解 式 (10.13) は，指数分布に関しては，

$$s_n = n\{1 - (1 - e^{-\lambda y_n})\} = ne^{-\lambda y_n}$$

となる．n が十分大きいとき，S_n の確率密度関数は式 (10.16) より

$$h_{S_n}(s) = e^{-s_n} \tag{10.18}$$

で与えられる．したがって，最大極値 Y_n の確率密度関数 $fY_n(y_n)$ は，

$$f_{Y_n}(y_n) = h_{S_n}(s_n)\left|\frac{ds_n}{dy_n}\right| = h_{S_n}(ne^{-\lambda y_n})\,\lambda n e^{-\lambda y_n} = n\lambda e^{-\lambda y_n}\exp[-ne^{-\lambda y_n}]$$

となる．標本数 n によらない分布ではないが，式 (10.11) は，十分大きな n に対しては上式で与えられる確率密度関数で近似できることがわかる．

10.4 代表的な極値分布

10.2, 10.3 節で説明した方法を用いれば，任意の確率密度関数 $f_X(x)$ をもつ分布について，その極値の従う分布形を知ることができる．しかし，極値の分布が必ずしも解析的な形で表現できるとは限らない．一方で，極値の分布形状はもとの分布の全区間にわたる形状というよりは，最大極値の場合には，もとの分布 $f_X(x)$ の右裾の形状に強く依存し，最小極値の場合には左裾の形状に依存するであろうことが想像できる．このように考えると，極値分布は，もとの分布の裾部分の形状特性によっていくつかの形に類型化できるのではないかと考えられる．

グンベル (Gumbel) は，このような考え方から，極値の分布が，もとの分布のもつ $f_X(x)$ の裾部分の形状に応じて，次の3種類の形に漸近することを導いている．

a. 第I種極値分布

第1のタイプは，もととなる分布が指数型の裾をもつ場合の最大極値の漸近分布である．確率密度関数 $f_X(x)$ が指数型の裾をもつとは，

$$\lim_{x \to \infty} \frac{f_X(x)}{1-F_X(x)} = -\lim_{x \to \infty} \frac{f_X'(x)}{f_X(x)} \tag{10.19}$$

$$\lim_{x \to -\infty} \frac{f_X(x)}{F_X(x)} = \lim_{x \to -\infty} \frac{f_X'(x)}{f_X(x)} \tag{10.20}$$

が成り立つことをいう．たとえば指数分布の場合，定義域が $x \geq 0$ であるから右裾の部分を考えると，

$$\frac{f_X(x)}{1-F_X(x)} = \frac{\lambda e^{-\lambda x}}{1-\{1-e^{-\lambda x}\}} = \lambda, \quad \frac{f_X'(x)}{f_X(x)} = \frac{-\lambda^2 e^{-\lambda x}}{\lambda e^{-\lambda x}} = -\lambda$$

より確かに，式 (10.19) が成り立っていることがわかる．

さて，指数型の裾をもつ分布から得られる最大極値 Y の従う分布は，次の分布関数をもつ第I種極値分布で与えられることが知られている．

$$F_Y(y) = \exp[-\exp[-\alpha(y-u)]] \tag{10.21}$$

ただし，α および u は分布のパラメータである．第I種極値分布はその形状から二重指数分布と呼ばれることや，極値理論を体系化したグンベルの名をとってグンベル分布と呼ばれることもある．最大値に関する第I種極値分布は，洪水流量の分布や降水量など気象学的物理量の観測極値の解析に広く用いられている．

また，最小値に関する第I種極値分布も誘導されており，その分布関数は，

$$F_Y(y) = 1 - \exp[-\exp[-\alpha(y-u)]] \tag{10.22}$$

で与えられる．

b. 第II種極値分布

もとの確率変数が非負の値をとり，その分布が，

$$\lim_{x \to \infty} x^k \{1-F_X(x)\} = A \quad (k>0, A>0) \tag{10.23}$$

を満足するような右裾形状をもつときの最大極値の分布として導かれたものが，第II種極値分布である．最大値に関する第II種極値分布の分布関数は，

$$F_Y(y) = \exp\left[-\left(\frac{\nu}{y}\right)^k\right] \tag{10.24}$$

で与えられる．ただし，ν と k は分布のパラメータである．

第II種極値分布は変数が非負という条件から，風速や洪水流量の分布を表現する際に用いられている．ただし，現実的には，第I種極値分布とどちらがよく

適合するかは，実際に観測データを用いて判断するほかはないようである．

c. 第III種極値分布

現実にわれわれが取り扱う変量の最大極値や最小極値には，上限値や下限値が存在することも多い．たとえば，雨量や風速などもいくらでも大きな値をとれるわけではなく，物理的に何らかの上限が存在するであろう．この場合，上下限値を反映させた分布を用いることで，変数の確率的挙動をより正確に把握することができる可能性がある．もっとも，上限値や下限値がわかる場合もあれば，わからない場合もある．雨量の場合などでも，物理的には上限があるだろうということは誰しもうなずくところではあるが，その値まではわかっておらず，それを得るための努力が進められている．

さて，上限値または下限値をもつ確率変数から得られる極値の分布として知られているのが，第III種極値分布である．まず，上限値 ω をもつ確率変数 X から得られる最大極値 Y の分布は，最大値に関する第III種極値分布で表され，

$$F_Y(y) = \exp\left[-\left(\frac{\omega - y}{\omega - \nu}\right)^k\right] \tag{10.25}$$

なる分布関数をもつ．ここに，ω は最大値，ν と k は分布のパラメータである．

一方，下限値 ε をもつ確率変量から得られる最小極値 Z の分布は，次の分布関数で与えられ，最小値に関する第III種極値分布と呼ばれる．

$$F_Y(y) = \exp\left[-\left(\frac{y - \varepsilon}{\nu - \varepsilon}\right)^k\right] \tag{10.26}$$

なお，式 (10.26) はワイブル (Weibull) が材料の破壊強度の解析に用いたことから，ワイブル分布と呼ばれることもある．

11. その他の分布

　第10章まで，工学上特に重要な分布についてその性質や関連事項を学んできた．この章では，今まで紹介できなかったものの，特に読者に知っておいてほしい分布について概説する．

11.1 一様分布

　確率変数 X が確率密度関数

$$f_X(x) = \begin{cases} \dfrac{1}{b-a} & (a \leq x \leq b) \\ 0 & (x < a,\ x > b) \end{cases} \tag{11.1}$$

をもつとき，X は一様分布に従うといわれる．定数 a, b はそれぞれ X の下限値，上限値である．式（11.1）からわかるように確率密度は，$a \leq X \leq b$ で一定値をとる．言い換えれば，a と b の間の値はどれも同じ確からしさで起こるともいえ，確率分布の中では最も単純なものである．しかし，無作為にものを選ぶということは，その選び方は，式（11.1）を満足する X の実現値を知ることでもあり，一様分布は工学的に非常に重要な役割を演じる．後述するモンテカルロ・シミュレーションで不可欠な，乱数発生の基本ともなる．

11.2 超幾何分布

　読者が製品検査を担当している状況を想像してほしい．目の前に N 個の製品が積み上げられており，そこから n 個のサンプルを抜き出して検査するとしよう．製品 N 個の中には，m 個の不良品が含まれている．このとき，検査のために取り出す n 個のサンプルの中に含まれる不良品の数 X はどのような分布に従うであろうか．

　まず，製品の山から n 個取り出す取り出し方は ${}_N\mathrm{C}_n$ 通りである．取り出したサンプル n 個の中に不良品が X 個含まれるためには，m 個の不良品から X 個選ばれ，残り $n-X$ 個が良品 $N-m$ 個の中から選ばれなければならない．その選ばれ方は ${}_m\mathrm{C}_x \cdot {}_{N-m}\mathrm{C}_{n-x}$ 通りある．したがって，サンプルの中に不良品が X 個含ま

れる確率 $\Pr[X=x]$ は,

$$\Pr[X=x] = \frac{{}_m C_x \cdot {}_{N-m} C_{n-x}}{{}_N C_n} \quad (0 \leq x \leq m) \tag{11.2}$$

で与えられる．もちろん，$0 \leq n, m \leq N$ である．確率質量関数が式 (11.2) で与えられる離散分布を超幾何分布という．

なお，$p = m/N$ で不良品率 p を定義すれば，式 (11.2) は,

$$\Pr[X=x] = \frac{{}_{Np} C_x \cdot {}_{N(1-p)} C_{n-x}}{{}_N C_n} \quad (0 \leq x \leq Np) \tag{11.3}$$

とも書けることに注意してほしい．

11.3 多項分布

二項分布では，1つの事象が生起するか否かを問題にしていた．これを拡張し，n 回の試行の中で，k 個の事象 $1, \cdots, k$ がそれぞれ $X_1, \cdots, X_k$ 回生起する同時確率を与えるものが多項分布である．

事象 $1, \cdots, k$ が生起する確率が一定で，それぞれ $p_1, \cdots, p_k (p_1 + \cdots + p_k = 1)$ で与えられるとき，事象 1 が X_1 回，事象 2 が X_2 回，$\cdots$，事象 k が X_k 回生起する確率は $p_1^{x_1} \cdot p_2^{x_2} \cdot \cdots \cdot p_k^{x_k}$ で与えられる．試行回数 n 回 $(x_1 + x_2 + \cdots + x_k = n)$ のうちで，こういう組み合わせの起こり方は，

$$\begin{aligned}
&{}_n C_{x_1} \cdot {}_{n-x_1} C_{x_2} \cdot {}_{n-(x_1+x_2)} C_{x_3} \cdot \cdots \cdot {}_{n-(x_1+\cdots+x_{k-1})} C_{x_k} \\
&= \frac{n!}{(n-x_1)! \, x_1!} \cdot \frac{(n-x_1)!}{(n-x_1-x_2)! \, x_2!} \cdot \frac{(n-x_1-x_2)!}{(n-x_1-x_2-x_3)! \, x_4!} \cdot \cdots \cdot \\
&\quad \frac{(n-x_1-\cdots-x_{k-1})!}{(n-x_1-\cdots-x_{k-1}-x_k)! \, x_k!} \\
&= \frac{n!}{x_1! \, x_2! \cdots x_k!}
\end{aligned}$$

通りある．したがって，同時確率は,

$$\Pr[X_1=x_1, \cdots, X_k=x_k] = \frac{n!}{x_1! \, x_2! \cdots x_{k-1}!} p_1^{x_1} \cdot p_2^{x_2} \cdot \cdots \cdot p_k^{x_k} \tag{11.4}$$

で与えられる．

12. 確率紙を用いた分布の推定

12.1 確率紙

　第II部では，確率的な現象を表すモデルを，種々の分布形という側面から学んできた．ところで，ある現象を確率的にモデル化しようとするとき，実際にどの分布形を用いるべきかということが問題になる．対象とする現象が明らかにもつ性質から，その生起特性を表す分布が演繹的に導き出される場合もあるが，多くの場合，観測したデータからそれらがどのような分布に従っているかを推定することが必要になる．得られたデータに基づいて，その現象の生起特性を表す分布形を選択する簡便な方法に，確率紙を用いる方法がある．

　確率紙とは，対象とする確率分布の分布関数が直線で描かれるように目盛を工夫したグラフ用紙である．したがって，分布ごとに別の確率紙があり，正規分布に対応するものを正規確率紙，対数正規分布に対応するものを対数正規確率紙などと呼び，第II部で紹介してきたような頻繁に用いられる分布に対応する確率紙の多くは市販されているし，必要に応じて分布関数から自分で作成することもできる．確率紙上では，分布関数が直線となるようになっているので，得られたデータをプロットしてみて，直線に近い形状になればその確率紙の与える分布を採用してよいということになる．

　正規分布を例にとって，確率紙がどのように作成されているかをみておこう（図12.1）．今，確率変数 X が N(μ, σ^2) に従うとし，その分布関数を $F_X(x)$ と書く．まず，X のとる値 x を横軸にとる．したがって，横軸は普通の実数軸であり，目盛は等間隔である．一方，縦軸には非超過確率を表す目盛を打つ必要があるが，正規分布の分布関数は解析的な形では表現されていない．そこで，標準正規分布に従う変数 Y を考え，縦軸の中央を 0 として，等間隔に ±1, ±2, … の目盛を打つ．この目盛に対して $F_Y(y)$ の値をラベルとして記入すればよい．たとえば，$y = 0$ を表す縦軸中央の目盛には $F_Y(0)$ の値，つまり 0.5 を記入し，$y = 1$ の目盛に対しては標準正規分布表から $F_Y(1) = 0.8413$ を，$y = -1$ に対しては $F_Y(-1) = 0.1587$ をという具合いである．

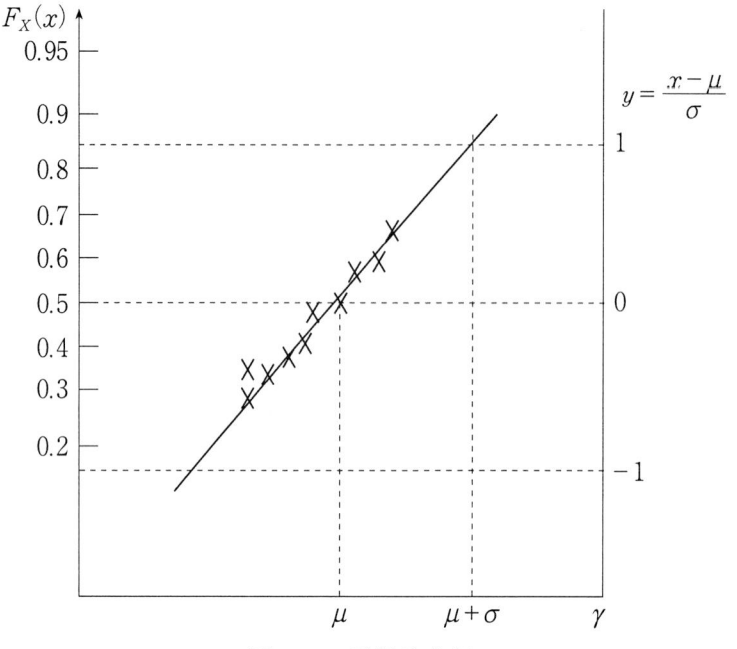

図 12.1 正規確率紙

　以上で正規確率紙が描けたわけであるが，このままでは，縦軸の目盛間隔が一定でない上，打たれている目盛の値も 0.8413 などとすっきりしない．目盛間隔が一定でないのはもともと確率紙のもつ特徴であるからどうしようもないが，せめて目盛線は，たとえば 0.1 刻みのようにきれいな値に対して引いておきたい．そのためには，標準正規分布表から 0.6, 0.7, ⋯ などの非超過確率を与える標準正規変数 y の値を求め，その位置に目盛を付し，対応する非超過確率の値をラベルとして記入すればよい．言い換えれば，非超過確率 0.2, 0.4, 0.6, ⋯ などのきりのよい数値に対して $F_Y^{-1}(0.2)$, $F_Y^{-1}(0.4)$, $F_Y^{-1}(0.6)$, ⋯ の値により縦軸上の位置を決め，その目盛に対して非超過確率を記入すれば，正規確率紙ができあがる．

　以上のようにグラフ用紙を作成すれば，プロットする変数 x が正規分布に従っていれば，標準正規変数 y との間に

$$y = \frac{x - \mu}{\sigma} \tag{12.1}$$

なる関係があるため，プロットした点は式 (12.1) で表される直線になるはずである．実際には，プロットした点が一直線上に並ぶことはないから，目視あるいは最小 2 乗法などで近似直線を引くことになる．いずれにせよ，正規確率紙上に直線が得られれば，縦軸の 0.5 の値に対応する横軸の値が平均 μ であり，直線の傾きが $1/\sigma$ を与えることから標準偏差が得られる．

もちろん，プロットした点がどの程度まで近似直線からばらついているかによって，採用した確率紙に対応する分布を選択してよいかどうかが決まってくる．確率紙を用いる場合には，見た目や近似直線からの乖離の大きさによって判断せざるをえないが，基準となる指標があるわけではない．より詳細には，適合度検定などの統計分析が必要になる．

12.2 プロッティング・ポジション公式

12.1節で確率紙の作成方法とその意味するところを学んだが，実際にデータを手にした場合，確率紙にどうプロットするのか不思議に思った読者もいるだろう．得られたデータ，つまり，確率変数の実現値は確率紙の横軸に従えばよい．では，各々の実現値に対する縦軸の値，つまり，その実現値に対する非超過確率の値をどのように見積もればよいだろうか．この答えを与えるのがプロッティング・ポジション公式である．

今，確率紙にプロットしようとしているデータ，つまり確率変数 X の実現値が n 個あるとし，これらを小さい方から順に $x_1, x_2, \cdots, x_n$ としよう．つまり，極値分布の第10章でみたように x_i は第 i 位の順序統計量である．プロッティング・ポジション公式は，この第 i 位順序統計量に対応する非超過確率を与えるもので，ハーゼン (Hazen) プロットとワイブル (Weibull) プロットの2種類が有名である．

ハーゼンプロットは，x_i と x_{i+1} ($i=1, 2, \cdots, n-1$) との間の値が生起する確率が $1/n$ であると考える方法である．x_1 より小さな値と x_n より大きな値が生起する確率はそれぞれ $1/2n$ であるとする．こう考えれば，確率変数 X が x_i を超えない確率 $F_X(x_i)$ は，

$$F_X(x_i) = \frac{1}{2n} + (i-1)\frac{1}{n} = \frac{2i-1}{2n} \tag{12.2}$$

と表される．つまり，実現値のうち小さい方から並べて i 番目のデータを，横軸上ではその値 x_i の位置に，縦軸上では式 (12.2) で与えられる値の位置にプロットすればよいということになる．

ところで，同じ n 個の実現値を得たとしても，第 i 位順序統計量は観測のたびに異なると考えるのが自然である．したがって，ハーゼンプロットでは，観測のたびに異なる実現値に同じ非超過確率を与えてしまうという問題がある．このあたりをもう少し厳密に考えるのがワイブルプロットである．

確率変数 X が x_i と $x_i + dx$ に挟まれる微小区間内の値をとる確率（確率素分）

dF_X は，X の確率密度関数を用いて $dF_X = f_X(x)dx$ と表される．一方，X が x_i より小さな値をとる確率は分布関数を用いて $F_X(x_i)$ と表され，X が x_i より大きな値をとる確率は $1 - F_X(x_i)$ と表される．そこで，第 i 位順序統計量がちょうど x_i という値をとる確率を考えてみよう．第 i 位順序統計量が x_i であるためには，他の $i-1$ 個の実現値は x_i より小さくなければならず，その確率は $\{F_X(x_i)\}^{i-1}$ である．また，残り $n-i$ 個の実現値は x_i より大きく，その確率は $\{1 - F_X(x_i)\}^{n-i}$ で与えられる．さらに，n 回の観測を行う中で，1 回は x_i が得られ，$i-1$ 回は x_i より小さな値が，残り $n-i$ 回は x_i より大きな値が観測されなければならない．その起こり方は，

$$n \cdot {}_{n-1}C_{i-1} \cdot {}_{n-1-(i-1)}C_{n-i} = n \cdot \frac{(n-1)!}{\{n-1-(i-1)\}!(i-1)!} \cdot 1 = \frac{n!}{(n-i)!(i-1)!}$$

通りある．したがって，第 i 位順序統計量がちょうど x_i という値をとる確率素分 dp_i は，

$$dp_i = \frac{n!}{(n-i)!(i-1)!}\{F_X(x_i)\}^{i-1}\{1 - F_X(x_i)\}^{n-i}dF_X \tag{12.3}$$

となる．

ところで，先にも述べたように，第 i 位順序統計量の値 x_i は観測のたびに変わるから，式 (12.3) で表される確率素分 dp_i も，仮に観測値の数 n が変わらず，同じ i について考えたとしても，観測のたびに異なってくる．dp_i が変化するということは，式 (12.3) より $F_X(x_i)$ が変化することにほかならない．そこで，$F_X(x_i)$ の期待値を考えることにしよう．$F_X(x_i)$ の生起する確率素分 dp_i は式 (12.3) で与えられているから，

$$\begin{aligned} \mathrm{E}[F_X(x_i)] &= \int_0^1 F_X(x_i)\,dp_i \\ &= \int_0^1 F_X(x_i) \frac{n!}{(n-i)!(i-1)!}\{F_X(x_i)\}^{i-1}\{1-F_X(x_i)\}^{n-i}dF_X \\ &= \frac{n!}{(n-i)!(i-1)!}\int_0^1 \{F_X(x_i)\}^i\{1-F_X(x_i)\}^{n-i}dF_X \end{aligned} \tag{12.4}$$

である．ここで，$F_X(x_i) = t$ とおくと，式 (12.4) は，

$$\mathrm{E}[F_X(x_i)] = \frac{n!}{(n-i)!(i-1)!}\int_0^1 t^i(1-t)^{n-i}dF_X \tag{12.5}$$

となる．式 (12.5) 中の積分は，ベータ関数

$$\mathrm{B}(\alpha, \beta) = \int_0^1 t^{\alpha-i}(1-t)^{\beta-i}dt \tag{12.6}$$

で $\alpha = i+1$, $\beta = n$ とした場合に対応する．ここで，ベータ関数とガンマ関数の関係式

$$\mathrm{B}(\alpha, \beta) = \frac{\Gamma(\alpha)\,\Gamma(\beta)}{\Gamma(\alpha+\beta)} \tag{12.7}$$

を用いると，式（12.5）は，

$$\begin{aligned}\mathrm{E}[F_X(x_i)] &= \frac{n!}{(n-i)!\,(i-1)!}\mathrm{B}(i+1, n-i+1) \\ &= \frac{n!}{(n-i)!\,(i-1)!}\frac{\Gamma(i+1)\,\Gamma(n-i+1)}{\Gamma(n+2)}\end{aligned} \tag{12.8}$$

と書き換えられる．さらに，ガンマ関数は，自然数 m に対して，

$$\Gamma(m) = (m-1)! \tag{12.9}$$

となる性質があるから，結局，式（12.8）は，

$$\mathrm{E}[F_X(x_i)] = \frac{n!}{(n-i)!\,(i-1)!}\frac{i!\,(n-i)!}{(n+1)!} = \frac{i}{n+1} \tag{12.10}$$

と簡略化される．

結局，ワイブルプロットは，観測値 x_i に対する非超過確率を，第 i 位順序統計量のもつ非超過確率の平均値で与えようとする方法であるということができる．順序統計量の分布を考えた上でのプロット方法であるということから，一般にハーゼンプロットよりワイブルプロットの方が優れているといえ，実用にはほとんどワイブルプロットが用いられる．

13. 乱数とモンテカルロ・シミュレーション

13.1 モンテカルロ・シミュレーション

　第6～11章で工学的に重要な確率分布を学び，第12章では，得られたデータからその変数がどのような分布に従っているのかを推定する方法を知った．データを入手し，それをもとに必要な確率分布モデルを選ぶことができるようになったわけである．その目的は，選んだ確率分布をもとにして設計や現象分析を行うことにある．たとえば，構造物に作用する風速の分布形を決めれば，次に，その外力によって構造部材に生じる応力の分布を知り，破壊確率を求めたり，破壊確率を一定値以下に抑えるために必要な部材強度を求めたりしなければならない．洪水対策を考えるために，過去のデータから降水量の分布を推定すれば，今度はその分布をもとに河川の任意の地点の洪水流量を求め，溢水確率を一定値以下にするために必要な河道断面を求めることが必要になる．

　以上の例は，いずれも，外力の確率分布から，その外力の関数として表される設計対象物理量の確率分布を求める問題であるから，第5章で扱った確率変数の変換問題に帰着される．しかし，現実の問題の場合，この変換関数に対応する部分が複雑な微分方程式で表されていることや，解析的な関数で表現できないような変換システムであることも多い．また，もととなる外力の分布も単純な1変数の確率分布ではなく，多次元分布で表されることも多い．このような場合には，解析的に確率変数を変換することは不可能になる．

　そこで，推定した分布に従って確率的にその実現値に対応する数値を発生させ，それをもとに，求めたい物理量の分布を知るという方法がとられる．このとき，確率分布に従って発生させる実現値を乱数と呼び，乱数を用いて対象とするシステムの挙動を再現する方法をモンテカルロ・シミュレーションという．たとえば，1雨豪雨の雨量の分布が対数正規分布に従うということが過去の観測データから推定できたとすると，対数正規分布に従う乱数を発生させ，その一つ一つ（雨量を表す）に対して洪水追跡計算を行い，対象とする地点の流量や水位を求める．100個の乱数を発生させたとすると，それは100回の豪雨を再現したことになる．

100ケースの豪雨それぞれについて洪水追跡計算を行った結果，2ケースについて溢水が生じたとするとその地点の安全度は1/50ということになる．

以上から推察されるように，モンテカルロ・シミュレーションは通常膨大な計算量を必要とする．シミュレーションの結果も確率変数であるため，実施に当たっては，要求する精度とシミュレーション回数について留意する必要がある．

13.2 乱数の発生方法

モンテカルロ・シミュレーションを行うためには，採用した分布に従う乱数を発生させなければならない．また，シミュレーションだけでなく，アンケート調査を行うような場合にも，偏りなく調査対象を選び出すために，乱数が用いられる場合もある．基本的な乱数の発生機構は，コンピュータプログラミング言語のライブラリに標準装備されていることが多いが，ここでは基本的な乱数の発生方法をみておくことにしよう．

a. 一様乱数の発生方法

一様分布に従う乱数は，その値がいずれも同じ確率で生起するということから，抽出の基本となるものである．また，後述するように一様分布に従う乱数を用いて，任意の分布に従う乱数を発生させることもできる．

一様乱数を発生させる方法としてよく知られているものに，線形合同法がある．線形合同法は，あらかじめ定めた非負の整数 a, c, m を用いて，漸化式

$$x_{i+1} = (ax_i + c)(\bmod m) \tag{13.1}$$

によって乱数列を発生させようというものである．式 (13.1) の $(\bmod m)$ は前の部分を m で割った余りを表している．したがって，式 (13.1) からは，0～($m-1$) の間の乱数が得られることになる．たとえば，$a=5, c=2, m=7$ とし，$x_0=1$ とすれば，$i=1, 2, \cdots$ に対して表 13.1 のように乱数列が得られる．

ここで注意してほしいことは，式 (13.1) のように漸化式から数列を発生させる場合，それは完全に再現可能であるから厳密な意味での乱数ではないということである．この意味で，アルゴリズムに従って発生させた乱数を擬似乱数と呼ぶ．ただ，厳密な意味で乱数ではないといっても，コンピュータに乱数を発生させる場合，何らかのアルゴリズムによるほかないのであって，要は発生させられた数列が十分対象とする分布の特性を表しているかどうかが重要である．表13.1の第3カラムをみてほしい．これは，先の例で $m=10$ とした場合であるが，2番

表 13.1 線形合同法による一様乱数の発生例

i	$a=5, c=2, m=7$ のときの乱数列	$a=5, c=2, m=10$ のときの乱数列
1	1	1
2	$\dfrac{5\times 1+2}{7} \to 0$	$\dfrac{5\times 1+2}{10} \to 7$
3	$\dfrac{5\times 0+2}{7} \to 2$	$\dfrac{5\times 7+2}{10} \to 7$
4	$\dfrac{5\times 2+2}{7} \to 5$	$\dfrac{5\times 7+2}{10} \to 7$
⋮	⋮	⋮

目以降7ばかりが続くという結果になっている．このように漸化式タイプのアルゴリズムをもつ場合には，周期性にも注意が必要である．一般に剰余を用いる擬似乱数発生手法では，m以下で周期が現れるはずであるから，mが大きい方がよいということがわかる．

b. 正規乱数

標準正規分布に従う擬似乱数を発生させる方法としてよく知られているのが，ボックスアンドミュラー（Box & Muller）法である．この方法は，互いに独立で標準一様分布に従う確率変数X_1, X_2に対して，

$$\begin{cases} Z_1 = (-2\ln X_1)^{1/2}\cos 2\pi X_2 \\ Z_2 = (-2\ln X_1)^{1/2}\sin 2\pi X_2 \end{cases} \tag{13.2}$$

が1組の独立な正規確率変数となることを利用するものである．式(13.2)に発生させた一様乱数を代入することで，標準正規分布に従う擬似乱数が得られる．

c. 任意の分布に従う乱数

一様乱数さえ得られれば，分布関数の逆関数を用いて，任意の分布に従う乱数を得ることができる．つまり，標準一様分布に従う確率変数Yを考え，Yの実現値，つまり乱数yに対して，乱数を求めたい確率分布の分布関数$F_X(x)$から，

$$m = F_X^{-1}(y) \tag{13.3}$$

とすればよい．

第III部　統計解析

本書の第I部では，確率に関する諸概念を導入し，確率的に生起する事象をどのように記述し特徴づけるかについて議論を進めてきた．第II部では，工学で頻繁に用いられる確率分布についてそれらの起源と特徴を論じた．これらの議論は，世界の確率的な仕組みを解き明かしたものといえるだろう．第III部では，確率的な世界をいかに効率的に推測し，検証するかという問題に議論を移す．たとえば，アジア諸国の新生児の体重分布について知りたいとしよう．該当諸国ですべての新生児の体重を測定し記録を蓄積すればよいのだが，それは現実的ではないし，また必要でもない．適切に選出された少数の新生児の体重についての情報に基づき，新生児全体の分布の特性（たとえば平均体重や分散）を高い精度で推測することが可能である．これは統計的推定と呼ばれる．以降の章では，統計的推定を含め，いかにして部分についての観測結果から全体についての知識を導き出すかについて論じる．

14. 標本分布

部分についての知識から全体を推定するためには，部分から得られる計測値と全体の分布との関係を明らかにすることが必要となる．これについて基礎的な議論を本章で展開する．

14.1　母集団と標本

解析の対象とするものの総集合を母集団（population）と呼ぼう．例として，ある時点（たとえば 2006 年 1 月 1 日現在）における日本国内のアスファルト舗装道路の劣化状況を把握することが望まれているとする．この場合，対象とする母集団は，日本国内にその時点で存在する全アスファルト舗装道路と定義される．したがって，すべてのアスファルト舗装を逐一調査し，各々の状態を測定・記録すれば，正確に劣化状況を把握できると考えられる．しかし，このためには多大

の人力と時間が必要であり，また調査に要する時間が長ければ，調査が進行するうちにすでに測定された道路での劣化が進行するという事態が生じる．とすれば，「ある時点」での劣化状況を把握することは厳密には不可能となる．このように，母集団に含まれる解析対象を逐一調査計測することは，往々にして過大な費用を伴い，厳密には不可能なことが多々ある．

逆に，要請される精度の結果を得るに当たり，母集団全体を対象とすることが不必要なことも頻繁である．このような場合，母集団全体を対象とするのではなく，母集団から抽出された標本（sample）を解析対象とし，標本から得られる情報をもとに母集団の性質を推定（estimate）するという方法がとられる．まず，標本を以下のように定義しよう．

> 母集団から一定の手順を踏んで抽出された観測対象物（個体）の集合を標本と呼ぶ．

これから明らかなように，標本は常に母集団の部分集合である．標本から得られる情報をもとに母集団を特徴づけるパラメータの値を推測する営為が推定である．標本抽出の方法については，14.7節を参照されたい．

世論調査では常に標本が用いられている．たとえば，全有権者による内閣の支持率を推定することが望まれているとしよう．この目的で全国の有権者全員から意見聴取することは，多額の費用を要し実施が困難であり，また統計学上不必要である．実際には，1000名程度の有権者を全国から無作為に，つまり全く偶然に任せて，抽出し，これら有権者に対する電話などを用いたアンケート調査を行い，その結果に基づいて全有権者による内閣の支持率を推定するということが一般に行われている．すなわち，母集団から得られた標本（アンケート調査の回答者）から得られる情報に基づいて，母集団の性質（内閣支持率）が推定されているわけである．

14.2 統計量と推定量

統計解析の目的は，標本より得られる情報に基づいて母集団の特性を推定することである．母集団の特性を表す指標を母集団パラメータ，あるいは母数と呼ぶこととする．また標本に含まれる確率変数の関数を統計量（statistics）と呼ぶ．統計量の例として，

標本平均：　　$\bar{X} = \dfrac{1}{n} \sum_{i=1}^{n} X_i$ (14.1)

標本分散：　　$S^2 = \dfrac{1}{n} \sum_{i=1}^{n} (X_i - \bar{X})^2$ (14.2)

をあげることができる．ここで，X_i は i 番目の標本についての変数 X の観測値で，n は標本数 (sample size)，すなわち標本の中に含まれる個体の数である[1]．これらのほか，代表的な統計量に最頻値 (mode)，中央値 (median) などがある．標本平均は母集団分布の期待値を推定するときに，標本分散は母集団分散の推定に用いられる．このように，

> 母数の値を推定するための統計量を推定量 (estimator) と呼ぶ．

例 2名の候補者がいる選挙区で各候補者の得票率を推定するため，この選挙区内で投票することを意図する有権者を無作為に抽出し，誰に投票するか意向を聞いたとする．結果として，抽出された n 名の有権者のうち n_A 名が候補者 A に投票する意向を示したとする．このとき母集団での候補者 A への投票確率 p_A の推定量として，

$$\hat{p}_A = \dfrac{n_A}{n} \tag{14.3}$$

を考えることができる[2]．なお，p_A の推定量を $\hat{p}_A$ と示すように，一般に変数の上に ^ をつけて，その変数の推定量を表す．

標本が抽出されたとき，標本平均や標本分散は観測データから算出され，そこに確率的な要素は介在しないかに思えるかもしれない．しかし，一見定数のようにみえる観測値が，実は確率変数の実現値であり，新たな標本が抽出されれば異なった値をとるであろうという事実を念頭に置いていただきたい．当然ながら，それらの関数である標本平均などの統計量も，標本が抽出されるたびに異なった値をとる．標本から得られる統計量の分布について以下で議論するが，これは標本の抽出を繰り返し，そのたびに算出される統計量の実現値の分布と理解されたい．

一般に，ある母数についていくつもの推定量が存在する．例として，地震の際の最大水平加速度の母集団平均値 μ を推定するため標本数 100 の地震のデータを

---

[1] 「標本」という用語は，母集団から抽出された各々の個体を指す場合もあり，また，そのような個体の集合全体を指す場合もあることに注意されたい．

[2] 母集団での投票確率は，母集団より無作為に抽出された有権者が候補者 A に投票する確率と解釈することができる．

収集したとする．X_i により，データ内での i 番目の地震の最大水平加速度を表すとすると，上述の標本平均 $\hat{\mu}=(1/n)\sum_{i=1}^{n}X_i$ が，母集団平均値の推定量の候補としてあげられる．これに加え，$\hat{\mu}'=(X_i+X_n)/2$，あるいは $\hat{\mu}''=X_j(j=1,2,\cdots,n)$ なども母集団平均値の推定量としてあげることができる．ここで考慮しなければならないのが，どの推定量が最も適切かという問題である．そのための判断の基準として，不偏性 (unbiasedness)，一致性 (consistency)，効率性 (efficiency) が存在する．これらの概念については次章15.1で触れよう．

問題1 母集団分布の期待値を μ，分散を σ^2 で表す．母集団から無作為に抽出した大きさ n の標本を用いるとき，上記の推定量 $\hat{\mu}$, $\hat{\mu}'$, $\hat{\mu}''$ の期待値と分散を求めよ．ここで，推定量の期待値と分散とは，標本を繰り返し抽出したとき，各々の標本から得られる推定量値の平均と分散と理解されたい．

14.3　標本平均の分布

母数の推定や，後に述べる統計的仮説検定を行うに当たり，標本から得られる統計量がどのような分布をもつかを知ることが不可欠となる．ここでは，標本平均を例にとり，その分布を検討しよう．大きさ n の標本，$X_1, X_2,\cdots, X_n$ の母集団分布が期待値 μ，分散 σ^2 をもつとしよう．すなわち，

$$\mathrm{E}[X_i]=\mu, \quad \mathrm{Var}(X_i)=\sigma^2 \quad (i=1,2,\cdots,n) \tag{14.4}$$

である．すると，

$$\mathrm{E}(\bar{X})=\mathrm{E}\left(\frac{1}{n}\sum_{i=1}^{n}X_i\right)=\frac{1}{n}\mathrm{E}\left(\sum_{i=1}^{n}X_i\right)=\frac{1}{n}\sum_{i=1}^{n}\mathrm{E}(X_i)=\mu \tag{14.5}$$

が成立する．すなわち，標本平均の期待値は母集団期待値 μ と等しい．このことは，母集団から無作為に大きさ n の標本を抽出しその標本平均を求めるという作業を限りなく繰り返すと，得られた標本平均の平均値は母数 μ に一致するということを意味する．

次に，標本平均の分散を求めよう．ここで留意すべきなのは，標本が無作為抽出されるということは個々の標本間に何ら相関がなく，$X_1, X_2,\cdots, X_n$ が互いに独立であることを意味しているという点である．この独立性ゆえに，

$$\mathrm{Var}(\bar{X})=\mathrm{Var}\left(\frac{1}{n}\sum_{i=1}^{n}X_i\right)=\frac{1}{n^2}\mathrm{Var}\left(\sum_{i=1}^{n}X_i\right)=\frac{1}{n^2}\sum_{i=1}^{n}\mathrm{Var}(X_i)=\frac{\sigma^2}{n} \tag{14.6}$$

が成立し，標本平均の分散は標本の大きさに反比例することがわかる．つまり標本が大きくなればなるほど，得られる標本平均の分散は減少する．

さて，標本平均は n 個の確率変数の和として定義されている．8.5節で述べた中心極限定理より，$X_1, X_2, \cdots, X_n$ の母集団分布にかかわらず，それらの和である標本平均は n が大きいとき正規分布をもつ．上記の期待値と分散についての結果と合わせると，n が大きいとき，

$$\bar{X} \sim N\left(\mu, \frac{\sigma^2}{n}\right) \tag{14.7}$$

が成立する．したがって，標本の大きさが増えるに従って得られる標本平均の分布は，母集団期待値 μ のまわりにより小さな分散をもって分布する．このことは，標本が大きくなるに従い，標本平均が μ の推定量としてより信頼性の高いものとなることを意味している．

問題2 n がどのような値をとるとき「n が大きい」といえるのか．

14.4 比率の推定量の分布

14.2節の例の得票率 p_A を推定するに当たり，n 名の有権者からなる標本が無作為非復元抽出されたとする．非復元抽出とは，母集団から標本としていったん抽出された個体は，再び標本として抽出しないというルールで行う標本抽出を指す（逆に復元抽出は，標本として抽出された個体を以降の抽出の対象として「復元」した上で標本抽出を行う場合を指す）．ここで変数 X_i を，標本内の i 番目の有権者がAに投票することを意図するときに1，その他の場合に0の値をとる二項変数とする．そして無作為に抽出された有権者が候補者Aに投票する確率 p_A の推定量として

$$\hat{p}_A = \frac{n_A}{n} = \frac{1}{n}\sum_{i=1}^{n} X_i \tag{14.8}$$

を考えよう．中心極限定理より，n が大きい場合 $\hat{p}_A$ は正規分布すると見なすことができる．また，

$$E[\hat{p}_A] = \frac{1}{n} E\left[\sum_{i=1}^{n} X_i\right] = \frac{1}{n}(np_A) = p_A \tag{14.9}$$

となり，$\hat{p}_A$ の期待値は p_A そのものと一致する．すなわち，n 名の有権者を抽出し $\hat{p}_A$ を算定するという作業を繰り返すと，$\hat{p}_A$ の平均値は母数 p_A に等しくなる．

次に $\hat{p}_A$ の分散に着目すると，

$$\mathrm{Var}(\hat{p}_A) = \mathrm{Var}\left(\frac{1}{n}\sum_{i=1}^{n} X_i\right) = \frac{1}{n^2}\mathrm{Var}\left(\sum_{i=1}^{n} X_i\right) \tag{14.10}$$

となる.ここで,各々の観測値 X_i が独立であるとすると,

$$\mathrm{Var}\left(\sum_{i=1}^{n} X_i\right) = \sum_{i=1}^{n} \mathrm{Var}(X_i) \tag{14.11}$$

が成立する.

ここで,式 (6.3) より

$$\mathrm{Var}(X_i) = p_\mathrm{A}(1-p_\mathrm{A}) \tag{14.12}$$

となり,

$$\mathrm{Var}(\hat{p}_\mathrm{A}) = \frac{1}{n^2}\sum_{i=1}^{n}\mathrm{Var}(X_i) = \frac{1}{n^2}(np_\mathrm{A}(1-p_\mathrm{A})) = \frac{p_\mathrm{A}(1-p_\mathrm{A})}{n} \tag{14.13}$$

したがって,

$$\hat{p}_\mathrm{A} \sim \mathrm{N}\left(p_\mathrm{A},\ \frac{p_\mathrm{A}(1-p_\mathrm{A})}{n}\right) \tag{14.14}$$

である.すなわち,$\hat{p}_\mathrm{A}$ は母数 p_A を期待値とし,分散 $p_\mathrm{A}(1-p_\mathrm{A})/n$ の正規分布をもつ.

14.5 正規分布から派生する重要な分布

標本平均が正規分布をもつということから推察されるように,正規分布は統計解析で重要な役割を果たす.このことは次章の推定や第16章の仮説検定についての記述から明らかになろう.また,正規分布から派生するいくつかの分布が以降の解析で不可欠となる.次章以降の議論に先立って,この節ではこれら分布を簡単に記述する.

a. カイ自乗 (χ^2) 分布

5.3節で,複数の正規確率変数の和はやはり正規分布をもつことが示された.ここで対象とするのは,標準正規分布をもつ独立な確率変数の二乗和の分布である.すなわち,

> 互いに独立な n 個の標準正規確率変数の 2 乗の和を
> $$Z = X_1^2 + X_2^2 + \cdots + X_n^2, \qquad X_j \sim \mathrm{N}(1,\ 0) \quad (j=1,2,\cdots,n)$$
> とすると,Z は自由度 n の χ^2 分布をもつ.

定義から明らかなように,χ^2 分布をもつ確率変数は正の値をとり,その確率密度関数は,

$$f_Z(z) = \begin{cases} \dfrac{1}{2^{n/2}\Gamma\left(\dfrac{n}{2}\right)} z^{(n-2)/2} e^{-z/2} & (z>0) \\ 0 & (z\leq 0) \end{cases} \qquad (14.15)$$

と与えられる．正規分布の場合と同様（5.3節参照），χ^2分布は再生性をもつ．すなわち，Z_1とZ_2が各々χ^2分布をもつとき，それらの和Z_1+Z_2もχ^2分布をもつ．χ^2分布をもつ確率変数は標準正規確率変数の二乗和であるから，それらの和も標準正規確率変数の二乗和となり，したがってχ^2分布するわけである．

次節に示すように，標本分散はχ^2分布をもつ．したがって，χ^2分布は観測頻度の二乗和の分布や標本分散の分布の分析に当たり，重要な役割を果たす．これについては第16章でみる．

問題3 5.1節の変数変換の方法を用い，$n=1$の場合のχ^2分布の密度関数を求めよ．

問題4 数学的帰納法を用い，式 (14.15) が成立することを示せ．

b. F 分 布

正規分布に関連するもう一つの重要な分布が，以下のように定義されるF分布である．

確率変数 X_1, X_2 が互いに独立で，X_1 が自由度 m の χ^2 分布をもち，X_2 が自由度 n の χ^2 分布をもつとき，それらの比

$$F = \frac{X_1/m}{X_2/n}$$

は自由度 (m, n) の F 分布をもつ．

X_1とX_2がともに正であるから，F分布は正の領域で定義されている．Bをベータ関数として，F分布の密度関数は

$$f_{F_{m,n}}(x) = \begin{cases} \dfrac{m^{m/2} n^{n/2} x^{(m-2)/2}}{\mathrm{B}\left(\dfrac{m}{2}, \dfrac{n}{2}\right)(mx+n)^{(m+n)/2}} & (x>0) \\ 0 & (x\leq 0) \end{cases} \qquad (14.16)$$

と与えられる．χ^2分布が標本分散の分布を示すことから，F分布は標本分散の比の分布に関連することが理解されるであろう．

c. t 分布

自由度 $(1, n)$ の F 分布をもつ確率変数 Z を考え，$T^2 = Z$ という変数変換を施して得られる T の分布を考えよう．その分布が $T = 0$ に関して対称であることに着目し，上記の F 分布の密度関数より T の密度関数は，

$$f_{T_n}(t) = \frac{1}{\sqrt{n} \, \mathrm{B}\left(\frac{1}{2}, \frac{n}{2}\right)\left(1 + \frac{t^2}{n}\right)^{(n+1)/2}} \quad (-\infty < t < \infty) \tag{14.17}$$

と与えられる．これが自由度 n の t 分布である．

14.3 節から，n 個の観測値に基づく標本平均と母平均の差 $\bar{X} - \mu$ は，$\mathrm{N}(0, \sigma^2/n)$ に従い，その 2 乗は自由度 1 の χ^2 分布をもつ．また，次節で示すように，これら観測値から得られる分散の推定量 $\hat{\sigma}^2$ を定数倍したものは，自由度 $n-1$ の χ^2 分布をもつ．したがって，$\bar{X} - \mu$ の 2 乗と $\hat{\sigma}^2$ の比を定数倍したものは，自由度 $(1, n-1)$ の F 分布をもち，その平方根（すなわち $\bar{X} - \mu$ と $\hat{\sigma}$ の比）を定数倍したものは，自由度 $n-1$ の t 分布をもつ．付表 B に示される t 分布の臨界値が，自由度が無限大に近づくとき標準正規分布の臨界値に等しくなることに示されるように，t 分布は自由度が無限大のとき正規分布に収束する．

14.6 標本分散の分布

標本 $(X_1, X_2, \cdots, X_n)$ が，ある正規母集団から得られた，互いに独立な観測値からなるとしよう．すなわち，$X_i \sim \mathrm{N}(\mu, \sigma^2)$，$\mathrm{Cov}(X_i, X_j) = 0 \, (i \neq j \, ; \, i, j = 1, 2, \cdots, n)$ とする．すると，$Z = (X_i - \mu)/\sigma \sim \mathrm{N}(0, 1)$ であることから，

$$\sum_{i=1}^{n} \left(\frac{X_i - \mu}{\sigma}\right)^2 = \frac{1}{\sigma^2} \sum_{i=1}^{n} (X_i - \mu)^2 \sim \chi^2, \qquad df = n \tag{14.18}$$

である．ここで，df は自由度を指す．すなわち，

> 正規母集団の期待値と分散が既知のとき，標準化した観測値の二乗和は，自由度 n の χ^2 分布をもつ．

ここで，以下のように定義される標本分散を考えよう．

$$S^2 = \frac{\sum_{i=1}^{n}(X_i - \bar{X})^2}{n}, \qquad \bar{X} = \frac{\sum_{i=1}^{n} X_i}{n} \tag{14.19}$$

ここで，$\bar{X} \approx \mu$ であるとし，上記の標準化した観測値の二乗和は自由度 n の χ^2 分布をもつという結果と照らし合わせると，

$$\frac{nS^2}{\sigma^2} \sim \chi^2, \qquad df = n-1 \tag{14.20}$$

が得られる．すなわち，標本分散を定数倍したものは，自由度 $n-1$ の χ^2 分布をもつ．同様に分散の不偏推定量

$$\hat{\sigma}^2 = \frac{\sum_{i=1}^{n}(X_i - \bar{X})^2}{n-1} \tag{14.21}$$

について，

$$\frac{(n-1)\hat{\sigma}^2}{\sigma^2} \sim \chi^2, \qquad df = n-1 \tag{14.22}$$

という結果が得られる．すなわち，$\hat{\sigma}^2$ に $(n-1)/\sigma^2$ を乗じたものは，自由度 $n-1$ の χ^2 分布をもつ．

14.7 標本抽出について

本書の議論では，標本が無作為（非復元）抽出された場合のみを考慮しているが，実際の統計調査ではそれ以外の標本抽出法もしばしば用いられる．本節では，それらを概説する．まず無作為抽出の概念を明確に定義しよう．

> 母集団に属する個体のすべてが同一の確率で抽出されるとき，これを単純無作為抽出（simple random sampling）と呼ぶ．

単純無作為抽出の場合，母集団の大きさが N，標本の大きさが n のとき，各個体は n/N の確率で抽出される（この割合は抽出率と呼ばれる）．本章で展開した標本分布の理論や，次章以降で述べる推定や仮説検定の方法は，標本が無作為抽出されることを前提としている．

標本抽出ごとに異なった個体の集合が標本を構成するわけだから，すでに述べたように標本から得られる推定量の値は標本ごとに異なったものとなり，分散をもつ．この章では，母数の推定値の分散はすべて標本抽出によるバラツキであるということが前提とされてきた．推定値と母数との差異がこのように表されるとき，それを標本誤差（sampling error）と呼ぶ．言い方を変えれば，本章で示した標本分布は，標本誤差のみが存在するときの推定値の分布といえる．実際には，標本誤差以外にさまざまな誤差が生じる可能性がある．これらの誤差は非標本誤差（non-sampling error）と呼ばれ，住民台帳など標本抽出に用いられた台帳（し

ばしば枠（frame）と呼ばれる）と母集団との違い，測定誤差，データの入力ミスなど，さまざまなものが考えられる．

単純無作為抽出を実施する方法としてまず考えられるのが，乱数を用いて母集団から純粋にランダムに個体を標本として抽出するという方法がある．母集団の大きさがN，標本の大きさがnのとき，母集団の個体に1からNまで番号をつけるとともに，1とNの間にあるn個の番号を無作為に選び出し，それらn個の番号に対応する個体を標本として抽出すればよい．n個の番号を無作為に選ぶには，第13章の方法により$(0, 1)$の区間で一様乱数R_iをn個発生させ，$\text{int}(1+NR_i)$ $(i=1, 2, \cdots, n)$とすればよい．ここに，$\text{int}(z)$はzを超えない最大の整数である．

これに対し，系統抽出法（systematic sampling）（等間隔抽出法とも呼ばれる）は，標本抽出台帳より一定間隔で個体を抽出する方法である．標本抽出率の逆数N/nを超えない最大の整数をIとし，Iを超えない正の整数kをランダムに選び，k番目の個体を抽出，それ以降は間隔Iで標本を抽出するという方法である．標本が大きいとき（$n>50$），無作為抽出と同等と考えてよいとされる．

層化抽出法（stratified sampling）は，母集団が特性の異なるグループ（層）からなるとき，層ごとに標本を無作為抽出し，標本誤差の縮小を図ろうというものである．層を定義するに当たっては，調査対象とする特性（たとえば世帯収入）が層内ではなるべく均一に，層間では差異が大きくなるように配慮される．したがって，層を定義する要因（層化の基準と呼ばれる）としては，対象とする特性そのものが用いられる．多数の項目を対象とする場合には，それらに共通して相関が高いと考える要因が用いられる．

各層から標本を無作為抽出するに当たり，全体の標本をどのように層に割り振るかという問題が生じる．これには比例割り当てと非比例割り当ての2つがある．前者は母集団での層の大きさに比例して標本数を配分するものである．後者には最適割り当てと同数割り当ての2通りがある．前者の代表的なものとして，推定値の標準偏差を最小化するように層に標本を配分する方法があり（ネイマン抽出法），これは，母集団での層の大きさn_iと，そこでの対象とする変数の標準偏差σ_iの積$n_i\sigma_i$に比例するよう，各層の標本数を決めるというものである．この方法は，母集団の各層についてのより細かな情報を必要とする，母数の推定が煩雑なものとなる，といった性質をもつ．比例割り当て法は，母集団の各層の大きさに比例するよう標本を割り当てるもので，より一般に用いられる方法である．

これらのほかに，2段抽出法（two-stage sampling）や多段抽出法（multi-stage

sampling），また確率的抽出でない非確率抽出法（non-probability sampling）がある．これらについては林(2002)，宝月ら(1989)などの参考図書を参照されたい．

文　　献

林　知己夫編（2002）：『社会調査ハンドブック』，朝倉書店．
宝月　誠ほか（1989）：『社会調査』，有斐閣．

15. 推 定

　工学の分野では，第II部で述べられたようなさまざまな確率分布が現れるが，実際の設計や制御などを行う場合には，母集団分布を特徴づけるパラメータの情報が得られていなければならない．ところが，このパラメータ，すなわち母数は一般に未知であり，母集団から抽出された標本をもとに推測しなければならない．推定とは，誤差を含んだ標本データから母数を推測することであり，推定量として母数を知ることで母集団分布が記述できることになる．これをパラメトリックの場合と呼ぶが，母集団分布の形が不明で母平均，母分散などの推定量を求める場合をノンパラメトリックの場合と呼ぶ．

15.1 点推定と推定量に望まれる性質

　ある時間間隔で微小な直流電圧が測定され n 個のデータ（標本）が得られたとき，一般に測定された電圧には雑音が重量している．雑音電圧が互いに独立で期待値 0 の同一分散を有する正規分布に従うならば，直流電圧は母集団分布の期待値であり，雑音電圧の分散は母集団分散に相当する．ここで，直流電圧を n 個のデータの標本平均に，雑音電圧の実効値を標本分散により推定することが可能である．この例のように，母集団の未知母数 θ を，標本データに基づいてある 1 つの推定量 $\hat{\theta}$ で推定する方法を，点推定という．前章で触れたように，未知母数の推定量としていくつもの統計量を考えることができる．したがって，どのような統計量を推定量として選択するかが問題となる．一般に，$\hat{\theta}$ は標本 $X_1, X_2, \cdots, X_n$ の関数であり確率変数であるから，ある実際の標本値 $x_1, x_2, \cdots, x_n$ から計算された推定値は θ に一致しない．また，母平均 μ の推定量を求める場合，標本平均 $\bar{X}$ 以外に中央値（median）や最頻値（mode）など，種々の量が考えられ，何が最も望ましい推定量であるかの基準，推定量に望まれる性質を示しておく必要がある．

a. 不 偏 性

　標本から計算される推定値は選んだ標本に応じて異なる値をとるが，図 15.1

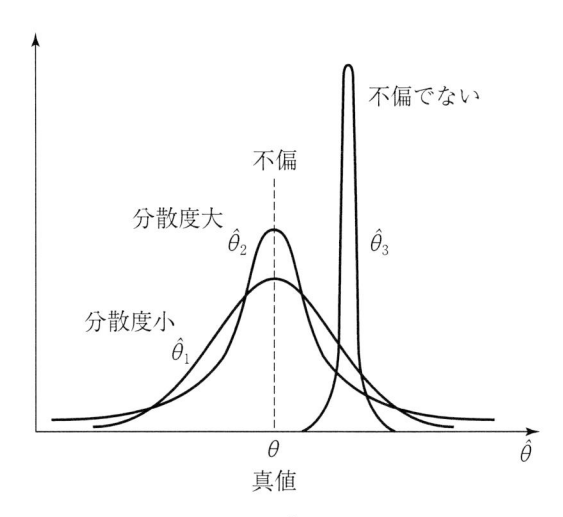

図 15.1 推定量 $\hat{\theta}$ の分布と不偏性

のように推定量の分布が母数の周辺に集中し，推定量の期待値が母数に一致する性質を有する推定量が望ましい．すなわち，

$$E[\hat{\theta}] = \theta \tag{15.1}$$

となる性質を不偏性（unbiasedness）と呼び，これを満たす推定量を不偏推定量（unbiased estimator）という．同一母集団から独立に抽出（無作為抽出）された大きさ n の標本 $X_1, X_2, \cdots, X_n$ を考えると，すべてが同一分布に従い，かつ互いに独立であるような n 個の確率変数の組であるから，その標本平均は，14.3 節で示されたように，

$$E[\bar{X}] = \mu \tag{15.2}$$

であり，不偏性を有する．一方，母分散 σ^2 の推定量として，

$$S^2 = \frac{1}{n} \sum_{i=1}^{n} (X_i - \bar{X})^2 \tag{15.3}$$

を用いると，

$$E[S^2] = \frac{n-1}{n} \sigma^2 \tag{15.4}$$

となり，σ^2 に等しくない．このような推定量を偏移推定量（biased estimator）と呼ぶ．この場合には不偏分散

$$s^2 = \frac{1}{n-1} \sum_{i=1}^{n} (X_i - \bar{X})^2 \tag{15.5}$$

が不偏推定量である．

式 (15.4) の導出

$$S^2 = \frac{1}{n}\sum_{i=1}^n (X_i - \bar{X})^2 = \frac{1}{n}\sum_{i=1}^n X_i^2 - \frac{2}{n}\sum_{i=1}^n X_i \bar{X} + \bar{X}^2 = \frac{1}{n}\sum_{i=1}^n X_i^2 - \bar{X}^2$$

$$\mathrm{E}[S^2] = \frac{1}{n}\sum_i \mathrm{E}[X_i^2] - \mathrm{E}[\bar{X}^2]$$

ここで,

$$\mathrm{E}[X_i^2] = \mathrm{E}[(X_i - \mu)^2] + \mu^2 = \mathrm{Var}(X_i) + \mu^2 = \sigma^2 + \mu^2$$

また, 14.3節の結果と合わせて,

$$\mathrm{E}[\bar{X}^2] = \mathrm{Var}(\bar{X}) + \{\mathrm{E}[\bar{X}]\}^2 = \frac{\sigma^2}{n} + \mu^2$$

であるから,

$$\mathrm{E}[S^2] = \sigma^2 + \mu^2 - \frac{\sigma^2}{n} - \mu^2 = \frac{n-1}{n}\sigma^2$$

が導かれる.

b. 一 致 性

推定量は標本の大きさ n によって変化するので $\hat{\theta}_n$ と書く.ここで,n が十分大きくなると $\hat{\theta}_n$ が θ に近づく性質を一致性（consistency）と呼ぶ.すなわち

$${}^\forall \varepsilon > 0, \quad \lim_{n\to\infty} \Pr[|\hat{\theta}_n - \theta| > \varepsilon] \to 0 \tag{15.6}$$

であり,この条件を満たす推定量を一致推定量（consistent estimator）という.たとえば,$\bar{X}$ が μ の一致推定量になることは,大数の法則が示すところである.また,s^2 のみならず S^2 も一致推定量になることが,チェビシェフの不等式を用いて示される.このように不偏推定量は,一致推定量の特殊な場合であることがわかる.

問題 1 S^2 が一致推定量になることを示せ.

c. 有 効 性

不偏推定量であっても,その分布の分散度が大きい場合には,推定値が真の値と大きくずれることも起こりうる.したがって,図 15.1 にみられるような分散度が異なる 2 つの不偏推定量 $\hat{\theta}_1, \hat{\theta}_2$ の優劣を評価する場合,分散度の小さい推定量の方が望ましく,$\mathrm{Var}(\hat{\theta}_1) < \mathrm{Var}(\hat{\theta}_2)$ であるならば,$\hat{\theta}_1$ は $\hat{\theta}_2$ より有効な推定量であるという.ここで,最小分散を有する不偏推定量が存在すれば,最も望ましい推定量であることは明らかであり,これを有効推定量（efficient estimator）

と呼ぶ．母集団が $N(\mu, \sigma^2)$ の正規分布に従うならば，標本平均 $\bar{X}$ は有効推定量であるが，一般には有効推定量を見つけることは容易でない．なお，推定量の有効性を比較するための指数として，$\hat{\theta}_n$ の効率（efficiency）は，

$$\frac{\text{Var}(\text{有効推定量})}{\text{Var}(\hat{\theta}_n)} \tag{15.7}$$

で定義される．

例題 1 平均 μ，分散 σ^2 の母集団からの標本変量を X_1, X_2 に対して
$$T = \alpha X_1 + (1-\alpha) X_2 \quad (\alpha \text{ は実数})$$
とおくとき，T が μ の不偏推定量であることを示し，T が μ の有効推定量となるように α の値を求めよ．

解
$$E[T] = \alpha E[X_1] + (1-\alpha) E[X_2] = \alpha \mu + (1-\alpha)\mu = \mu$$
よって不偏である．
$$\text{Var}(T) = \alpha^2 \text{Var}(X_1) + (1-\alpha)^2 \text{Var}(X_2) = [\alpha^2 + (1-\alpha)^2]\sigma^2$$
これを最小にする α は $1/2$ である．

問題 2 平均 μ，分散 σ^2 の母集団からの標本変量を X_1, X_2 とするとき，
$$T_1 = X_1, \qquad T_2 = \frac{1}{2}(X_1 + X_2), \qquad T_3 = 2X_1 - X_2$$
はいずれも μ の不偏推定量であることを示せ．また，$T_1 \sim T_3$ のうちで最も有効な推定量を求めよ．

15.2 点推定の方法

a. モーメント推定法

母集団分布 $f(x; \theta_1, \theta_2, \cdots, \theta_k)$ の $1 \sim k$ 次までの未知モーメント $\mu_i (i = 1, 2, \cdots, k)$ は，$\theta_1, \theta_2, \cdots, \theta_k$ の関数 g_i により，

$$\mu_i = E[X^i] = g_i(\theta_1, \theta_2, \cdots, \theta_k) \quad (i = 1, 2, \cdots, k) \tag{15.8}$$

と表せる．一方，大きさ n の標本 $X_1, X_2, \cdots, X_n$ から求められた $1 \sim k$ 次までのモーメント $\hat{\mu}_i = \sum_{j=1}^{n} X_j^i / n \, (i = 1, 2, \cdots, k)$ は既知であり，$\mu_i = \hat{\mu}_i (i = 1, 2, \cdots, k)$ とおけば，$\theta_1, \theta_2, \cdots, \theta_k$ に関する連立方程式

$$\hat{\mu}_i = g_i(\theta_1, \theta_2, \cdots, \theta_k) \quad (i = 1, 2, \cdots, k) \tag{15.9}$$

を解くことで得られる解 $\hat{\theta}_1, \hat{\theta}_2, \cdots, \hat{\theta}_k$ を推定値とすることができる．この方法をモーメント法と呼ぶ．

ノンパラメトリックの場合の母平均 μ，母分散 σ^2 は，

$$\mu = \mathrm{E}[X] = \hat{\mu}_1, \qquad \sigma^2 = \mathrm{E}[X-\mu]^2 = \mathrm{E}[X^2] - \mu^2 = \hat{\mu}_2 - \hat{\mu}_1^2 \tag{15.10}$$

$$\hat{\mu}_1 = \sum_{j=1}^{n} \frac{X_j}{n}, \qquad \hat{\mu}_2 = \sum_{j=1}^{n} \frac{X_j^2}{n} \tag{15.11}$$

を解いて，母平均 μ，母分散 σ^2 の推定量

$$\hat{\mu} = \sum_{j=1}^{n} \frac{X_j}{n} = \bar{X}, \qquad \hat{\sigma}^2 = \sum_{j=1}^{n} \frac{(X_j - \bar{X})^2}{n} \tag{15.12}$$

が求められる．

例題 2 ガンマ分布において母数 λ, k とも未知であり，母集団からの標本値が（1.0, 2.21, 5.6, 0.6, 1.3）と得られたときに λ および k をモーメント法により推定せよ．

解 第9章よりガンマ分布の平均 μ，分散 σ^2 は

$$\mu = \frac{k}{\lambda}, \qquad \sigma^2 = \frac{k}{\lambda^2}$$

で与えられ，平均 μ，分散 σ^2 の推定値は標本平均 $\bar{x}$ と標本分散 S^2 となる．

$$\bar{x} = \frac{\hat{k}}{\hat{\lambda}}, \qquad S^2 = \frac{\hat{k}}{\hat{\lambda}^2}$$

これを $\hat{\lambda}$ および $\hat{k}$ について解けば，

$$\hat{k} = \left(\frac{\bar{x}}{S}\right)^2, \qquad \hat{\lambda} = \frac{\bar{x}}{S^2}$$

$\bar{x} = 2.12$, $S^2 = 3.27$ であるから，$\hat{k} = 1.4$, $\hat{\lambda} = 0.65$ となる．

b. 最尤推定法

母数 $\boldsymbol{\theta} = (\theta_1, \theta_2, \cdots, \theta_p)$ が未知である母集団から大きさ n の標本 $X_1, X_2, \cdots, X_n$ を取り出した場合，起こりうる可能性の最も高いものが生起したと考えることは合理的である．これは，標本が得られる確率は $\boldsymbol{\theta}$ の関数であり，確率最大の標本が実現するような値を $\boldsymbol{\theta}$ の推定量として採用すればよいと考えられる．すなわち，母集団の確率密度関数を $f(x, \boldsymbol{\theta})$，$X_1, X_2, \cdots, X_n$ が独立であるとすれば，その結合確率密度関数

$$L(\boldsymbol{\theta}) = \prod_{i=1}^{n} f(x_i, \boldsymbol{\theta}) \tag{15.13}$$

が最大となるような $\boldsymbol{\theta}$ を選べばよい．$L(\boldsymbol{\theta})$ は尤度関数（likelihood function）と呼ばれ，L を最大にする $\boldsymbol{\theta}$ の値 $\hat{\boldsymbol{\theta}}$ を最尤推定値，$\hat{\boldsymbol{\theta}}$ を与える統計量を最尤推定量，こうした推定法を最尤推定法（maximum likelihood estimation）という．

正規分布 $\mathrm{N}(\mu, \sigma^2)$ の未知母数 μ, σ^2 を最尤推定法で求める．尤度関数は，

$$L(\mu, \sigma^2) = \prod_{i=1}^{n} \frac{1}{\sqrt{2\pi}\sigma} \exp\left\{-\frac{(X_i - \mu)^2}{2\sigma^2}\right\} \tag{15.14}$$

であるが，簡単のために，式（15.14）の代わりに対数尤度

$$\log L(\mu, \sigma^2) = -n \log(\sqrt{2\pi}\sigma) - \sum_{i=1}^{n} \frac{(X_i - \mu)^2}{2\sigma^2} \qquad (15.15)$$

を考え，これが最大となるためには，

$$\begin{cases} \dfrac{\partial \log L}{\partial \mu} = \sum_{i=1}^{n} \dfrac{X_i - \mu}{\sigma^2} = 0 \\ \dfrac{\partial \log L}{\partial \sigma^2} = \sum_{i=1}^{n} \dfrac{(X_i - \mu)^2}{2\sigma^4} - \dfrac{n}{2\sigma^2} = 0 \end{cases} \qquad (15.16)$$

であり，これを解いて μ, σ^2 の最尤推定量は，

$$\hat{\mu} = \sum_{i=1}^{n} \frac{X_i}{n} = \bar{X}, \qquad \hat{\sigma}^2 = \sum_{i=1}^{n} \frac{(X_i - \bar{X})^2}{n} = S^2 \qquad (15.17)$$

となり，モーメント法で得られる結果（式（15.12））と同一である．ただし，S^2 は不偏性をもたない．

例題3 集団分布が母数 λ の指数分布であるとき，そこからの大きさ n の標本 $X_1, X_2, \cdots, X_n$ に基づく，λ の最尤推定量を求めよ．

解 尤度関数は $L(\lambda) = \lambda^n \prod \exp(-\lambda X_i)$ であるから，$\log L(\lambda) = n \log \lambda - \lambda \sum X_i$．$\partial \log L(\lambda)/\partial \lambda = 0$ から

$$\hat{\lambda} = \frac{n}{\sum X_i} = \frac{1}{\bar{X}} \qquad (15.17')$$

例題4 ある弦楽器の弦の振動を測定したところ，振幅 x_i(cm) は以下のとおりであった．

0.379, 0.361, 0.356, 0.347, 0.339 0.329, 0.328, 0.323, 0.318, 0.308

振幅は指数分布に従うとして，母数の最尤推定量を求めよ．

解 振幅の標本平均 $\bar{X} = (1/10) \sum x_i = 0.3388$ であるから，例題3の結果を用いて

$$\hat{\lambda} = \frac{1}{\bar{X}} = 2.9516$$

15.3 区間推定

点推定で求められた母数の推定値は真値ではなく当然推定誤差を有しており，誤差の範囲を明示することは設計などの実際上の問題では不可欠といえる．したがって，真の値が存在すると予想される区間 (L, U) を確率的に推定する区間推定が，重要な意味をもつ．すなわち，大きさ n の標本 $X_1, X_2, \cdots, X_n$ から真の母数 θ が存在する確率が $1 - \alpha$ となるような区間の限界 L, U を推定する．

$$\Pr[L \leq \theta \leq U] = 1 - \alpha \tag{15.18}$$

区間 (L, U) を信頼区間 (confidence interval), L, U をそれぞれ, 下側信頼限界 (lower confidence limit), 上側信頼限界 (upper confidence limit), $1-\alpha$ を信頼係数 (confidence coefficient), α を危険率と呼ぶ. 式 (15.18) の意味は, ある標本から数値として計算された区間 (L, U) が $1-\alpha$ の確率で θ を含むことではない. L, U は統計量であるから, 真の母数が信頼区間 (L, U) に必ずしも含まれるとは限らない. 異なる標本を何度も繰り返してとり, それに応じて信頼区間を計算した場合, 得られる多数の区間のうちで区間内に θ を含むものの割合が $1-\alpha$ であることを意味する.

a. 正規母集団（分散既知）の母平均 μ の区間推定

5.3 節で述べたように, 標本平均 $\bar{X}$ は正規分布 $N(\mu, \sigma^2/n)$ に従うから,

$$\Pr\left[\mu - Z_{\alpha/2}\frac{\sigma}{\sqrt{n}} \leq \bar{X} \leq \mu + Z_{\alpha/2}\frac{\sigma}{\sqrt{n}}\right] = 1 - \alpha \tag{15.19}$$

が成立する. ここで, Z_α は標準正規分布において, その点より上側の確率が $100\alpha\%$ となる点の値である. 式 (15.19) を変形すると,

$$\Pr\left[\bar{X} - Z_{\alpha/2}\frac{\sigma}{\sqrt{n}} \leq \mu \leq \bar{X} + Z_{\alpha/2}\frac{\sigma}{\sqrt{n}}\right] = 1 - \alpha \tag{15.20}$$

となり, μ の信頼区間は,

$$\left(\bar{X} - Z_{\alpha/2}\frac{\sigma}{\sqrt{n}},\ \bar{X} + Z_{\alpha/2}\frac{\sigma}{\sqrt{n}}\right) \tag{15.21}$$

である.

母集団の分布が正規分布でない場合でも, n が大きくなると中心極限定理により $\bar{X}$ の分布は正規分布に従うと見なせる. したがって, 式 (15.21) は大標本（一般的には $n \geq 30$）では, 母集団の分布形にかかわらず, 母集団の平均値 μ の信頼区間を与えるものである. 式 (15.21) で一般に σ の値はわかっていないことが多いので, 大標本の場合には σ の代わりに標本標準偏差 s を用いることができる.

例題 5 不良率 p なる母集団から大きさ n の標本を取り出したところ, k 個の不良品が入っていた. このとき, 不良率 p を推定する方法を考えよ. ただし, n は十分大きいとする.

解 標本集団 $(X_1, X_2, \cdots, X_n)$ で, 不良品のとき $x=1$, 良品のとき $x=0$ とおくと, k 個の不良品があった事象は $x_1 + x_2 + \cdots + x_n = k$ と表せる. x は二項分布 $B(n, p)$ に従

うが，n は十分大きいから，正規分布 $N(np, npq)$ に近似できる．ここで，$q = 1-p$ である．不良率 $\hat{p} = k/n = (1/n)\sum_{i=1}^{n} x_i$ の分布は，$E[\hat{p}] = E[x/n] = E[x]/n = p$，$\text{Var}(\hat{p}) = \text{Var}(x/n) = \text{Var}(x)/n^2 = pq/n$ を用いて，$N(p, pq/n)$ で近似できる．よって，統計量 $W = (\hat{p} - p)/\sqrt{p(1-p)/n}$ は $N(0,1)$ に従う．

すなわち，$\Pr[Z_{-\alpha/2} < W < Z_{\alpha/2}] = 1 - \alpha$ であるから，

$$\hat{p} - Z_{\alpha/2}\sqrt{\frac{p(1-p)}{n}} < p < \hat{p} + Z_{\alpha/2}\sqrt{\frac{p(1-p)}{n}}$$

両側の p を $\hat{p}$ で置換すると，

$$\hat{p} - Z_{\alpha/2}\sqrt{\frac{\hat{p}(1-\hat{p})}{n}} < p < \hat{p} + Z_{\alpha/2}\sqrt{\frac{\hat{p}(1-\hat{p})}{n}}$$

b. 正規母集団の母分散の区間推定

14.5 節で示されたように，

$$\chi^2 = \frac{(n-1)s^2}{\sigma^2} \tag{15.22}$$

は自由度 $n-1$ の χ^2 分布に従う．したがって，

$$\Pr\left[\chi^2_{1-\alpha/2}(n-1) \leq \frac{(n-1)s^2}{\sigma^2} \leq \chi^2_{\alpha/2}(n-1)\right] = 1 - \alpha \tag{15.23}$$

が成立し，σ^2 の信頼区間は

$$\left(\frac{(n-1)s^2}{\chi^2_{\alpha/2}(n-1)}, \frac{(n-1)s^2}{\chi^2_{1-\alpha/2}(n-1)}\right) \tag{15.24}$$

となる．

例題 6 家庭ゴミに含まれるプラスチック容器包装廃棄物の湿重量基準での割合を調べたところ，以下のデータを得た．このとき母分散の 95% 信頼区間を求めよ．

10.4, 11.1, 10.8, 11.1, 10.9, 11.3, 10.3, 9.7, 8.6, 9.0, 10.0

解

$$\begin{cases} n = 11, & s^2 = 0.793, & \alpha = 0.05 \\ \chi^2_{0.025}(10) = 20.5, & \chi^2_{1-0.025}(10) = 3.25 \end{cases}$$

であるから，式 (15.24) より σ^2 の 95% 信頼区間は $(0.39, 2.44)$ となる．

15.4 必要標本サイズについての考察

例題 5 で示したような推定の理論は，ある確からしさのもとでの推定に必要な標本数に関する情報を与える．標本数 n が十分大きければ，標本比率 $\hat{p} = k/n$ は正規分布 $N(p, pq/n)$ で近似でき，p は信頼係数 $1 - \alpha$ で，

$$\Pr\left[\frac{|\hat{p}-p|}{\sqrt{\frac{pq}{n}}} \leq Z_{\alpha/2}\right] = \Pr\left[\frac{\left|\frac{k}{n}-p\right|}{\sqrt{\frac{p(1-p)}{n}}} \leq Z_{\alpha/2}\right] = 1-\alpha \tag{15.25}$$

として推定される．このとき，推定の誤差 $|k/n-p|$ を ε 以内にするには，

$$Z_{\alpha/2}\sqrt{\frac{p(1-p)}{n}} \leq \varepsilon \tag{15.26}$$

よって，n を

$$n = \left(\frac{Z_{\alpha/2}}{\varepsilon}\right)^2 p(1-p) \tag{15.27}$$

以上にすればよい．通常，p の値は未知であるが $0 \leq p \leq 1$ であり，

$$0 \leq p(1-p) = \frac{1}{4} - \left(\frac{1}{2}-p\right)^2 \leq \frac{1}{4} \tag{15.28}$$

だから，$p(1-p)$ は $p=1/2$ のときに最大値 $1/4$ をとる．よって，式 (15.27) で $p=1/2$ を用いれば最も安全側の標本数

$$n = \left(\frac{Z_{\alpha/2}}{2\varepsilon}\right)^2 \tag{15.29}$$

となるが，p の値について何らかの情報が得られている場合は，それを利用することで標本数を減らすことができる．

大標本（一般的には $n \geq 30$）の母集団の平均値の信頼区間は，信頼係数 $1-\alpha$ とすると式 (15.21) で与えられるから，平均値の推定の誤差 $|\bar{X}-\mu|$ を ε 以下にするには，n を

$$\frac{Z_{\alpha/2}\sigma}{\sqrt{n}} = \varepsilon \tag{15.30}$$

すなわち，

$$n = \left(\frac{Z_{\alpha/2}\sigma}{\varepsilon}\right)^2 \tag{15.31}$$

以上にとる必要がある．この場合は，式 (15.28) のような σ の値に関する制限はないため，何らかの推定値が必要である．

例題7 ある薬品ビンの容積の標準偏差が $5\,\mathrm{cm}^3$ であることがわかっている．このビンの平均容積を信頼係数 95% で推定する場合，推定値の誤差を $1\,\mathrm{cm}^3$ 以下にしたいときに必要な標本数を求めよ．

解

$$\alpha = 0.05, \qquad Z_{2.5} = 1.96, \qquad n = \left(\frac{1.96 \times 5}{1}\right)^2 = 96.04$$

よって 97 本以上必要である．

15.5 小標本の解析

正規母集団（分散未知）の母平均 μ の区間推定

小標本の場合，母数の推定誤差は大きく，母分散 σ^2 が既知の定数であると考えることには無理がある．したがって，15.3 節で述べた母平均の区間推定法を適用することはできない．そこで，正規母集団において，母分散 σ^2 の代わりに標本分散 s^2 で置き換えた統計量

$$t = \frac{\bar{X} - \mu}{\frac{s}{\sqrt{n}}} \tag{15.32}$$

を考えると，14.5 節より自由度 $n-1$ の t 分布に従う．したがって，信頼係数 $1-\alpha$ の μ の区間推定は，自由度 $n-1$ の t 分布について式（15.32）が $1-\alpha$ の確率で含まれる範囲を考えるとよい．すなわち，

$$\Pr\left[\mu - t_{\alpha/2}(n-1)\frac{s}{\sqrt{n}} \leq \bar{X} \leq \mu + t_{\alpha/2}(n-1)\frac{\sigma}{\sqrt{n}}\right] = 1-\alpha \tag{15.33}$$

であり，μ の信頼区間は，

$$\left(\bar{X} - t_{\alpha/2}(n-1)\frac{s}{\sqrt{n}},\ \bar{X} + t_{\alpha/2}(n-1)\frac{s}{\sqrt{n}}\right) \tag{15.34}$$

となる．t 分布は自由度が無限大のとき正規分布に収束するが，自由度が 30 以上ではほぼ標準正規分布と重なるため，大標本の n は 30 以上が目安となる．なお，ここまでの推定法はすべて正規母集団を対象としている．実際の計測データに適用する場合には，データ分布の正規性を検定しておく必要があり，詳細は文献（滝沢，2004）を参照されたい．簡単には 12.1 節で述べた正規確率紙により検討できる．

表 15.1 に正規母集団の母数の区間推定の結果をまとめる．大標本の場合，分

表 15.1 正規母集団の母平均，母分散の区間推定

分類	母数	信頼区間	本文中式番号
A	母平均（母分散既知）	$\left(\bar{X} - Z_{\alpha/2}\frac{\sigma}{\sqrt{n}},\ \bar{X} + Z_{\alpha/2}\frac{\sigma}{\sqrt{n}}\right)$	(15.21)
B	母平均（母分散未知）	$\left(\bar{X} - t_{\alpha/2}(n-1)\frac{s}{\sqrt{n}},\ \bar{X} + t_{\alpha/2}(n-1)\frac{s}{\sqrt{n}}\right)$	(15.34)
C	母分散	$\left(\frac{(n-1)s^2}{\chi^2_{\alpha/2}(n-1)},\ \frac{(n-1)s^2}{\chi^2_{1-\alpha/2}(n-1)}\right)$	(15.24)

類Aでσをsに置き換えることができる．分類Bは一般性を有するもので，小標本の場合にも適用できる．

例題8 ① A市のある年の6月1日から10日までの最高気温は，
21.8, 22.4, 22.7, 24.5, 25.9, 24.9, 24.8, 25.3, 25.2, 24.6（℃）
であった．最高気温の分布は正規母集団と仮定するとき，母平均μの信頼係数95％の信頼区間を求める．

解 $n=10, \bar{X}=24.21, s=1.39, t_{0.05/2}(9)=2.571$であるから，式（15.34）より

$$\left(24.21-2.571\times\frac{1.39}{\sqrt{10}},\ 24.21+2.571\times\frac{1.39}{\sqrt{10}}\right)=(23.08,\ 25.34)$$

母分散σ^2の信頼係数95％の信頼区間は$(n-1)s^2=17.45, \chi^2_{1-0.05/2}(9)=2.700, \chi^2_{0.05/2}(9)=19.023$だから，式（15.24）より

$$\left(\frac{17.45}{19.023},\ \frac{17.45}{2.700}\right)=(0.92,\ 6.46)$$

② 次に，B市の同期間の最高気温は，
22.1, 25.3, 23.3, 25.2, 25.3, 24.9, 24.9, 24.9, 24.9, 24.0（℃）
であった．A市とB市の最高気温差$\mu\equiv\mu_1-\mu_2$の95％信頼区間を考えよう．

解 ここで，2つの母分散は等しいと仮定し，A市とB市の気温の差をとると，
$-0.3, -2.9, -0.6, -0.7, 0.6, 0, -0.1, 0.4, 0.3, 0.6$
$\bar{X}=-0.27, s=1.03, t_{0.05/2}(9)=2.262$だから，$\mu$の信頼係数95％の信頼区間は式（15.34）より

$$\left(-0.27-2.262\times\frac{1.03}{\sqrt{10}},\ -0.27+2.262\times\frac{1.03}{\sqrt{10}}\right)=(-1.01,\ 0.47)$$

文　献

瀧　保夫，茅　陽一，宮川　洋，関根泰次（1978）：『確率統計現象』，岩波書店．
滝沢　智（2004）：『環境工学系のための数学』，数理工学社．
東京大学教養学部統計学教室編（1991）：『統計学入門』，東京大学出版会．
宮川公男（1999）：『基本統計学』第3版，有斐閣．

16. 仮説検定

　仮説検定は，前章で論じられた推定（標本から得られる測定値に基づき母数の値を推定するという作業）と並んで重要な基本的統計的作業である．その名が示すとおり，統計的仮説検定は統計的情報に基づき仮説の妥当性について結論を下すことを意味する．例として，「喫煙は高血圧の原因となる」という仮説を考えてみよう．この仮説の背景には，喫煙が血管を収縮させ結果として高血圧に導くという議論を含め，さまざまな理論が存在するが，各々の理論（あるいは「仮説」）が正しいかどうかをいかにして客観的に証明できるだろうか．そのための有力なアプローチが，データに基づき仮説を統計的に実証することである．科学的方法は，仮説の構築，その実証的検討，仮説の再構築，という循環的過程を意味するが，本章で論じる統計的仮説検定は，この中の「実証」にかかわるものである．どのようなデータと手法が統計的仮説検定のために必要かは，検定する仮説によって定まる．

　より単純な例として，「地球温暖化が進行している」という仮説を考えてみよう．この仮説の背景に「1979年以来18年間連続して異常高温が続いている」という事実があるとする．ここに「異常」とは「たかだか30年に一度の頻度でしか起きない」ことを指すとしよう．この仮説に対抗する仮説として「地球平均気温は定常である」を考えることができる．2.4節の考え方に基づけば，後者の仮説の下では，ある年に「異常高温」が生じる確率は1/30である．また，各年の気候は互いに独立であると仮定しよう．すなわち，ある年に異常高温が生じる確率は，過去の異常高温の生起に依存せず，またその年に異常高温が生じたとして，それが将来の異常気温の生起に何ら影響を与えるものではないものとする．

　定常性の仮説と独立性の仮定に基づくと，18年間のうち異常高温が生じた年の数の分布は，パラメータ $p=1/30$, $n=18$ の二項分布であると考えられる．とすれば，「18年間連続して異常高温が続いている」確率は，

$$\Pr[X=18] = {}_{18}C_{18}\left(\frac{1}{30}\right)^{18}\left(1-\frac{1}{30}\right)^{0} = \frac{1}{30^{18}} = \frac{1}{3.87\times 10^{26}} = 2.58\times 10^{-27}$$

と求まる．すなわち1979年以来観測された事象は，3.87×10^{26} 回に一度しか起

きない希有な事象ということになる．

　このような希有な事象が実際に観測されたとき，それをどう解釈するべきであろうか．これについては，次の2つの可能性がある．

　① 非常に希有とはいえ，全く起こりえないわけではない事象が，実際に起こった．

　あるいは，

　② 観測された事象は実は希有なものではなく，誤った前提により希有な確率が算定されたにすぎない．

　第1の立場からは，地球温暖化は生じていないという結論が導かれよう．また第2の立場からは，地球温度は定常であるという仮定が誤っており，したがって地球温暖化が進行しているという結論が得られる．両者とも起こりえないことではなく，論理的にどちらが正しいと結論づけることは不可能である．しかし，蓋然性に基づき，どちらの結論がよりもっともらしいかを定めることは可能である．統計的仮説検定はこのような考えに基づくものである．

　例題1　日本の道路では，交通安全を呼びかける標語や警告が頻繁に見受けられる．また多くのエスカレーターは安全な乗り方を説明する録音を始終流している．はたしてこれらの施策は安全性の向上につながっているのだろうか．この問いに統計的結論を下そうとするとき，どのようなデータが必要か．

16.1　統計的仮説検定の考え方

　ここで「仮説」の概念を定義しよう．仮説検定の概念を最初に提案したのはK. Pearsonで，母集団からの観測値 $X_1, X_2, \cdots, X_n$ が得られたとき，これら観測値が特定の分布に従うという仮定を統計的に吟味する手順を，仮説検定の方法として提案した．母集団の分布についての仮定を統計的仮説（statistical hypothesis）と呼び，仮説についてデータを用いて検討することを検定（test）と呼ぶ．

　仮説検定では，証明しようとする仮説を対立仮説（alternative hypothesis）と呼び，これと矛盾する仮説を帰無仮説（null hypothesis）とする．上記の地球温暖化の例では，「地球温暖化が進行している」あるいは「地球平均気温が上昇している」が対立仮説とされ，「地球平均気温は定常である」が帰無仮説とされる．なぜこのような奇妙な定義をするのだろうか．これを考える当たり，過誤（error）の概念を導入することが必要となる．

16. 仮説検定

　仮説検定の目的は，帰無仮説を棄却（reject）する（したがって対立仮説を支持する）か棄却しないかを統計的に決定することにある．しかしながら，統計的仮説検定においてある決定を下したとき，それが必ず正しいと保証することは不可能である．なぜなら統計的仮説検定は確率事象を対象とするため，ある仮説の下ではいかに希有な事象といえども，それが起こりえないとはいえず，また逆に，ある仮説の下では起こりやすい事象が，その仮説が実際には成立せず，生起確率が実は小さい場合でも生起する可能性があるからである．

　帰無仮説をH_0で，対立仮説をH_aで表すと，以下の表に示す4つの場合が生じる．これらのうち，H_0が真実であるときそれを棄却しなかった場合，および，H_0が虚偽のときにそれを棄却した場合は正しい決断を下したわけで，仮説検定が成功裏になされたことになる．逆に，H_0が真実であるときにそれを棄却した場合，またH_0が虚偽のときにそれを棄却しなかった場合には，誤りを犯したことになる．H_0が真実であるときにそれを棄却するという過ちは第Ⅰ種の過誤（Type Ⅰ Error）と呼ばれ，H_0が虚偽のときにそれを棄却しないという過ちは第Ⅱ種の過誤（Type Ⅱ Error）と呼ばれる．

	H_0が真（H_aが偽）	H_0が偽（H_aが真）
H_0を棄却	第Ⅰ種の過誤	—
H_0を棄却しない	—	第Ⅱ種の過誤

　第Ⅰ種の過誤を犯す確率をαとし，これを有意水準（significance level）と呼ぶこととする．上記の例をとると，地球温暖化が進行していないにもかかわらず，それが間違いとして，温暖化が進行していないという帰無仮説を棄却する確率がαである．この例では，H_0「地球平均気温は定常である」の下で18年間連続して異常高温が続く確率は2.58×10^{-27}である．したがって，観測された事象が希有であるとして帰無仮説を棄却した場合に誤っている確率は2.58×10^{-27}である．すなわち有意水準は$\alpha=2.58\times10^{-27}$と求められる．

　このように帰無仮説H_0を棄却の対象とし，対立仮説を証明しようとする仮説とした場合，H_0を棄却し，したがってH_aを受け入れたときに，それが誤っている確率を簡単に求めることが可能である．逆に帰無仮説として証明したい仮説を選び，データがこれを支持した場合，すなわち帰無仮説が棄却されない場合，その結果がどれほど信頼できるものかを定めるためには，第Ⅱ種の過誤の確率を求める必要が生じる．このためには何らかの対立仮説を吟味することが必要とな

り，その手順はきわめて煩雑あるいは困難なものとなる場合も考えられる．この理由により，統計的仮説検定では，証明しようとする仮説を対立仮説とし，それに対立するものを帰無仮説と設定するのが慣行となっている．

16.2 仮説検定の手順

仮説検定は，一般に以下の手順を踏んで行われる．

---
① 帰無仮説 H_0 および対立仮説 H_a を立てる．
② 帰無仮説 H_0 に基づき適切な検定統計量を選択する．
③ 有意水準 α を選択する．
④ 検定統計量およびその臨界値を計算する．
⑤ 帰無仮説 H_0 の棄却，非棄却を決定する．

例として，大阪市と京都市の間の年間総雨量の差についての仮説検定を考えよう．帰無仮説として，「大阪市と京都市の間で年間総雨量に差がない」という仮説を考える．これら都市での年間降雨量の期待値を各 μ_O と μ_K とし，これら期待値の差を $\Delta\mu = \mu_K - \mu_O$ とする．するとこの帰無仮説は，

H_0： $\Delta\mu = 0$

と表現される．

この「年間降雨量に差がない」という帰無仮説に対抗するのが，対立仮説である．「差がない」に対抗するのだから，対立仮説は「差がある」ことを意味するもので，「京都の方が雨量が多い」，「大阪の方が雨量が多い」，「2都市間の雨量に差がある」などの仮説が考えられる．これら対立仮説は，

H_{a1}： $\Delta\mu > 0$
H_{a2}： $\Delta\mu < 0$
H_{a3}： $\Delta\mu \neq 0$

などと表すことができる．先に述べたように，分析者はこのような対立仮説を証明しようと仮説検定を行うのである．

これら仮説を体現する統計量として，過去30年間の平均年間降雨量を各々の都市について算定し，その差を計算したとする．そしてそれを標準化して得られる統計量，すなわち，

16. 仮説検定

$$Z = \frac{\bar{X}_K - \bar{X}_O}{\sigma}$$

を検定統計量としよう．ここに，σ は $\bar{X}_K - \bar{X}_O$ の標準偏差（既知であると仮定）である．中心極限定理によりこの Z は近似的に正規分布し，帰無仮説が正しいとすれば，$Z \sim N(0, 1)$ と見なされる．

さて，最も一般に用いられる値を採用し，有意水準を $\alpha = 0.05$ としよう．すなわち，実際には帰無仮説が成立するのにもかかわらずそれを棄却する確率を，0.05 とする．これは第 I 種の過誤を平均 20 回に 1 回に抑えようというもので，帰無仮説の棄却に当たり，非常に慎重な立場をとっていることになる．

こうして検定統計量と有意水準が決まると，次に，この検定統計量の値をデータから求め，また検定統計量の臨界値を求めるという作業に移る．もし帰無仮説が正しければ $Z \sim N(0, 1)$ と考えられ，データから得られる Z の値は 0 に近いと期待される．仮説検定の考え方では，0 から大きくかけ離れる Z の値が観測されたとき，帰無仮説が正しいにもかかわらず異常な値の Z が得られたと考えるより，帰無仮説が誤っている，という結論を下すことになる．すなわち，確率 α 以下でしか観測されないような異常な値が得られたとき，帰無仮説を棄却することになる．このような，帰無仮説の棄却に導く（異常な）検定統計量の値の領域を，棄却領域（rejection region）と呼ぶ．

対立仮説が H_{a3}「$\Delta\mu \neq 0$」の場合を考えよう．この場合，「確率 α 以下でしか観測されないような特異な値」は，Z_{crit} を閾値とすれば，正規分布の対象性から，$Z < -Z_{crit}$，あるいは $Z > Z_{crit}$ と与えられる．この閾値は臨界値と呼ばれる．検定統計量 Z が標準正規分布をもつとき，$\Pr[|Z| > 1.96] = 0.025$ であるから，ここでの検定統計量の臨界値は $1.96 (= Z_{0.05/2})$ と求められ，$Z < -1.96$ あるいは $Z > 1.96$ のとき，帰無仮説を棄却，逆に $-1.96 \leq Z \leq 1.96$ のとき，帰無仮説を棄却しない．このように，棄却領域が分布の両側に存在する仮説検定を両側検定（two-tail test）と呼ぶ．

次に，対立仮説が H_{a1}「$\Delta\mu > 0$」である場合を考えよう．この場合，$Z < 0$ であったとしても，それは帰無仮説を棄却する根拠とはならない．したがって「確率 α 以下でしか観測されないような特異な値」を規定する Z_{crit} は $\Pr[Z > Z_{crit}] = \alpha$ を満たすものとなる．有意水準 $\alpha = 0.05$ に対応する Z_{crit} の値は 1.64 である．すなわち，$Z > 1.64$ のとき帰無仮説を棄却し，対立仮説 H_{a1} を受け入れる．この検定の場合，棄却領域が分布の片側にしかないので片側検定（one-tail test）と呼ば

れる．対立仮説が H_{a2}「$\Delta\mu<0$」の場合も同様に $Z<-1.64$ が棄却領域となる．このように，棄却領域は対立仮説によって異なったものとなる．

16.3 平均と比率に関する仮説検定

この節では，大きな標本を用いた母集団の平均および比率に関する仮説検定の主要なものをいくつかあげる．これらは，

① 単一の母集団の平均についての仮説検定，

② 単一の母集団内で特定の性質をもつ個体の割合（比率）についての仮説検定，

③ 2つの母集団の平均の差についての仮説検定，

④ 対になった2つの標本を用いた母集団の平均の差についての仮説検定，

に分類される．

a. 大きな標本に基づく母集団平均についての仮説検定

ここで，「大きな標本」とは，標本平均について中心極限定理による正規性が成り立つような標本を意味し，標本サイズ30程度以上の標本を指す．対象とする変数の母集団平均を μ とすると，仮説として

$$\begin{cases} H_0: & \mu=\mu_0 \\ H_a: & \mu\neq\mu_0 \end{cases}$$

あるいは，

$$\begin{cases} H_0: & \mu=\mu_0 \\ H_a: & \mu<\mu_0 \end{cases}$$

などがあげられる．

検定統計量を考えるに当たり，まず対象とする変数の母集団分散 σ^2 が既知であるとしよう．母集団平均の推定量として標本平均を用いると，

$$\bar{X}\sim N(\mu,\sigma_{\bar{X}}^2), \qquad \sigma_{\bar{X}}^2=\frac{\sigma^2}{n}$$

であるから，検定統計量を

$$Z=\frac{\bar{X}-\mu_0}{\sigma_{\bar{X}}}=\frac{\bar{X}-\mu_0}{\frac{\sigma}{\sqrt{n}}}$$

と定義すると，帰無仮説 H_0「$\mu=\mu_0$」が正しいという条件の下で Z は標準正規分布をもつ．以下で，上に概要を述べた仮説検定の手順を順を追って詳しくみてい

くこととする．

対立仮説 H_a「$\mu \neq \mu_0$」の下で有意水準 σ に対応する臨界値を $Z_{\alpha/2}$ とし，これが
$$\Pr[-Z_{\alpha/2} < Z < Z_{\alpha/2}] = 1 - \alpha$$
という関係を満たすものとする．すなわち Z の絶対値が $Z_{\alpha/2}$ を超えることは，確率 α でしか起こらないように $Z_{\alpha/2}$ の値が設定されているとする．すると $Z < -Z_{\alpha/2}$ あるいは $Z > Z_{\alpha/2}$ という結果が得られたとき，帰無仮説の下では確率 α でしか生起しない事象が観測されたことになる．この場合，上に述べた統計的仮説検定の考えに基づき，帰無仮説を棄却する．

対立仮説 H_a「$\mu < \mu_0$」の下では片側検定が行われる．すなわち臨界値 Z_α を
$$\Pr[-Z_\alpha \leq Z] = 1 - \alpha \text{ あるいは } \Pr[Z < -Z_\alpha] = \alpha$$
が成立するように設定し，棄却領域を $Z < -Z_\alpha$ とする．すなわち $Z < -Z_\alpha$ という結果が得られたとき，帰無仮説 H_0「$\mu = \mu_0$」を対立仮説 H_a「$\mu < \mu_0$」の下で棄却する．

次に，母集団分散が未知である場合を考えよう．分散の不偏推定量として
$$\hat{\sigma}^2 = \frac{\sum_{i=1}^{n}(X_i - \bar{X})^2}{n-1}$$
を用いると，検定統計量として
$$t = \frac{\bar{X} - \mu_0}{\frac{\hat{\sigma}}{\sqrt{n}}}$$
が定義される．この統計量は 14.5 節で述べた t 分布をもち，自由度はこの場合 $n-1$ である．選定された有意水準に対応する t 分布の臨界値を求めると，上記の手順と同様に仮説検定を行うことができる．これは以下の数値例に示す．

数値例 自動車の運転者の「反応時間」は，運転者の反応を要する事象（たとえば，子どもが道路に飛び出す）が生じてから，それを運転者が知覚し，必要とされる行為が何かを判断し，その行為を遂行するに至るまでに経過する時間のことである．反応時間の母集団値を推定する目的で 31 名の運転者の反応時間を測定したところ，標本平均，標本分散が各々
$$\bar{X} = \frac{\sum_{i=1}^{n} X_i}{n} = 1.23\,(\text{sec}), \qquad S^2 = \frac{\sum_{i=1}^{n}(X_i - \bar{X})^2}{n} = 0.094\,(\text{sec}^2)$$
と得られた．このとき以下の仮説を検定しよう．

仮説A：$\begin{cases} H_0: & \mu = 1.30 \\ H_a: & \mu \neq 1.30 \end{cases}$

仮説B：$\begin{cases} H_0: & \mu = 1.35 \\ H_a: & \mu < 1.35 \end{cases}$

有意水準としては，$\alpha = 0.05$ を用いることとする．

検定

① 母集団分散が既知の場合： 仮説検定に当たり，過去の計測値あるいは理論値より母集団分散がわかっている場合がある．ここでは，$\sigma^2 = 0.102(\sec^2)$ と知られている場合をまず想定しよう．この場合，標本より得られる分散の推定値より信頼度が高いと考えられる σ^2 を用い，仮説Aに対応する検定統計量を

$$Z = \frac{\bar{X} - \mu_0}{\frac{\sigma}{\sqrt{n}}} = \frac{1.23 - 1.30}{\sqrt{\frac{0.102}{31}}} = -1.220$$

と計算する．上述のように Z は標準正規分布をもつと考えられる．臨界値としては $\alpha = 0.05$ に対応する $Z_{\alpha/2} = 1.96$ を用いると，$Z < -1.96$ と $1.96 < Z$ が棄却領域となる．結果から $-1.96 < Z < 1.96$ であるから，帰無仮説は棄却されない．すなわち，母集団平均が 1.30 と異なると信じる統計的根拠は存在しないという結論となる．

仮説Bについては検定統計量が

$$Z = \frac{\bar{X} - \mu_0}{\frac{\sigma}{\sqrt{n}}} = \frac{1.23 - 1.35}{\sqrt{\frac{0.102}{31}}} = -2.09$$

と求まる．臨界値は $-Z_\alpha = -Z_{0.05} = -1.645$ となり，棄却領域は $Z < -1.645$ である．結果から，$Z = -2.09 < -1.645$ となり帰無仮説は棄却される．すなわち母集団平均は 1.35 であるという仮説は退けられ，対立仮説「$\mu < 1.35$」が受け入れられる．

② 母集団分散が未知の場合： 母集団分散についての情報が存在しない場合，分散の推定値を用い仮説検定を行うことになる．15.1 節で述べたように，分散の不偏推定量は $\hat{\sigma}^2 = \{n/(n-1)\}S^2$ となり，標本平均の分散の不偏推定量は，

$$\hat{\sigma}_{\bar{X}}^2 = \frac{\hat{\sigma}^2}{n} = \frac{S^2}{n-1}$$

となる．したがって，仮説Aの場合，検定統計量は，

$$t = \frac{\bar{X} - \mu_0}{\frac{\hat{\sigma}}{\sqrt{n}}} = \frac{\bar{X} - \mu_0}{\frac{S}{\sqrt{n-1}}} = \frac{1.23 - 1.30}{\sqrt{\frac{0.094}{31-1}}} = -1.251$$

となる．自由度 $31 - 1 = 30$ に対応する臨界値は付表Bより $t_{\alpha/2} = t_{0.025} = 2.04$ と求められ，$-2.04 < -1.251 < 2.04$ であるから帰無仮説は棄却されない．

仮説Bの場合，

$$t = \frac{\bar{X} - \mu_0}{\frac{S}{\sqrt{n-1}}} = \frac{1.23 - 1.35}{\sqrt{\frac{0.094}{31-1}}} = -2.14$$

となる．片側検定で自由度 30 に対応する臨界値は $-t_\alpha = -t_{0.05} = -1.697$ であるから $t =$

$-2.14 < -1.697$ となり，帰無仮説は棄却される．□

例題2 対象としている母集団が「正規母集団」であるとしよう．すなわち，解析の対象となる変数が母集団内で正規分布していると仮定する．このとき，小標本を用いた母集団平均についての仮説検定のための検定統計量とその分布を，母集団分散が既知の場合と未知の場合についてそれぞれ求めよ．

b. 比率に関する仮説検定

母集団が2つの部分集合 A と $\bar{A}$ よりなるとし，無作為に抽出された個体が A に属する確率を p_A としよう．すでに述べたように，二項変数 X_i を

$$X_i = \begin{cases} 1 & (i\text{番目の個体が集合}A\text{に属するとき}) \\ 0 & (\text{それ以外の場合}) \end{cases}$$

と定義し，標本サイズを n とすると，

$$\hat{p}_A = \frac{\sum_{i=1}^{n} X_i}{n}$$

は p_A の不偏推定量である．この推定量は標本平均であるが，その分散の理論値が

$$\mathrm{Var}(\hat{p}_A) = \frac{p_A(1-p_A)}{n}$$

と，母数 p_A の関数として与えられる点において，平均に関する仮説検定の方法と比率に関する仮説検定の方法は異なったものとなる．以下の数値例でこれを示す．

数値例 あるマイクロプロセッサーの製造メーカーがその歩留まり（製造された製品全体の中で完全なものの割合）が95%であると公表したところ，競合メーカーは歩留まりは95%未満と主張した．中立な立場にある研究機関が，このメーカーが製造したプロセッサーを無作為に60個抽出し検査したところ，6個が不良品であるという結果となった．歩留まりの推定値は競合メーカーの主張どおり，$\hat{p} = 54/60 = 0.9 < 0.95$ となる．この結果に基づいて，競合メーカーの主張が正しいと結論づけられるであろうか．

まず仮説を設定しよう．このメーカーが製造するプロセッサーを無作為に抽出したとき，それが良品である母集団確率を p とし，以下の帰無仮説と対立仮説を考えよう．

$$\begin{cases} \mathrm{H}_0: & p = 0.95 \\ \mathrm{H}_A: & p < 0.95 \end{cases}$$

検定 母数の推定量 $\hat{p}$ の分散として上記の理論値を用い，中心極限定理により $\hat{p}$ が正規分布をもつとすると，検定統計量は，

$$Z = \frac{\hat{p}-p_0}{\sqrt{\frac{p_0(1-p_0)}{n}}} = \frac{0.90-0.95}{\sqrt{\frac{(0.95)(1-0.95)}{60}}} = -1.777$$

と求められる．有意水準として $\alpha=0.05$ を用いると臨界値は -1.645 で，棄却領域は $Z<-1.645$ である．したがって帰無仮説は棄却され，対立仮説「このメーカーの歩留まりは 0.95 未満である」が受け入れられる．

この仮説検定は，$\hat{p}$ が正規分布するという仮定に基づいている．母数 p は確率であるから $0 \leq p \leq 1$ であるのに対し，$\hat{p}$ の領域として $(-\infty, \infty)$ が仮定されていることになる．$\hat{p}$ の正規性の仮定の妥当性を検証する目的で p の 95% 信頼区間を算定すると，

$$\hat{p} \pm 1.96\sqrt{\frac{\hat{p}(1-\hat{p})}{n}} = 0.90 \pm 1.96\sqrt{\frac{(0.9)(0.1)}{60}} = 0.90 \pm 0.0759$$

となり，95% 信頼区間は 0 と 1 の間に含まれており，正規性の仮定は妥当であるということができる．□

例題3 $\hat{p}_A$ の分散として想定されている母数の関数を用いた根拠は何か．

例題4 ここで用いられた $\hat{p}_A$ 標本が復元抽出によるものとすると，標本内の不良品の数は二項分布する．この事実を用い，上の例題の仮説検定を正規性の仮定を用いることなく遂行する手順を示せ．

例題5 $\hat{p}_A$ 標本が中心極限定理を適用しうるほど大きくなかったとしよう．例として，上の数値例で，標本サイズが 10 個，そのうち良品が 9 個であったとしよう．歩留まりの推定値は数値例と同様 0.9 である．この場合に，上の例題の仮説を検定せよ．

c. 2つの母集団の平均の差についての仮説検定

2つの母集団の平均の差が解析の対象となることは多々ある．たとえば2つの異なった工程間に工費の差があるかどうか，あるいは1回生の女子学生と男子学生の間に英語の成績の差があるかどうか，などの問題である．この場合仮説は，

$$\begin{cases} H_0: & \mu_1 - \mu_2 = D_0 \\ H_a: & \mu_1 - \mu_2 < D_0, \end{cases} \quad \begin{cases} H_0: & \mu_1 - \mu_2 = D_0 \\ H_a: & \mu_1 - \mu_2 \neq D_0 \end{cases}$$

などと表される．

2母集団からの標本のサイズが異なり（$n_1 \neq n_2$），また母集団分散が異なる（$\sigma_1^2 \neq \sigma_2^2$）とし，標本平均が正規分布すると仮定できるとすると，検定統計量は

母集団分散が既知の場合： $Z = \dfrac{(\bar{X}_1 - \bar{X}_2) - D_0}{\sqrt{\dfrac{\sigma_1^2}{n_1} + \dfrac{\sigma_2^2}{n_2}}}$

母集団分散が未知の場合： $t=\dfrac{(\bar{X}_1-\bar{X}_2)-D_0}{\sqrt{\dfrac{\hat{\sigma}_1^2}{n_1}+\dfrac{\hat{\sigma}_2^2}{n_2}}}$, $df=\dfrac{\left(\dfrac{\hat{\sigma}_1^2}{n_1}+\dfrac{\hat{\sigma}_2^2}{n_2}\right)^2}{\dfrac{\left(\dfrac{\hat{\sigma}_1^2}{n_1}\right)^2}{n_1-1}+\dfrac{\left(\dfrac{\hat{\sigma}_2^2}{n_2}\right)^2}{n_2-1}}$

と与えられる．ここに，自由度 df は切り下げて整数とするものとする．

もし，2母集団間で分散が等しいと仮定できるとき，2標本をプールして得られる分散の推定値を

$$\hat{\sigma}_p^2 = \frac{(n_1-1)\hat{\sigma}_1^2 + (n_2-1)\hat{\sigma}_2^2}{n_1+n_2-2}$$

とし，

$$t=\frac{(\bar{X}_1-\bar{X}_2)-D_0}{\sqrt{\sigma_p^2\left(\dfrac{1}{n_1}+\dfrac{1}{n_2}\right)}}, \qquad df=n_1+n_2-2$$

を検定推定量として用いることができる．

数値例 ある標準的な工程に要する日数は，施工法によって異なる．新旧2種類の施工法間で施工日数に違いがあるかどうかを定める目的で，これまでの施工事例より無作為抽出されたサンプルに基づいて，以下の表に示す結果が得られた．

	工程1（旧工程）	工程2（新工程）
標本サイズ	$n_1=12$	$n_2=12$
標本平均	$\bar{X}_1=67.4$	$\bar{X}_2=52.7$
標準偏差	$\hat{\sigma}_1=18.13$	$\hat{\sigma}_2=15.87$

ここに，$\hat{\sigma}_j$ は標準偏差の不偏推定量である．対象となる仮説は，

$$\begin{cases} H_0: & \mu_1-\mu_2=0 \\ H_a: & \mu_1-\mu_2\neq 0 \end{cases}$$

と表すことができる．

検定 有意水準として $\alpha=0.05$ を用いることとして，まずこれら2標本をプールした場合の分散を以下のように求める．

$$\hat{\sigma}_p^2 = \frac{(n_1-1)\hat{\sigma}_1^2 + (n_2-1)\hat{\sigma}_2^2}{n_1+n_2-2} = 287$$

したがって検定統計量は，

$$t=\frac{(\bar{X}_1-\bar{X}_2)-D_0}{\sqrt{\hat{\sigma}_p^2\left(\dfrac{1}{n_1}+\dfrac{1}{n_2}\right)}} = 2.21$$

となる．自由度 $n_1+n_2-2=22$ に対応する臨界値は $t_{\text{crit}}=\pm 2.064$ で，上の t 値は棄却領域に入り，2つの工法の間に施工日数の差がないという帰無仮説は棄却される．

次に，新工法の方が施工日数が短いという仮説を検定しよう．仮説は，

$$\begin{cases} H_0: & \mu_1 - \mu_2 = 0 \\ H_a: & \mu_1 - \mu_2 > 0 \end{cases}$$

と定式化される．この場合は片側検定が適用され，棄却領域は$t > 1.711$である．したがって，この場合も帰無仮説は棄却され，新工法の方が施工日数が少ないという結論が得られる．□

例題6 この仮説検定でなぜ2標本をプールした分散を用いたのか．

d. 対になった2つの標本を用いた母集団の平均の差についての仮説検定

2つの母集団からの標本が対となって得られている場合を考えよう．たとえば交差点の信号機が交通事故発生に及ぼす影響を検定する目的で，幹線道路をいくつか抽出し，その各々について，信号機つきの交差点と信号機なしの交差点を1つずつ抽出したとする．近傍にある交差点を選定することにより，交通量，地形，道路際の土地利用状況などの事故発生に影響を及ぼすと考えられる要因を一定に保つことができると考えられる．したがって各々の幹線道路上の対となった交差点間の交通事故数の差は，信号機の有無の影響をより純粋に反映すると考えることができる．この場合，これまでの例のように母集団ごとの標本平均を比較するよりも，各々の対について観測値の差を対象とすることにより，より精度の高い仮説検定が可能となる．

X_iが第1の母集団についての観測値，Y_iが第2の母集団についての観測値とし，対となった標本を$(X_i, Y_i)(i = 1, 2, \cdots, n)$と表すこととする．2つの母集団の平均が等しいという仮説は，$d_\mu = \mu_1 - \mu_2$とすると，

$$\begin{cases} H_0: & d_\mu = D_0 \\ H_a: & d_\mu \neq D_0 \end{cases}$$

などと表される．これに対応して，$d_i = X_i - Y_i (i = 1, 2, \cdots, n)$を定義すると，統計検定量が

$$t = \frac{\bar{d} - D_0}{\frac{\hat{\sigma}_d}{\sqrt{n}}}, \qquad df = n - 1$$

と与えられる．ここに，

$$\bar{d} = \frac{\sum_{i=1}^{n} d_i}{n}, \qquad \hat{\sigma}_d^2 = \frac{\sum_{i=1}^{n} (d_i - \bar{d})^2}{n-1}$$

である．棄却領域はこれまでと同様に定義される．

数値例 阪神淡路大震災が住民の交通行動に与えた影響を調べるため，震災前に行われたアンケート調査の回答者の追跡調査を震災後に行い，1日の移動回数（トリップ数）についての情報を震災前・震災後各々について得た．以下の表に，8人の回答者についての結果を示す．

トリップ数	回答者							
	A	B	C	D	E	F	G	H
震災前	3	5	4	2	2	3	2	3
震災後	3	3	4	3	0	4	2	2
差	0	-2	0	1	-2	1	0	-1

震災後は交通網が寸断され，都市施設が破壊されていたため，住民の移動性が低下しトリップ数が減少したと考えることができよう．したがって，母集団での震災前後の平均トリップ数の差を d_μ とすると，ここでの仮説は，

$$\begin{cases} H_0: & d_\mu = D_0 \\ H_a: & d_\mu < D_0 \end{cases}$$

と表すことができる．有意水準としては $\alpha = 0.05$ を用いることとしよう．

検定 i 番目の被験者について観測されたトリップ数の差を d_i とすると

$$\begin{cases} \bar{d} = \dfrac{\sum_{i=1}^{n} d_i}{n} = -0.375, \qquad \sum_{i=1}^{n} d_i^2 = 11 \\ \hat{\sigma}_d^2 = \dfrac{\sum_{i=1}^{n}(d_i - \bar{d})^2}{n-1} = \dfrac{\sum_{i=1}^{n} d_i^2 - \dfrac{\left(\sum_{i=1}^{n} d_i\right)^2}{n}}{n-1} = \dfrac{11 - \dfrac{9}{8}}{7} = \dfrac{79}{56} \end{cases}$$

となり，

$$t = \frac{\bar{d} - D_0}{\dfrac{\hat{\sigma}_d}{\sqrt{n}}} = \frac{-0.375 - 0}{\sqrt{\left(\dfrac{79}{56}\right)/8}} = -0.893$$

が得られる．片側検定に対応する臨界値は $t_{\text{crit}} = -1.895 (df = 7)$ であるから，帰無仮説は棄却されない．すなわち，ここで用いられた観測値からは，震災後にトリップ数が減少したと結論づけることはできない．□

例題7 上の数値例では標本サイズが小さく，また観測値は整数であり離散的に分布している．このような場合に t 統計量を用いた仮説検定が妥当だろうか．

16.4 分散に関する仮説検定

次に分散に関する仮説検定に移ろう．ここで重要となるのが，14.5節で述べた

カイ自乗（χ^2）分布である．ここで留意されたいのは，これまでの議論と異なり，この節では母集団分布が正規分布であるということを前提としているという点である．すなわち，これまでに述べた検定手法は，中心極限定理により標本平均が正規分布をもつという特性に依拠していたが，標本分散にこれを適用することはできないのである．

a. 母集団分散についての仮説検定

14.6節で示したように，分散の不偏推定量に$(n-1)/\sigma^2$を乗じたものは，自由度$n-1$のχ^2分布をもっている．したがって，仮説

$$\begin{cases} H_0: & \hat{\sigma}^2 = D_0 \\ H_a: & \hat{\sigma}^2 \neq D_0 \end{cases}$$

を検定するに当たり，検定統計量として$\{(n-1)\sigma^2\}/D_0$を用いることができる．帰無仮説が正しければ，この統計量は，自由度$n-1$でχ^2分布をもつ．

数値例 ある缶詰工場では，品質管理の目的で，缶の内容量の標準偏差を0.1 g未満に抑えることを目標としている．検査で10個の缶を無作為に抽出し，内容量の標準偏差を推定したところ，0.04 gという結果が得られた．これに基づき，内容量の標準偏差は0.1 g未満であると結論づけてよいだろうか．

ここでの仮説は，D_0を$(0.1)^2 = 0.01$として，

$$\begin{cases} H_0: & \sigma^2 = 0.01 \\ H_a: & \sigma^2 < 0.01 \end{cases}$$

と表される．

検定 検定は片側検定で，$\alpha = 0.05$を用いると，$\Pr[\chi^2 \leq \chi^2_{\text{crit}}] = 0.05$とする$\chi^2_{\text{crit}}$が臨界値となり，棄却領域は$\chi^2 < \chi^2_{\text{crit}}$である．これに対応する自由度9の$\chi^2$分布の臨界値は3.325で，検定統計量は，

$$\frac{(n-1)\hat{\sigma}^2}{D_0} = \frac{9(0.04)^2}{0.01} = 1.44 < 3.325$$

と計算され，帰無仮説は棄却される．したがって，工場の操業は品質管理の目標を満たしていると結論づけられる．□

b. 2つの母集団の分散の比についての仮説検定

2つの母集団からの標本より得られる分散の推定値を各々$\hat{\sigma}_1^2$と$\hat{\sigma}_2^2$，また標本サイズをn_1とn_2とし，2母集団の分散がともにσ^2であるとすれば，上述の結果より

$$\begin{cases} X_1 = \dfrac{(n_1-1)\hat{\sigma}_1^2}{\sigma^2} \sim \chi^2, & df = n_1 - 1 \\ X_2 = \dfrac{(n_2-1)\hat{\sigma}_2^2}{\sigma^2} \sim \chi^2, & df = n_2 - 1 \end{cases}$$

である．したがって，両母集団の分散がともに σ^2 であるという仮定の下では，

$$\dfrac{\dfrac{(n_1-1)\hat{\sigma}_1^2}{\sigma^2(n_1-1)}}{\dfrac{(n_1-1)\hat{\sigma}_2^2}{\sigma^2(n_2-1)}} = \dfrac{\hat{\sigma}_1^2}{\hat{\sigma}_2^2} \sim F, \qquad df = (n_1-1,\ n_2-1)$$

である．分散の比についての仮説検定の数値例を以下に示す．

数値例 あるコースの2つのセクションで10点満点のクイズを行ったところ，以下の結果が得られた．この結果から，セクション間で得点の分散に差異があるといえるだろうか．

	セクション1	セクション2
標本サイズ n_j	18	13
標本平均 $\bar{X}_j$	5.90	5.60
標本標準偏差 $\hat{\sigma}_j$	1.93	3.10

仮説を

$$\begin{cases} \mathrm{H}_0: & \dfrac{\sigma_1^2}{\sigma_2^2} = 1 \quad (\sigma_1^2 = \sigma_2^2) \\ \mathrm{H}_A: & \dfrac{\sigma_1^2}{\sigma_2^2} \neq 1 \quad (\sigma_1^2 \neq \sigma_2^2) \end{cases}$$

としよう．

検定 この仮説検定は上述のように F 分布を用いて行えるわけであるが，通常 F 分布の数表には分布右側の臨界値しか与えられていない．したがって，検定統計量を計算するに当たり，常により大きな値をもつ標本分散を F の分子に置くこととしよう．こうすることにより F の値は常に1以上となり，右側の臨界値のみを検討することにより仮説検定を行うことができる．ここの例では，H_0 が正しいという仮定の下で，

$$\dfrac{\hat{\sigma}_2^2}{\hat{\sigma}_1^2} = \dfrac{(3.10)^2}{(1.93)^2} = 2.58 \sim F, \qquad df = (n_2-1,\ n_1-1) = (12,\ 17)$$

となる．有意水準として $\alpha = 0.1$ を用いると臨界値は $F_{\alpha/2} = 2.38$ が得られ，上の検定統計量の値は棄却領域に含まれる．したがって，ここでのデータからは2セクション間で得点の分散に差があるという結論が得られる．□

例題8 F 分布の左側の臨界値は，分母分子の自由度を入れ替えた F 分布の右側臨界値の逆数として与えられる．すなわち，自由度 (a, b) の F 分布をもつ変数を $F_{(a,b)}$ とすると，$\Pr[F_{(a,b)} < F_\alpha^R] = 1 - \alpha$ のとき，$\Pr[F_{(b,a)} < 1/F_\alpha^R] = \alpha$ である．この関係を用い，

母集団分散の信頼区間を定義せよ．

16.5 離散変数に関する仮説検定

この節では，事象の頻度を含む問題を対象としよう．まず観測された頻度と理論的に想定される頻度との間に違いがあるかどうかの検証を考える．次に，2つの離散確率変数の同時頻度分布が与えられたとき，2変数間の独立性を検定する方法について述べる．

a. 適合度の検定

ここでは，いくつかのカテゴリーをもつ離散分布から得られた標本内の頻度分布に基づく仮説検定について考える．例として，硬貨を100回投げて表の出た回数を数えたとする．硬貨が正当なものならば，表が出る確率は0.5で，表が出る頻度の理論的期待値は50である．さて，硬貨を実際に100回投げたところ表が61回出たとしよう．この時観測された分布と理論的に想定された分布との関係について何がいえるだろうか．

硬貨投げの問題について，仮説を以下のように設定しよう．

$$\begin{cases} H_0: & p = 0.5 \\ H_a: & p \neq 0.5 \end{cases}$$

この帰無仮説が正しいとき，表が出た回数は二項分布をもつ．標本が大きいとき，二項分布は正規分布により近似されるから，表の頻度を X_1 とすれば（裏の頻度を X_2 とする）$X_1 \sim N(np, np(1-p))$ と考えることができる．また二項分布がポアソン分布で近似されるとすれば，$E[X_1] = np = \text{Var}(X_1)$ と考えることもできる．これらの結果に基づき，以下の関係が成立するとしよう．

$$\frac{X_1 - np}{\sqrt{np}} \sim N(0, 1)$$

すなわち，表の頻度とその期待値の差を $\sqrt{np}$ で割り標準化すると，標準正規分布をもつと考える．同様の関係が裏の頻度 X_2 についてもいえるものとする．すると，帰無仮説の下では，

$$\left(\frac{X_1 - np}{\sqrt{np}}\right)^2 = \frac{(X_1 - np)^2}{np} \sim \chi^2$$

が成立する．すなわち，観測された表の頻度 X_1 と理論的に得られた頻度 np の差の2乗を理論的頻度で割った結果は，χ^2 分布をもつ．裏の頻度も合わせると，

$$\sum_{j=1}^{2} \frac{(X_j - np)^2}{np} \sim \chi^2, \qquad df = 1$$

という結果が得られる．ここで自由度が 1 となっているのは，$X_1 + X_2 = 100$ という制約があるからである．

数値例 上記のように，$p = 0.5$ とし，表の頻度が 61，したがって裏の頻度が 39 とすると，

$$\sum_{j=1}^{2} \frac{(X_j - np)^2}{np} = \frac{(61-50)^2}{50} + \frac{(39-50)^2}{50} = 4.84$$

検定 さて，対立仮説の形からすると，この仮説検定は両側検定のようにもみえるが，χ^2 は差の 2 乗であるため，対立仮説の下では p の値が仮定された値より大きいか小さいかにかかわらず χ^2 の値は大きなものとなる．したがって，ここでの臨界値は右側に α に等しい面積を残す点となる．$\alpha = 0.05$ とすると，付表 C より α 臨界値は 3.84 と得られ，棄却領域は $3.84 < \chi^2$ である．したがって，帰無仮説は棄却される．□

ここでの結果を一般化すると，以下のようになる．

---

k 個のカテゴリーをもつ離散分布から得られた観測値を考える．j 番目のカテゴリーが観測される母集団確率を p_j，また観測頻度を X_j とし，$\sum_{j=1}^{k} X_j = n$ とする．このとき，$p_{j,0}$ を帰無仮説で想定された p_j の値として，

$$\begin{cases} H_0: & p_1 = p_{1,0}, p_2 = p_{2,0}, \cdots, p_k = p_{k,0} \\ H_a: & 少なくとも 1 つの j について p_j \neq p_{j,0} \end{cases}$$

と仮説を設定すると，検定統計量として，

$$\chi^2 = \sum_{j=1}^{k} \frac{(X_j - np_{j,0})^2}{np_{j,0}}$$

を用いることができる．この統計量は自由度 $k-1$ の χ^2 分布をもち，棄却領域は $\chi_\alpha^2 < \chi^2$ である．

注意： ここでの検定法は各カテゴリーの期待頻度が少なくとも 5 であることを前提としている．

例題 9 上の数値例で，$p = 0.5$ という仮説を検定することのみに限定すると，比率についての Z を用いた検定方法が適用可能である．この比率についての仮説検定の方法と，ここでの χ^2 分布を用いた検定法の間の関係を整理せよ．

b. 離散変数間の独立性の検定

次に，複数の離散変数の同時分布が頻度分布として得られた場合を考えよう．

簡単のため2変数を対象とし，以下の数値例に沿って考えよう．

数値例 喫煙と高血圧の関係を調べるため，成人180人から喫煙習慣と血圧についての聞き取り調査をした．喫煙習慣を3つのカテゴリーで，また血圧を2つのカテゴリーで表し，これらを組み合わせてできる6つのカテゴリーに180人の被験者を振り分けることにより，調査結果が以下の表のように集約された．このように作成される表は，分割表（contingency table）と呼ばれている．

血圧	非喫煙者(NS)	軽度の喫煙者(MS)	強度の喫煙者(HS)	合計
高血圧（H）	21	36	30	87
正常（N）	48	26	19	93
合計	69	62	49	180

ここでの帰無仮説は，喫煙と高血圧の間に何ら統計的相関がないというものである．一般に事象Aと事象Bが独立のとき，$\Pr[A \cap B] = \Pr[A]\Pr[B]$ という関係が成立するから，この帰無仮説の下では，$\Pr[H \cap NS] = \Pr[H]\Pr[NS]$ などの関係が成立することになる．

検定 相対頻度の考え方により，観測値よりこれら確率の推定値を，

$$\hat{\Pr}[H] = \frac{87}{180}, \qquad \hat{\Pr}[NS] = \frac{69}{180}, \qquad \hat{\Pr}[H \cap NS] = \frac{21}{180}$$

などと求めることができる．ここで，第i行j列の頻度をX_{ij}，第i行の合計頻度をX_i，第j列の合計頻度をX_jで表し，また無作為に抽出された標本が第i行j列に属する確率をp_{ij}，第i行に属する確率をp_i，第j列に属する確率をp_jとする．すると独立性の仮定の下では$p_{ij} = p_i p_j$であるから，総頻度をNとすれば，第i行j列の頻度の期待値は$Np_i p_j$となる．この期待値を上記の相対頻度による確率の推定値を用いて表すと，

$$\mathrm{E}[X_{ij}] = Np_i p_j \approx N \frac{X_i}{N} \frac{X_j}{N} = \frac{X_i X_j}{N} = \hat{F}_{ij}$$

となる．この帰無仮説の下で経験的に得られた期待値を用い，検定統計量を以下のように定義する．

$$\chi^2 = \sum_i \sum_j \frac{(X_{ij} - \hat{F}_{ij})^2}{\hat{F}_{ij}}$$

これは自由度が（行の数 -1）（列の数 -1）のχ^2分布をもつ．ここでの数値例の場合，期待頻度は以下の表のように得られる．

血圧	非喫煙者(NS)	軽度の喫煙者(MS)	強度の喫煙者(HS)	合計
高血圧（H）	33.3	30.0	23.7	87.0
正常（N）	35.7	32.0	25.3	93.0
合計	39.0	62.0	49.0	180.0

検定統計量は,
$$\chi^2 = \frac{(21-33.3)^2}{33.3} + \frac{(36-30.0)^2}{30.0} + \cdots + \frac{(19-25.3)^2}{25.3} = 14.35, \quad df = (2-1)(3-1) = 2$$
と計算される.自由度2,$\alpha = 0.05$ に対応する臨界値は5.99であるから,帰無仮説は棄却される.すなわち喫煙と高血圧の間に相関があることが結論づけられる. □

c. 小標本への適用

上にみたように,離散変数の独立性の検定に当たり,検定統計量として χ^2 分布をもつ変量を用いるのは,変数の観測頻度が正規分布により近似されると考えられるからである.この近似は,観測される頻度の分布が大きな期待値をもつ場合には妥当と考えられるが,期待値が小さい場合には χ^2 分布が適切か否かが問題となる.分割表の解析の場合,各セルの期待値が少なくとも5であるという条件を目安と考えるのが一般である.しかし解析に援用できる標本が小さい場合,この条件が満たされないことが頻繁である.本項ではこのような場合の解析手法に簡単に触れる.

分割表の特別な場合として,以下に示す2×2分割表を考えよう.この表の行と列は各々2つのカテゴリーからなり,表の自由度は $(2-1)^2 = 1$ である.小標本からなる2×2分割表の解析については,いくつかの手法が提案されてきた.この場合の χ^2 検定統計量は,
$$\chi^2 = \frac{n(ad-bc)^2}{(a+b)(c+d)(a+c)(b+d)}$$
と与えられる.

列＼行	A	$\bar{A}$	合計
B	a	b	$a+b$
$\bar{B}$	c	d	$c+d$
合計	$a+c$	$b+d$	n

例題10 上記の関係を導出せよ.

Yatesは2×2分割表の標本が小さい場合の近似式として,
$$\chi^2 \approx \sum_j \frac{\left(|O_j - E_j| - \frac{1}{2}\right)^2}{E_j}$$
を提案している.ここに,O_j はセル j の観測頻度,E_j は期待頻度である.これ

は観測頻度と期待頻度との差から 1/2 を引いた上で 2 乗するもので，二項分布に従う頻度を正規分布で近似する場合の修正法に類するもので，

$$\chi^2 = \frac{n\left(|ad-bc|-\frac{n}{2}\right)^2}{(a+b)(c+d)(a+c)(b+d)}$$

と計算することができる．

数値例 1 Fisher に引用されている Lange の一卵性・二卵性双生児の犯罪歴についてのデータが，以下の表に示されている．この表を用いて通常の方法による χ^2 値と上式による値を比較してみよう．

	犯罪歴あり	犯罪歴なし	合計
一卵性	10	3	13
二卵性	2	15	17
合計	12	18	30

検定 この 2×2 分割表の χ^2 値は，

$$\chi^2 = \frac{n(ad-bc)^2}{(a+b)(c+d)(a+c)(b+d)} = \frac{30(10\times 15-3\times 2)^2}{(10+3)(2+15)(10+2)(3+15)} = 13.03$$

と求められる．自由度 1，$\alpha=0.05$ の場合，$\chi^2_{\text{crit}}=3.84$ であるから，分割表の行と列が独立であるという帰無仮説は棄却される．すなわち，一卵性・二卵性と犯罪歴との間には相関があると結論づけられ，一卵性双生児が犯罪歴をもつ確率は二卵性双生児の場合よりも高いということができる．

この表に Yates の修正式を適用すると，

$$\chi^2 = \frac{n\left(|ad-bc|-\frac{n}{2}\right)^2}{(a+b)(c+d)(a+c)(b+d)} = \frac{30\left(|10\times 15-3\times 2|-\frac{30}{2}\right)^2}{(10+3)(2+15)(10+2)(3+15)} = 10.46$$

が得られる．ここでも独立性の仮説は棄却される．□

Fisher は，2×2 分割表の周辺分布が与えられたとして，分割表に示される頻度が観測される確率と，それよりもより極端な（より相関の高い）頻度分布が観測される確率を計算することにより，独立性を検定することを提案している．これは厳密な検定法で，どのように小さな標本にも適用可能である．周辺分布が与えられたとき，2×2 分割表の頻度 (a, b, c, d) が観測される確率を $p(a, b, c, d)$ とすると，これは

$$p(a, b, c, d) = \frac{(a+b)!(c+d)!(a+c)!(b+d)!}{n!\,a!\,b!\,c!\,d!}$$

と与えられる．したがって，この分割表より極端な頻度分布が観測される確率は，

$$\sum_{k=\max(0,a-d)}^{a-1} p(k, a+b-k, a+c-k, d-a+k)$$

もしくは

$$\sum_{k=a+1}^{\min(a+b,a+c)} p(k, a+b-k, a+c-k, d-a+k)$$

となる．

例題 11 上記の関係を導出せよ．

数値例 2 この方法を上記の Lange のデータに適用しよう．より極端な頻度分布としては，対角線上のセルの頻度がより大きい次表の2つ

11	2
1	16

12	1
0	17

が可能である．

検定 周辺分布が与えられたとして各々が観測される確率 $p(a, b, c, d)$ は，1.533×10^{-5} および 1.503×10^{-7} と求められる．また，観測された分割表の頻度の確率は 4.497×10^{-4} で，これらの確率の和は 4.652×10^{-4} となる．すなわち，一卵性・二卵性と犯罪歴とが独立であるという帰無仮説が正しいとすれば，観測された分割表の頻度およびより極端な（すなわちより相関の高い）分割表の頻度が観測される確率の和は 0.0005 よりも小さい．つまり，きわめて小さな確率をもつ分割表が観測されていることになる．このことは，$\alpha < 0.0005$ の有意水準で帰無仮説が棄却されることを意味する．ここで求めた確率の和が，これまでに付表 B, C から求めた χ^2 分布や t 分布の尾 (tail) の面積に対応することに留意されたい．□

17. 線形回帰モデル

17.1 モデルとは何か

　工学の分野では，自然科学のみならず経済・社会学的現象を定量的に表現することが，現実社会の場における設計，予測，制御，最適化，意思決定を行うために不可欠である．そのためには，観察や実験を通して測定されるデータを整理・解析し，理論的概念を導出し，数量的に記述できることが望まれる．こうした実験はある単一量の測定を繰り返し行うのではなく，種々の条件下で複数回の測定を行うのが一般的である．たとえば，冬期におけるエアコンによる電力消費量と外気温との関係を推定しようとするとき，外気温5℃における電力消費量を何度も測るのではなく，図17.1のようにある温度範囲について電力消費量を測定する必要がある．得られた測定値は誤差を含んでおり，統計学の理論に基づいたデータ解析手法を適用することで，測定データ（この例では電力消費量と外気温）の真値の間に存在すると考えられる関係を解明することが期待できる．このような関係は複雑な実現象などの構造を簡略化して表現した数量化模型であり，モデルという．モデルでは現象を構成すると考えられる基本的構造（本質）を組み立て，

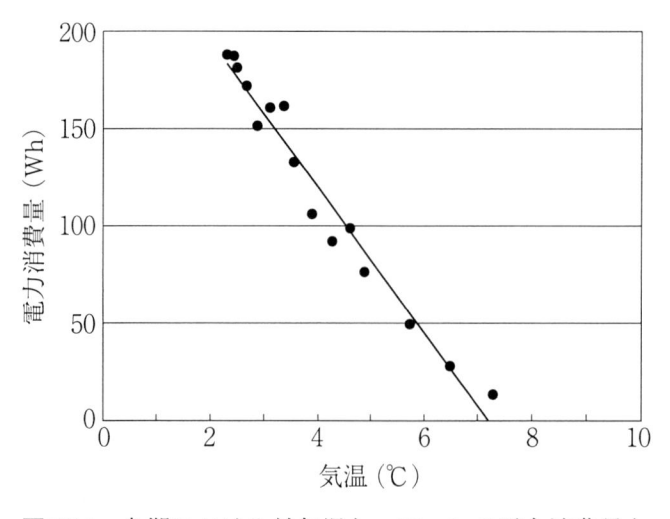

図17.1 冬期における外気温とエアコンの電力消費量との関係

これを記述する理論（たとえば，ニュートンの運動法則などの自然法則）を用いて理論値が計算され，測定値と比較される．通常，モデルにはいくつかの未知パラメータが含まれており，測定値を最もうまく説明できるようにモデル式に含まれるパラメータを決定する．一方，測定データを用いて現象を単に経験的な近似式によって表現するためにモデルが導入されることもあり，この場合には現象の構造を明らかにするためではなく，便宜的な意味でしかない．

17.2 線形モデルとその誤差項

図17.1に示した多数の観測値から，外気温xと電力消費量yとの間には直線関係が成立することがうかがえるが，こうした現象の背後に潜む2変数X, Yの定量的関係を表すモデル式を求める統計的方法として，回帰分析（regression analysis）と呼ばれる方法がある．この方法は，Yを従属変数（dependent variable）または目的変数，Xを独立変数（independent variable）または説明変数として，回帰方程式（regression equation），回帰関数（regression function）と呼ばれるモデル式を用いて，Yをあるパラメータの組を含むXで説明するものである．このとき，従属変数がパラメータの1次結合式で表現されるものが線形モデルで，たとえば

$$y = a + bx \tag{17.1}$$

のように表される．ここで，a, bはモデル式に導入されたパラメータであり，回帰係数（regression coefficient）という．一般には多数の変数を考えることができ，変数が$k-1$個の場合，回帰（方程）式は

$$y = a + b_1 x_1 + b_2 x_2 + \cdots + b_{k-1} x_{k-1} \tag{17.2}$$

となり，重回帰（multiple regression）と呼び，個々のパラメータは，ある説明変数の（他の説明変数の影響を除いた純粋の）影響を表す．説明変数が1つの場合は単回帰（simple regression）という．なお，式（17.1）にxの2次の項を加算したモデル式

$$y = a + bx + cx^2 \tag{17.3}$$

は独立変数について非線形となるが，パラメータ（回帰係数）に関しては線形である．また，非線形モデルであっても適当な変数変換により線形モデルとできる場合が少なくない．たとえば，$y = ae^{bx}$のような場合，両辺の対数をとった$\log y$とxにより線形回帰モデルで表現できる．

図17.1からわかるように，電力消費量は外気温以外の種々の要因による影響

を受けて変動しており，直線 $y=a+bx$ のまわりに観測点がばらついている．そこで，x 以外の要因からの影響を一括し，偶然変量として作用すると考えれば，実際に観測される変数 y は，

$$y = a + bx + \varepsilon \tag{17.4}$$

と表される．ここで，ε は確率変数で誤差項（error term），擾乱項（disturbance term）と呼ばれる．i 番目の外気温を x_i，電力消費量を y_i，誤差項を ε_i とすれば，母集団において

$$y_i = a + bx_i + \varepsilon_i \tag{17.5}$$

となり，式 (17.5) を母回帰方程式（population regression equation），a, b を母回帰係数（population regression coefficient）という．回帰分析とは，誤差 ε の確率分布に基づいて，これらの母回帰係数を推定，検定するものである．

なお，図 17.1 で外気温が 10℃ 以上に上昇すればエアコンの使用頻度は激減し，25℃ 以上になると図とは逆の関係が成立することが予想され，図に示された直線関係は普遍的でなく，こうした温度範囲では成立しない．回帰分析結果を応用する場合には，モデルの適用範囲を明確にしておく必要がある．

17.3 回帰分析の仮定

式 (17.4) において，変数 X（確率変数ではない）が x_i と指定されると，確率変数 Y の実現値 y_i は誤差項 ε_i が付加されているため，同一の x_i であっても対応する y_i の実現値は確率的に変動する．このような (x, y) の観測値より，未知のパラメータ a, b を推定するために誤差項 ε_i について以下のことを仮定する．

> ① 誤差に偏りがない（不偏性），すなわち期待値は 0，$\mathrm{E}[\varepsilon_i] = 0 \, (i=1, 2, \cdots, n)$.
> ② 誤差の分散は既知で一定（等分散性），$\mathrm{Var}(\varepsilon_i) = \sigma^2 \, (i=1, 2, \cdots, n)$.
> ③ 異なる誤差項は独立で無相関（無相関性），$\mathrm{Cov}(\varepsilon_i, \varepsilon_j) = \mathrm{E}[\varepsilon_i \varepsilon_j] = 0 \, (i \neq j)$.

このとき式 (17.5) より，

$$\mathrm{E}[y_i] = a + bx_i \quad (i=1, 2, \cdots, n) \tag{17.6}$$

となるが，これは，X の値が x_i と指定されたときに，Y の条件付確率分布の密度関数を $f(Y|X=x_i)$ とすると，Y の条件付期待値が $a + bx_i$ となることを意味する．すなわち，

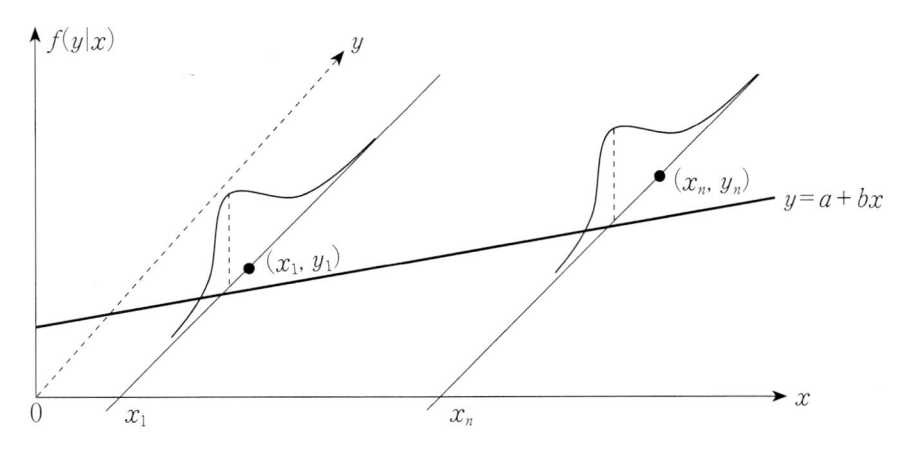

図 17.2 回帰直線と観測値の分布

$$\mathrm{E}[Y|X=x] = \int_{-\infty}^{\infty} y f(y|x)\, dy = a + bx \tag{17.7}$$

である．これを模式的に表すと図 17.2 のようになる．線形モデルという呼び方は，このように，期待値が未知パラメータの線形結合で表されることに由来している．

17.4 最小2乗法と最尤推定法

n 個の観測値 $(x_1, y_1)\cdots(x_n, y_n)$ より，どのように未知のパラメータ a, b を推定するかを考えると，観測値の最も近くを通る直線，すなわち式 (17.5) における誤差項の絶対値の総和が最小になるようなものを選べばよい．今，絶対値の代わりに誤差の2乗の総和

$$S = \sum_{i=1}^{n} \varepsilon_i^2 = \sum_{i=1}^{n} (y_i - a - bx_i)^2 \tag{17.8}$$

を最小とする $\hat{a}, \hat{b}$ を a, b の推定量とする．この方法を最小2乗法 (method of least squares) と呼び，求められた推定量を最小2乗推定量 (least squares estimator) という．ここで，導入した誤差項の3つの仮定に加えて，

> ④ 確率変数 ε_i は正規分布 $\mathrm{N}(0, \sigma^2)$ に従う．

を仮定すると，X が与えられたときに確率変数 Y の条件付確率密度関数 $f(y|x)$ は，

$$f(y|x) = \frac{1}{\sqrt{2\pi}\sigma} \exp\left\{-\frac{[y - (a+bx)]^2}{2\sigma^2}\right\} \tag{17.9}$$

で与えられる．したがって，標本 $(x_1, y_1) \cdots (x_n, y_n)$ の尤度関数は，

$$\prod_{i=1}^{n} f(y_i|x_i) = \left(\frac{1}{\sqrt{2\pi}\sigma}\right)^n \exp\left\{-\frac{\sum_{i=1}^{n}[y_i-(a+bx_i)]^2}{2\sigma^2}\right\} \tag{17.10}$$

となり，これを最大にする a, b の最尤推定値は，

$$S = \sum_{i=1}^{n}(y_i - a - bx_i)^2$$

を最小にする a, b の値で最小2乗法による推定値である．すなわち，最小2乗法とは正規確率分布に対応した最尤推定法にほかならない．

a. 正規方程式

S を最小にする a, b の値は，1次偏微分を0とおいた2つの連立方程式

$$\frac{\partial S}{\partial a} = -2\sum_{i=1}^{n}(y_i - a - bx_i) = 0 \tag{17.11}$$

$$\frac{\partial S}{\partial b} = -2\sum_{i=1}^{n}(y_i - a - bx_i)x_i = 0 \tag{17.12}$$

の解として求められる．この連立方程式を変形して，

$$na + \left(\sum_{i=1}^{n}x_i\right)b = \sum_{i=1}^{n}y_i \tag{17.13}$$

$$\left(\sum_{i=1}^{n}x_i\right)a + \left(\sum_{i=1}^{n}x_i^2\right)b = \sum_{i=1}^{n}x_i y_i \tag{17.14}$$

を得る．これを正規方程式（normal equation）と呼び，その解は，

$$\hat{b} = \frac{\sum_{i=1}^{n}(x_i-\bar{x})(y_i-\bar{y})}{\sum_{i=1}^{n}(x_i-\bar{x})^2} = \frac{c_{xy}}{S_x^2} \tag{17.15}$$

$$\hat{a} = \bar{y} - \hat{b}\bar{x} \tag{17.16}$$

となる．$\hat{a}, \hat{b}$ は標本回帰係数（sample regression coefficient），推定された回帰直線

$$y = \hat{a} + \hat{b}x \tag{17.17}$$

を標本回帰直線（sample regression line）と呼ぶ．式 (17.7) から明らかなように，$y_i = \hat{a} + \hat{b}x_i$ は $E[y_i]$ の推定量である．x_i に対応する y の値を式 (17.17) によって

$$\hat{y}_i = \hat{a} + \hat{b}x_i = \bar{y} + \hat{b}(x_i - \bar{x}) \tag{17.18}$$

と推定するとき，実測値 y_i との差

$$e_i = y_i - \hat{y}_i \quad (i=1, 2, \cdots, n) \tag{17.19}$$

を残差 (residual) と呼び, 誤差項の推定量である. 式 (17.11), (17.12) から明らかなように,

$$\sum e_i = 0, \qquad \sum e_i x_i = 0 \tag{17.20}$$

である.

例題 1 以下に示すような各国の 1 人あたり GDP x (ドル) と 1000 人あたり乳児死亡率 y のデータが得られたとき, y の x に対する回帰式を求めよ.

国名	乳児死亡率 (1000人あたり)	1人あたり GDP (ドル)	国名	乳児死亡率 (1000人あたり)	1人あたり GDP (ドル)
アルゼンチン	17.2	2,813	日本	3.84	31,277
オーストラリア	4.9	18,419	韓国	7.58	8,900
ブラジル	35.87	3,006	メキシコ	24.52	6,260
カナダ	4.95	26,770	ニュージーランド	6.18	14,854
中国	27.25	963	ロシア	19.78	2,390
エジプト	58.6	1,354	南アフリカ	61.78	2,392
フランス	4.41	27,266	スイス	4.42	34,003
ドイツ	4.65	28,323	タイ	29.5	2,052
インド	61.47	464	英国	5.45	26,372
イタリア	5.76	20,389	米国	6.69	36,040

y と x の関係を普通目盛のグラフ上にプロットすると直線関係はみられず, 図左のように指数的に減少する傾向が認められる. そこで, 両者の対数値について散布図を描くと図右のように直線関係のあることがうかがえ, $\ln y = a + b \ln x$ と表せる. したがって, $\ln x$, $\ln y$ の標本平均を求め, これと式 (17.15), (17.16) から, $\ln y = 8.532 - 0.676 \ln x$ となる. これを整理すれば $y = 5074\, x^{-0.676}$ なる関係式が得られる.

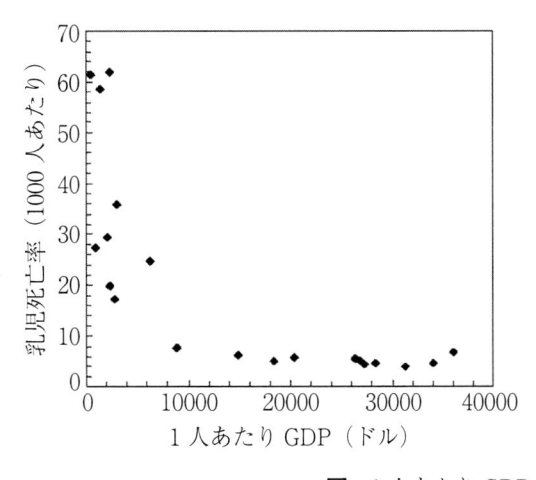

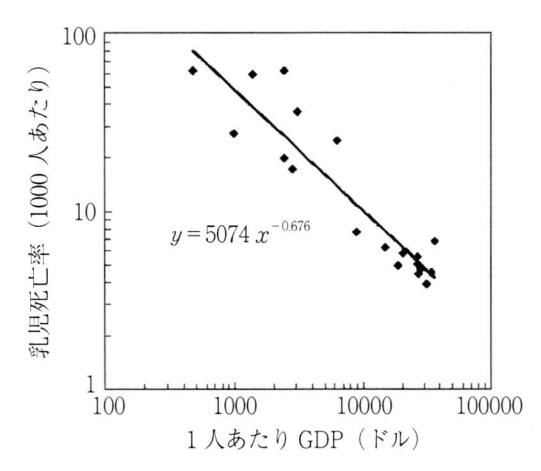

図 1 人あたり GDP と乳児死亡率との関係

b. モデル係数の推定値の性質と分布

$\hat{a}, \hat{b}$ は誤差の2乗の総和が最小となる（最小2乗推定量）ように選ばれたが，これにより優れた性質を示す．また，その性質に基づいて得られるこれら推定量の分布情報はモデルが現象を十分に説明しているのか（検定），モデル予測値の信頼性の範囲（推定）を評価する上で不可欠である．

モデル係数の統計的性質

式 (17.5) を $\hat{a}, \hat{b}$ の定義 (17.15), (17.16) に代入すると,

$$\begin{cases} y_i - \bar{y} = a + bx_i + \varepsilon_i - (a + b\bar{x} + \bar{\varepsilon}) = b(x_i - \bar{x}) + \varepsilon_i - \bar{\varepsilon}, \qquad \bar{\varepsilon} = \frac{1}{n}\sum \varepsilon_i \\ \hat{b} = \frac{\sum (x_i - \bar{x})(y_i - \bar{y})}{\sum (x_i - \bar{x})^2} = b + \frac{\sum (x_i - \bar{x})(\varepsilon_i - \bar{\varepsilon})}{\sum (x_i - \bar{x})^2} = b + \sum c_i (\varepsilon_i - \bar{\varepsilon}) \\ \hat{a} = \bar{y} - \hat{b}\bar{x} = a + b\bar{x} + \bar{\varepsilon} - \hat{b}\bar{x} = a + \sum_i \left[\frac{\varepsilon_i}{n} - c_i(\varepsilon_i - \bar{\varepsilon})\bar{x}\right] = a + \sum \left(\frac{1}{n} - c_i \bar{x}\right)\varepsilon_i \\ c_i = \frac{x_i - \bar{x}}{\sum (x_i - \bar{x})^2}, \qquad \sum c_i = 0 \end{cases} \qquad (17.21)$$

となる．ここで，c_i は確率変数ではないため，変数の値 x_i を固定すると $\hat{b}$ は確率変数 ε の1次式であり，仮定より $\mathrm{E}[\varepsilon_i] = 0$ であるから,

$$\mathrm{E}[\hat{a}] = a, \qquad \mathrm{E}[\hat{b}] = b \qquad (17.22)$$

となり，$\hat{a}, \hat{b}$ は a, b の不偏推定量である．

次に，$\hat{a}, \hat{b}$ の分散は $\sum c_i = 0$, 仮定より $\mathrm{Var}(\varepsilon_i) = \sigma^2$ だから,

$$\mathrm{Var}(\hat{b}) = \mathrm{Var}\left(b + \sum_i c_i \varepsilon_i\right) = \mathrm{Var}\left(\sum_i c_i \varepsilon_i\right) = \sum_i c_i^2 \mathrm{Var}(\varepsilon_i) = \sigma^2 \sum_i c_i^2$$

$$= \frac{\sigma^2}{\sum_i (x_j - \bar{x})^2} = \frac{\sigma^2}{nS_x^2} \qquad (17.23)$$

$$\mathrm{Var}(\hat{a}) = \mathrm{Var}\left[a + \sum_i \left(\frac{1}{n} - c_i \bar{x}\right)\varepsilon_i\right] = \sum_i \mathrm{Var}\left[\left(\frac{1}{n} - c_i \bar{x}\right)\varepsilon_i\right] = \sum_i \left(\frac{1}{n} - c_i \bar{x}\right)^2 \mathrm{Var}(\varepsilon_i)$$

$$= \sum_i \left(\frac{1}{n^2} + c_i^2 \bar{x}^2 - \frac{2c_i \bar{x}}{n}\right)\sigma^2 = \left(\frac{1}{n} + \frac{\bar{x}^2 \sum_i (x_i - \bar{x})^2}{\{\sum_i (x_i - \bar{x})^2\}^2}\right)\sigma^2$$

$$= \left(\frac{1}{n} + \frac{\bar{x}^2}{\sum_i (x_i - \bar{x})^2}\right)\sigma^2 = \frac{\sigma^2 \sum_i x_i^2}{n \sum_i (x_i - \bar{x})^2} = \frac{\sigma^2 \sum_i x_i^2}{n^2 S_x^2} \qquad (17.24)$$

である．ここで，不偏な線形推定量

$$\begin{cases} \hat{a}' = \sum c_{ai} y_i, & \hat{b}' = \sum c_{bi} y_i \\ \mathrm{E}[\hat{a}'] = a, & \mathrm{E}[\hat{b}'] = b \end{cases}$$

を考えると，次に述べるガウス・マルコフの定理より，

$$\mathrm{Var}(\hat{a}) \leq \mathrm{Var}(\hat{a}'), \qquad \mathrm{Var}(\hat{b}) \leq \mathrm{Var}(\hat{b}')$$

だから，$\hat{a}, \hat{b}$ は最良線形不偏推定量（best linear unbiased estimator：BLUE）である．

ガウス・マルコフの定理[1]

線形モデルに対する最小2乗推定量は，最良線形不偏推定量（BLUE）である．

[証明] 簡単のため，式（17.5）について考える．

式（17.22）より，最小2乗推定量の不偏性は明らかである．

$$\hat{b}' = \sum c_{bi} y_i = \sum c_{bi}(a + b x_i + \varepsilon_i) = a\sum c_{bi} + b\sum c_{bi} x_i + \sum c_{bi}\varepsilon_i$$

a, b のあらゆる値に対して $\hat{b}$ が不偏であるためには，

$$\sum c_{bi} = 0, \qquad \sum c_{bi} x_i = 1$$

である．式（17.21）を念頭に，以下の式

$$\sum\left[c_{bi} - \frac{x_i - \bar{x}}{\sum(x_i - \bar{x})^2}\right]^2 = \sum c_{bi}^2 - \frac{1}{\sum(x_i - \bar{x})^2}$$

が成立するから，

$$\mathrm{Var}(\hat{b}') = \sum c_{bi}^2 \mathrm{Var}(y_i) = \sigma^2 \sum c_{bi}^2 = \sum\left[c_{bi} - \frac{x_i - \bar{x}}{\sum(x_i - \bar{x})^2}\right]^2 + \frac{1}{\sum(x_i - \bar{x})^2}$$

$\mathrm{Var}(\hat{b}')$ が最小となるためには，すべての i について

$$c_{bi} = \frac{x_i - \bar{x}}{\sum(x_i - \bar{x})^2}$$

となる必要があり，このとき，$\hat{b}'$ は $\hat{b}$ に一致する．同様に，

$$\hat{a}' = \sum c_{ai}(a + b x_i + \varepsilon_i) = a\sum c_{ai} + b\sum c_{ai} x_i + \sum c_{ai}\varepsilon_i$$

a, b のすべての可能な値に対して，$\mathrm{E}[\hat{a}] = a$ であるには，

$$\sum c_{ai} = 1, \qquad \sum c_{ai} x_i = 0$$

c_{ai} がこの条件を満たすとき，

$$\begin{aligned}\sum\left[c_{ai} - \left\{\frac{1}{n} - \frac{\bar{x}(x_i - \bar{x})}{\sum(x_j - \bar{x})^2}\right\}\right]^2 &= \sum c_{ai}^2 - \frac{2}{n} - \frac{2\bar{x}^2}{\sum(x_i - \bar{x})^2} + \frac{1}{n} + \frac{\bar{x}^2}{\sum(X_i - \bar{x})^2} \\ &= \sum c_{ai}^2 - \frac{1}{n} - \frac{\bar{x}^2}{\sum(x_i - \bar{x})^2} = \sum c_{ai}^2 - \frac{\sum(x_i - \bar{X})^2 + n\bar{x}^2}{n\sum(x_i - \bar{x})^2} \\ &= \sum c_{ai}^2 - \frac{\sum x_i^2}{n\sum(x_i - \bar{x})^2}\end{aligned}$$

---

[1] 一般的な場合の証明は，文献（東京大学教養学部統計学教室編，1992）を参照されたい．

したがって,
$$\operatorname{Var}(\hat{a}') = \sum c_{ai}^2 \operatorname{Var}(y_i) = \sigma^2 \sum c_{ai}^2$$
$$= \sigma^2 \left\{ \sum \left[c_{ai} - \left\{ \frac{1}{n} - \frac{\bar{x}(x_i - \bar{x})}{\sum (x_j - \bar{x})^2} \right\} \right]^2 + \frac{\sum x_i^2}{n \sum (x_i - \bar{x})^2} \right\}$$

これが最小となるには,すべての i について,
$$c_{ai} = \frac{1}{n} - \frac{\bar{x}(x_i - \bar{x})}{\sum (x_i - \bar{x})^2}$$
このとき $\hat{a}'$ は $\hat{a}$ に一致する.

c. $\hat{a}, \hat{b}$ の標本分布

$\hat{a}, \hat{b}$ の値に基づいて,母回帰係数 a, b の推定や検定を行う場合,$\hat{a}, \hat{b}$ の標本分布について知っておく必要がある.$\hat{a}, \hat{b}$ は,正規分布 $N(0, \sigma^2)$ に従う ε_i の線形関数であるから,標本分布は正規分布となり,式 (17.23), (17.24) より

$$N\left(a, \frac{\sigma^2 \sum x_i^2}{n \sum (x_i - \bar{x})^2}\right) \tag{17.25}$$

$$N\left(b, \frac{\sigma^2}{\sum (x_i - \bar{x})^2}\right) \tag{17.26}$$

になる.

残差の二乗和 $Q^2 = \sum e_i^2$ を考えると,
$$\sum e_i^2 = \sum (y_i - \hat{a} - \hat{b} x_i)^2 = \sum [y_i - \bar{y} - \hat{b}(x_i - \bar{x})]^2$$
$$= \sum (y_i - \bar{y})^2 - 2\hat{b} \sum (x_i - \bar{x})(y_i - \bar{y}) + \hat{b} \sum (x_i - \bar{x})(y_i - \bar{y})$$
$$= \sum (y_i - \bar{y})^2 - \hat{b}^2 \sum (x_i - \bar{x})^2$$

ここで,
$$y_i = a + b x_i + \varepsilon_i, \qquad a = \bar{y} - b\bar{x} - \bar{\varepsilon}$$

である.さらに
$$E[\bar{\varepsilon}^2] = E\left[\frac{(\sum \varepsilon_i)^2}{n^2}\right] = \frac{n\sigma^2}{n^2} = \frac{\sigma^2}{n}$$

であるから,
$$E[Q]^2 = E[\sum e_i^2] = E[\sum (\varepsilon_i - \bar{\varepsilon})^2] - \sum (x_i - \bar{x})^2 E[(\hat{b} - b)^2]$$
$$= \sum E[\varepsilon_i^2] - n E[\bar{\varepsilon}^2] - \sum (x_i - \bar{x})^2 \operatorname{Var}(\hat{b})$$
$$= (n-1)\sigma^2 - \sigma^2 = (n-2)\sigma^2$$

となり,

$$\hat{\sigma}^2 = \frac{Q^2}{n-2} = \frac{\sum e_i^2}{n-2} \tag{17.27}$$

は σ^2 の不偏推定量である．また，ε_i の正規性（仮定④）から統計量

$$\frac{Q^2}{\sigma^2} = \frac{\sum e_i^2}{\sigma^2} \tag{17.28}$$

は，14.5 節の記述と式（17.20）の制約条件を考慮すれば，自由度 $n-2$ の χ^2 分布に従うことがわかる．

ここで，σ^2 は未知であるから，式（17.25），（17.26）の σ^2 を $\hat{\sigma}^2$ で置き換えると 14.5 節で述べたように，$\hat{a}, \hat{b}$ に関する以下の統計量は，それぞれ自由度 $n-2$ の t 分布

$$t_a = \frac{\hat{a}-a}{\hat{\sigma}\sqrt{\dfrac{\sum x_i^2}{n\sum(x_i-\bar{x})^2}}} = \frac{\hat{a}-a}{\dfrac{\hat{\sigma}\sqrt{\sum x_i^2}}{nS_x}} = \frac{\hat{a}-a}{\hat{\sigma}_a} \tag{17.29}$$

$$t_b = \frac{\hat{b}-b}{\hat{\sigma}\sqrt{\dfrac{1}{\sum(x_i-\bar{x})^2}}} = \frac{\hat{b}-b}{\dfrac{\hat{\sigma}}{\sqrt{n}S_x}} = \frac{\hat{b}-b}{\hat{\sigma}_b} \tag{17.30}$$

に従うことがわかり，$\hat{a}, \hat{b}$ の区間推定や検定が可能となる．たとえば，信頼係数を $1-\alpha$ とするとき b の信頼区間は，

$$[\hat{b} - t_{\alpha/2}(n-2)\hat{\sigma}_b, \ \hat{b} + t_{\alpha/2}(n-2)\hat{\sigma}_b]$$

である．

例題 2 ある地域でマグニチュード 7 以上の大地震発生の周期性を検討するために，1600 年以降に発生した（累積）回数と年代の関係を調べ，以下のデータを得た．

回数 x	1	2	3	4	5
発生年 y	1633.2	1704.0	1782.5	1853.2	1923.7

これを $y = \hat{a} + \hat{b}x$ に当てはめると $\hat{b}$ が周期に相当するが，その判断は次節で述べる適合度検定の結果を待つ必要がある．まず，最小 2 乗法により $\hat{a}, \hat{b}$ を求める．

$n = 5$, $\bar{x} = 3$, $\bar{y} = 1779.32$ であるから，式（17.25）より，$\hat{a} = 1560.26$, $\hat{b} = 73.02$ となり，モデル式は $y = 1560.26 + 73.02x$ と表せる．このとき，

$$\begin{cases} Q^2 = \sum_{i=1}^{5}(y_i - 1560.26 - 73.02 x_i)^2 = 18.904 \\ \hat{\sigma}^2 = \dfrac{Q^2}{n-2} = 6.301, \quad \hat{\sigma} = 2.510, \quad nS_x^2 = \sum_{i=1}^{5}(x_i-3)^2 = 10, \quad \sum_{i=1}^{5} x_i^2 = 55 \end{cases}$$

であり，

$$\hat{\sigma}_a = \frac{\hat{\sigma}\sqrt{\sum x_i^2}}{nS_x} = 2.510 \times \frac{\sqrt{55}}{\sqrt{50}} = 2.633, \qquad \hat{\sigma}_b = \frac{\hat{\sigma}}{\sqrt{n}S_x} = \frac{2.510}{\sqrt{10}} = 0.794$$

となる．次に a, b の信頼区間を求める．

$$t_{0.05/2}(3) = 3.182, \qquad t_{0.05/2}(3)\hat{\sigma}_a = 8.378, \qquad t_{0.05/2}(3)\hat{\sigma}_b = 2.526$$

であるから，信頼係数95％での a の信頼区間は（1551.882, 1568.638），b の信頼区間は（70.494, 75.546）となる．

17.5 適合度の検定

例題1で示した乳児死亡率 y の国による差異の程度は，標本平均からのバラツキとして標本分散で定量的に表すことができる．この差異がいかなる要因によるものかを説明するために，1人あたり GDP を説明変数 x として導入したが，x の値をモデル式に代入することで y の値が完全に決定されるわけではなく，線形モデルで予測される乳児死亡率と実測データにはずれが生じる．このずれは，統計調査に伴う誤差や1人あたり GDP 以外の要因などが関与していると考えられる．したがって，モデルが現象を説明できる（適合度）の程度は，標本全体のデータの差異（標本分散に対応）と，モデルと実測データとの差異（回帰残差二乗和 S^2）の相対値を用いて表現できる．

a. モデル全体の適合度

モデルの実測データに対する当てはめのよさを判定する基準として，一般的に決定係数（determination coefficient）R^2 が用いられる．実測値 y_i の平均値まわりのバラツキの総和は，

$$\sum (y_i - \bar{y})^2 = \sum (\hat{y}_i - \bar{y})^2 + \sum (y_i - \hat{y}_i)^2 = \sum (\hat{y}_i - \bar{y})^2 + \sum e_i^2$$

と分解でき，決定係数とは y_i の全バラツキのうち，上式の右辺第1項で示された，回帰方程式で説明できるバラツキの占める割合で，

$$R^2 = 1 - \frac{\sum e_i^2}{\sum (y_i - \bar{y})^2} = 1 - \frac{S_{y\cdot x}^2}{S_y^2} = \frac{\sum (\hat{y}_i - \bar{y})^2}{\sum (y_i - \bar{y})^2} \tag{17.31}$$

と定義される．ここで，$S_{xy}^2 = Q^2/n$ である．定義から明らかなように R^2 は 0～1 の間の数値をとり，x が完全に y を説明する場合にはすべての実測値が回帰式の上にあり，$R^2 = 1$ となる．一方，回帰方程式が全く説明できない場合は，$R^2 = 0$ ですべての $\hat{y}_i$ が実測値の平均 $\bar{y}$ となる．

なお，線形回帰式では，式 (17.15), (17.18) を用いて，

17. 線形回帰モデル

$$R^2 = \frac{\sum(\hat{y}_i - \bar{y})^2}{\sum(y_i - \bar{y})^2} = \frac{\sum\{\hat{b}(x_i - \bar{x})\}^2}{\sum(y_i - \bar{y})^2} = \frac{\{\sum(x_i - \bar{x})(y_i - \bar{y})\}^2}{\sum(y_i - \bar{y})^2 \sum(x_i - \bar{x})^2} = \frac{c_{xy}^2}{S_x^2 S_y^2} \quad (17.32)$$

となり，標本相関係数の2乗と一致する．

今，2個のデータに線形回帰を当てはめると，直線式が一意的に決定し，決定係数は1になるが，これは回帰式が現象を完全に説明しているわけではないことは明白である．残差の二乗和に自由度を考慮していないためであり，式(17.31)の S_{xy}^2, S_y^2 の代わりに

$$\hat{\sigma}_y^2 = \frac{1}{n-1} \sum_{i=1}^{n}(y_i - \bar{y})^2 \quad (17.33)$$

と式(17.27)を用いた

$$\tilde{R}^2 = 1 - \frac{\hat{\sigma}^2}{\hat{\sigma}_y^2} \quad (17.34)$$

により決定係数を計算する．これを自由度調整済決定係数という．なお，$\hat{\sigma}^2/\hat{\sigma}_y^2 = \{n/(n-2)S_{xy}^2\}/\{n/(n-1)S_y^2\} = \{(n-1)/(n-2)\}(S_{xy}^2/S_y^2) > S_{xy}^2/S_y^2$ であるから，$R^2 > \tilde{R}^2$ である．

例題3 例題2について R^2, $\tilde{R}^2$ を求めてみよう．

$$\begin{cases} \sum_{i=1}^{5}(y_i - 1779.32)^2 = 53338.11 \\ \hat{\sigma}_y^2 = \frac{53338.11}{4} = 13334.527, \quad S_y^2 = \frac{53338.11}{5} = 10667.62 \\ \hat{\sigma}^2 = 6.301, \quad S_{xy}^2 = \frac{Q^2}{5} = \frac{18.904}{5} = 3.781 \end{cases}$$

したがって，

$$R^2 = 1 - \frac{3.781}{10667.62} = 0.9996, \quad \tilde{R}^2 = 1 - \frac{6.301}{13334.527} = 0.9995$$

となって適合性が非常によいことがわかる．

b. 回帰係数の有意性の検定

回帰分析において X による Y の説明の程度（モデルの適合性）は決定係数で求められるが，たとえば線形モデルによる現象の記述性，因果関係の有無を判断するためには統計的検定が必要である．これは，帰無仮説 $b=0$ の検定により判断することができる．一般的には帰無仮説を

$\text{H}_0: \quad b = b_0$ （b_0 は定数）

とし，対立仮説を

H_a: $b \neq b_0$

とする．帰無仮説が正しければ，式（17.30）でみたように，

$$t_1 = \frac{\hat{b} - b_0}{\frac{\hat{\sigma}}{\sqrt{nS_x}}} = \frac{\hat{b} - b_0}{\hat{\sigma}_b} \tag{17.35}$$

は自由度 $n-2$ の t 分布をする変数の実現値の一つであるから，仮に，有意水準を α とすれば自由度 $n-2$ の t 分布の臨界点を求め，$|t_1| \geq t_{\alpha/2}(n-2)$ のとき帰無仮説を棄却し，それ以外では棄却しない．特に，$b_0 = 0$ を検定するために用いる統計量

$$t_2 = \frac{\hat{b}}{\hat{\sigma}_b} \tag{17.36}$$

を t 値（t-value）という．帰無仮説 $b_0 = 0$ が棄却された場合，x は y に影響を及ぼしており両者の間には関係があると見なすことができる．ただし，第16章で述べられたようにその判断が100%正しいと結論を下すことはできない．

a についても同様に，帰無仮説

H_0: $a = a_0$ （a_0 は定数）

について，

$$t_1 = \frac{\hat{a} - a_0}{\hat{\sigma}\sqrt{\frac{\sum x_i^2}{nS_x}}} = \frac{\hat{a} - a_0}{\hat{\sigma}_a} \tag{17.37}$$

を計算し，検定を行うことができる．

例題4 例題2について x と y との間に直線関係は成立すると見なせるのか．

解 帰無仮説 $H_0: b = 0$，対立仮説 $H_a: b \neq 0$ を立て，有意水準を5%（$\alpha = 0.05$）とする．自由度3の t 分布の臨界値は，両側検定の場合，

$$t_{0.025}(3) = 3.182, \quad t_1 = \frac{\hat{b}}{\hat{\sigma}_b} = \frac{73.02}{0.794} = 91.96 > t_{0.025}(3)$$

となり，帰無仮説は棄却される．よって x と y との間には直線関係が成立すると見なされる．

問題1 以下の表は過去の地震の規模と最大被害距離についてのデータである．地震規模に対する最大被害距離の回帰直線と決定係数を求めよ．また，最大被害距離は地震規模に比例していると考えてよいのか検討せよ．

地震規模 x（マグニチュード）	6.00	6.25	6.50	6.75	7.00	7.25	7.50	7.75	8.00
最大被害距離 y（km）	21	27	38	25	50	34	37	83	67

問題 2 冷蔵庫のドアの開閉回数と電力消費量について次のようなデータが得られた.このとき,

ドアの開閉回数 x (回/日)	50	30	100	80	75	110
電力消費量 y (kWh)	100	90	115	110	100	120

① x に対する y の標本回帰直線 $y=\hat{a}+\hat{b}x$ を求めよ.
② 決定係数を求めよ.
③ $\hat{a}, \hat{b}$ の意味するところは何か
④ ドアの開閉回数は電力消費量に影響を与えていると判断できるか.

c. 重回帰分析と回帰係数の有意性の検定

i） 回帰係数の推定　　重回帰の場合,説明変数 $x_1, \cdots, x_k$ の値が $x_{1i}, \cdots, x_{ki}$ ($i=1, 2, \cdots, n$) と指定されたとき,対応する従属変数 y を y_i とすると

$$y_i = b_0 + b_1 x_{1i} + b_2 x_{2i} + \cdots + b_k x_{ki} + \varepsilon_i \quad (i = 1, 2, \cdots, n) \tag{17.38}$$

において,17.3節で示した誤差項に関する仮定の下で $n>k$ のとき,母偏回帰係数 (population partial regression coefficient) $b_0, b_1, \cdots, b_k$ の最小2乗推定量が

$$Q = \sum [y_i - (b_0 + b_1 x_{1i} + b_2 x_{2i} + \cdots + b_k x_{ki})]^2 \tag{17.39}$$

を最小にする.すなわち正規方程式 $\partial Q/\partial b_0 = 0, \partial Q/\partial b_1 = 0, \cdots, \partial Q/\partial b_k = 0$ の解として求められる.方程式は,

$$\begin{cases} n\hat{b}_0 + \hat{b}_1 \sum x_{1i} + \cdots + \hat{b}_k \sum x_{ki} = \sum y_i \\ \hat{b}_0 \sum x_{1i} + \hat{b}_1 \sum x_{1i}^2 + \hat{b}_2 \sum x_{1i} x_{2i} \cdots + \hat{b}_k \sum x_{1i} x_{ki} = \sum x_{1i} y_i \\ \quad \vdots \\ \hat{b}_0 \sum x_{ki} + \hat{b}_1 \sum x_{ki} x_{1i} + \hat{b}_2 \sum x_{ki} x_{2i} \cdots + \hat{b}_k \sum x_{ki}^2 = \sum x_{ki} y_i \end{cases} \tag{17.40}$$

となり,行列表示すれば,

$$(\boldsymbol{X}^{\mathrm{T}} \boldsymbol{X}) \boldsymbol{b} = \boldsymbol{X}^{\mathrm{T}} \boldsymbol{y}$$

で,k 個の正規方程式が独立であるならば,解は,

$$\boldsymbol{b} = (\boldsymbol{X}^{\mathrm{T}} \boldsymbol{X})^{-1} \boldsymbol{X}^{\mathrm{T}} \boldsymbol{y} \tag{17.41}$$

と書ける.ただし,

$$\boldsymbol{X} = \begin{pmatrix} 1 & x_{11} & \cdots & x_{k1} \\ 1 & x_{12} & \cdots & x_{k2} \\ \vdots & \vdots & \ddots & \vdots \\ 1 & x_{1n} & \cdots & x_{kn} \end{pmatrix}, \quad \boldsymbol{y} = \begin{pmatrix} y_1 \\ y_2 \\ \vdots \\ y_n \end{pmatrix}, \quad \boldsymbol{b} = \begin{pmatrix} \hat{b}_0 \\ \hat{b}_1 \\ \vdots \\ \hat{b}_k \end{pmatrix}$$

$\boldsymbol{X}^{\mathrm{T}}$ は $\boldsymbol{X}$ の転置行列である.ここで,解 $\hat{b}_0, \hat{b}_1, \cdots, \hat{b}_k$ を標本(偏)回帰係数 (sample partial regression coefficient），推定された回帰式

$$y = \hat{b}_0 + \hat{b}_1 x_i + \hat{b}_2 x_2 + \cdots + \hat{b}_k x_k \tag{17.42}$$

を標本重回帰方程式という．また，$\hat{b}_0, \hat{b}_1, \cdots, \hat{b}_k$ は単回帰分析と同様に最良線形不偏推定量であることが知られている．なお，回帰残差二乗和 $Q^2 = \sum e_i^2$

$$e_i = y_i - (\hat{b}_0 + \hat{b}_1 x_{1i} + \hat{b}_2 x_{2i} + \cdots + \hat{b}_k x_{ki}) \tag{17.43}$$

に対して単回帰の場合と同様に

$$\mathrm{E}[Q^2] = (n-k-1)\sigma^2 \tag{17.44}$$

が成立し，

$$\hat{\sigma}^2 = \frac{\sum e_i^2}{n-k-1} \tag{17.45}$$

は，誤差項 ε_i の分散 σ^2 の不偏推定量である．なお，統計量 Q^2/σ^2 は自由度 $n-k-1$ の χ^2 分布に従う．

ii) モデルの適合性　　モデルの当てはめのよさは，単回帰の場合と同様に重決定係数（coefficient of multiple determination）

$$R^2 = \frac{\sum (\hat{y}_i - \bar{y})^2}{\sum (y_i - \bar{y})^2} = 1 - \frac{\sum e_i^2}{\sum (y_i - \bar{y})^2}$$

で判定され，線形回帰ではこの正の平方根は重相関係数（multiple correlation coefficient）と一致する．ここで，重相関係数の2乗は，

$$R^2 = \frac{\sum_{i=0}^{k} \hat{b}_i \sum_{j=0}^{n} (x_{ij} - \bar{x}_i)(y_j - \bar{y})}{\sum_{j=1}^{n} (y_j - \bar{y})^2} \tag{17.46}$$

$$\bar{x}_i = \frac{1}{n}\sum_{j=1}^{n} x_{ij}, \qquad \bar{y} = \frac{1}{n}\sum_{j=1}^{n} y_j \tag{17.47}$$

である．

一般に，重回帰の場合には，自由度調整済決定係数 $\tilde{R}^2$ と未調整の R^2 との間に

$$\tilde{R}^2 = 1 - \frac{n-1}{n-k-1}(1-R^2) \tag{17.48}$$

の関係があり，データ数 n が k よりも十分大きくなれば両者の差は無視できる．

重回帰分析では，選択する説明変数の数に注意が必要である．現象とは無関係な変数であってもわずかな共変関係があれば重回帰式の説明率を高めることが可能である．また，説明変数相互に高い相関関係がある場合も，誤った重回帰式を導出することになる．たとえば，ある25人の生徒の身長 x_1，体重 x_2，胸囲 y のデータから，身長および胸囲に対する体重の重回帰式を求めたところ，y

$= -82.752 + 0.346 x_1 + 0.958 x_2$ が得られ（宮川，1999），このとき $R^2 = 0.729$ である．ここで，2個の説明変数からなる重回帰式に $x_3 = x_1 + \sqrt{x_1}$ を新たに加えて3個の説明変数による回帰分析を行うと，$y = -5598.62 - 879.371 x_1 + 1.006 x_2 + 847.169 x_3$，$R^2 = 0.759$ となって適合度が改善されるが，このモデル式が誤りであることは明白である．したがって，重回帰分析を実施する前に説明変数間の相関行列を算出し，異常な高相関がみられる場合には説明変数の吟味が必要となる．最良な回帰方程式の選択法とその基準についてはいくつかの方法が提案されているが，詳細は文献（下平，2004）をみられたい．

　説明変数にはさまざまな単位のものが用いられ，同一の説明変数であっても偏回帰係数は単位（たとえば，Jとkcal）によって値が大きく変化する．また，異なる説明変数間では単位も異なる（mとkgなど）場合も多い．したがって，偏回帰係数の影響度をそのままの値で比較することは意味を有さず，正規化されたデータに対して回帰分析が行われる．

　iii）　回帰係数の検定　　重回帰分析では説明変数が複数あるため，複数の偏回帰係数について同時に検定する場合が生じる．たとえば，大気汚染物質濃度 y に対する風速 x_1 と日射量 x_2 の影響を調べるときに，y に x_2 が影響を及ぼさない $b_2 = 0$ なる帰無仮説の下で検定を行う，あるいは $b_1 = 0$ の帰無仮説での検定が考えられる．

　一般に，帰無仮説が複数の制約式からなる場合の検定

　　　帰無仮説 H_0：　　$b_{r+1} = \cdots = b_k = 0$
　　　対立仮説 H_a：　　$b_m \neq 0$　（$m: r+1 \sim k$ のいずれか）

には F 検定を用いる．その手順は次のようになる．

　① H_0 が正しいとして重回帰方程式を推定し，回帰残差の平方和 $\sum e_i^2$ を S_0 とする．

　② すべての説明変数を含む重回帰方程式を推定し，その回帰残差の平方和 $\sum e_i'^2$ を S_1 とする．

　帰無仮説に含まれる制約式の数を $p = k - r$ とすると，統計量 $(S_0 - S_1)/\sigma^2$ は自由度 p の χ^2 分布に従うことが知られており，$F = \{(S_0 - S_1)/p\}/S_1(n-k-1)$ は，帰無仮説が正しい場合，自由度 $(p, n-k-1)$ の F 分布 $F(p, n-k-1)$ に従う．したがって，

　③ 有意水準 α を定め，$F \geq F_\alpha(p, n-k)$ のときに帰無仮説を棄却する．

　なお，$x_1, \cdots, x_k$ のすべてが y を説明しないという帰無仮説

に対して検定する場合，すなわち，重回帰式の適切性について検定する場合は，$S_0 = \sum (y_i - \bar{y})^2$, $p = k$ となる．

H$_0$: $b_1 = \cdots = b_k = 0$

例題5 大気中の光化学反応によって窒素酸化物や炭化水素から生成するオキシダントの濃度 y と自動車交通量 x_1, 気温 x_2 との関係を下記の測定データ（片谷ら，2003）を用いた重回帰分析により行う．

年度	年平均オキシダント濃度（ppb）	交通量（台/日）	年平均気温（℃）
1991	24	18000	16.3
1992	27	18500	17.5
1993	26	19000	16.5
1994	28	19300	17.3
1995	28	19700	16.7
1996	25	19800	16.8
1997	30	20050	17.2
1998	29	20400	16.5
1999	32	20500	17.5
2000	30	20700	17.0

解 式（17.41）を解くと重回帰式は
$$y = -50.34 + 0.0019 x_1 + 2.424 x_2$$
となり，決定係数は
$$R^2 = 1 - \frac{\sum e_i^2}{\sum (y_i - \bar{y})^2} = 1 - \frac{11.399}{54.9} = 0.792$$
自由度調整済決定係数は
$$\tilde{R}^2 = 1 - \frac{10-1}{10-2-1}(1 - R^2) = 0.733$$
である．

次に重回帰式の適合性について検定を行う．帰無仮説 H$_0$: $b_1 = b_2 = 0$ の下で，$S_0 = \sum (y_i - \bar{y})^2 = 54.9$, $S_1 = \sum e_i'^2 = 11.399$, $p = 2$ より，統計量 $F = \{(54.9 - 11.399)/2\}/\{11.399/(10-2-1)\} = 13.36$ であり，有意水準5％とすると自由度（2, 7）の F 分布の臨界値は $F_{0.05}(2, 7) = 4.74 < F = 13.36$ となる．したがって帰無仮説は棄却され，重回帰式は有意であるといえる．

17.6 線形モデルによる予測とその信頼度

今，式（17.4）で表されるような線形モデルで現象が記述できるとして，説明変数 x の値が x_k で与えられたときに，対応する従属変数 y は確率変数であるからその期待値をどのように予測するかを考える．そこで，n 個の観測値 (x_i, y_i),

$i = 1, 2, \cdots, n$ から求められる a, b の最小 2 乗推定値 $\hat{a}, \hat{b}$ を用いて $\hat{y} = \hat{a} + \hat{b} x_k$ を予測値とするとき，その信頼区間がどのようになるかを調べよう．

まず，$\hat{y}$ の期待値は
$$\mathrm{E}[\hat{y}] = \mathrm{E}[\hat{a}] + x_k \mathrm{E}[\hat{b}] = a + b x_k \tag{17.49}$$
であるから，$\hat{y}$ は y_k の不偏推定量である．

次に，分散は，式 (17.21) の関係から，
$$\begin{aligned}\mathrm{Var}(\hat{y}) &= \mathrm{Var}(\hat{a}) + x_k^2 \mathrm{Var}(\hat{b}) + 2 x_k \mathrm{Cov}(\hat{a}, \hat{b}) \\ &= \sigma^2 \left[\frac{1}{n} + \frac{\bar{x}^2 + x_k^2}{\sum (x_k - \bar{x})^2} - \frac{2 \bar{x} x_k}{\sum (x_k - \bar{x})^2} \right] = \sigma^2 \left[\frac{1}{n} + \frac{(\bar{x} - x_k)^2}{\sum (x_k - \bar{x})^2} \right]\end{aligned} \tag{17.50}$$
となる．ここで，
$$\begin{aligned}\mathrm{Cov}(\hat{a}, \hat{b}) &= \mathrm{E}\left[(\hat{a} - a)(\hat{b} - b)\right] = \mathrm{E}\left[\left\{\sum\left(\frac{1}{n} - c_i \bar{x}\right)\varepsilon_i\right\}\left(\sum c_i \varepsilon_i\right)\right] = \sum\left(\frac{1}{n} - c_i \bar{x}\right) c_i \mathrm{E}[\varepsilon_i^2] \\ &= -\frac{\bar{x}}{\sum (x_i - \bar{x})^2} \sigma^2\end{aligned}$$
$$\mathrm{E}[\varepsilon_i^2] = \sigma^2, \qquad \mathrm{E}[\varepsilon_i \varepsilon_j] = 0 \quad (i \neq j), \qquad \sum c_i = 0$$
の関係を用いている．

統計量
$$Z = \frac{\hat{y} - y_k}{\sqrt{\mathrm{Var}(\hat{y}_k)}} = \frac{\hat{y} - y_k}{\sigma \sqrt{\frac{1}{n} + \frac{(\bar{x} - x_k)^2}{\sum (x_i - \bar{x})^2}}} \tag{17.51}$$
をとれば標準正規分布に従うので，真の回帰直線に対する信頼限界を求めることができる．たとえば，95％信頼限界は，
$$\hat{a} + \hat{b} x_k \pm 1.96 \sigma \sqrt{\frac{1}{n} + \frac{(\bar{x} - x_k)^2}{\sum (x_i - \bar{x})^2}}$$

σ が未知のときは，不偏推定量 $\hat{\sigma}$ を代わりに用いると，次の統計量
$$t = \frac{\hat{y} - y_k}{\hat{\sigma} \sqrt{\frac{1}{n} + \frac{(\bar{x} - x_k)^2}{\sum (x_i - \bar{x})^2}}} \tag{17.52}$$
が自由度 $n - 2$ の t 分布に従うので，説明変数 x の値が x_k であるときに従属変数 y の期待値 $\mathrm{E}[y | x = x_k]$ の信頼区間は，信頼係数を $1 - \alpha$ として
$$\begin{aligned}&\hat{a} + \hat{b} x_k \pm t_{\alpha/2}(n - 2) \cdot \hat{\sigma} \sqrt{\frac{1}{n} + \frac{(x_k - \bar{x})^2}{\sum (x_i - \bar{x})^2}} \\ &= \bar{y} + \hat{b}(x_k - \bar{x}) \pm t_{\alpha/2}(n - 2) \cdot \hat{\sigma} \sqrt{\frac{1}{n} + \frac{(x_k - \bar{x})^2}{\sum (x_i - \bar{x})^2}}\end{aligned} \tag{17.53}$$

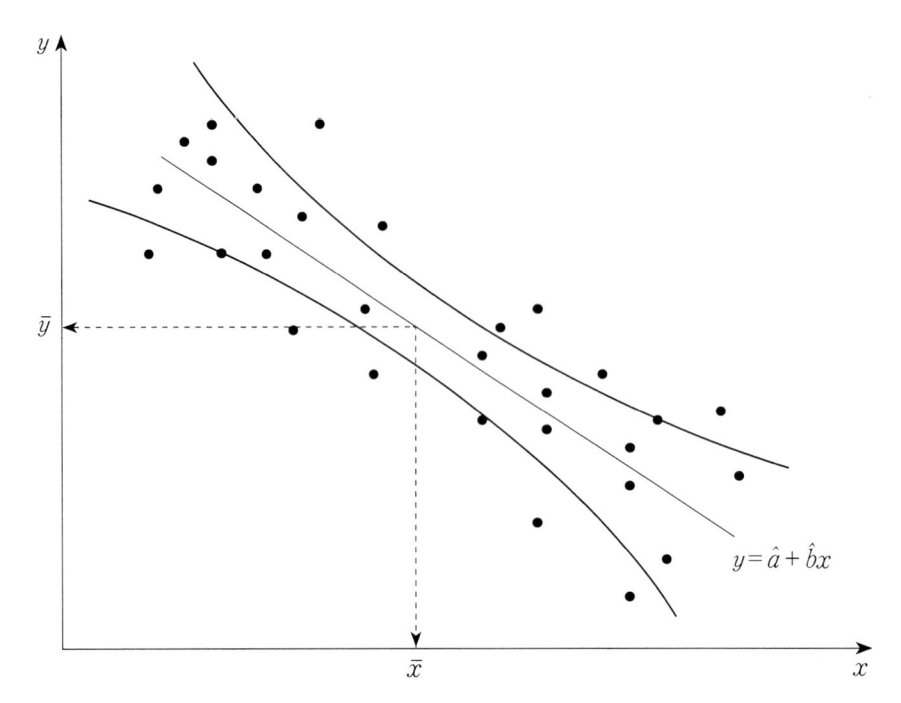

図 17.3 標本回帰直線とその信頼上下限を表す曲線

で与えられる．式（17.53）で，x_k を説明変数 x の関数として信頼下限と信頼上限を表すと，

$$y = \hat{a} + \hat{b}x \pm t_{\alpha/2}(n-2) \cdot \hat{\sigma} \sqrt{\frac{1}{n} + \frac{(x-\bar{x})^2}{\sum(x_i-\bar{x})^2}}$$

$$= \bar{y} + \hat{b}(x-\bar{x}) \pm t_{\alpha/2}(n-2) \cdot \hat{\sigma} \sqrt{\frac{1}{n} + \frac{(x-\bar{x})^2}{\sum(x_i-\bar{x})^2}} \tag{17.54}$$

のような関数になり，図 17.3 に示すように信頼区間の幅は $x_k = \bar{x}$ のとき最小で平均から両方向に動かすと誤差が大きくなる．特に，標本回帰直線を求めるのに使用した x の観測値の範囲を越えて外挿する場合には，線形回帰モデルの適用可能性について吟味しておくことが不可欠である．

例題 6 例題 2 について，95％信頼限界で回帰直線の信頼限界曲線の式を求めよ．

解 回帰直線の式は $y = 1560.26 + 73.02x$, $n = 5$, $\bar{x} = 3$, $t_{0.05/2}(3) = 3.182$, $\hat{\sigma} = 2.510$, $\sum_{i=1}^{5}(x_i - 3)^2 = 2$ であるから，式（17.54）より信頼限界曲線の式は

$$y = 1560.26 + 73.02x \pm 3.182 \times 2.510 \sqrt{\frac{1}{5} + \frac{(x-3)^2}{2}}$$

$$= 1560.26 + 73.02x \pm 3.572 \times \sqrt{1 + 2.5(x-3)^2}$$

となる．これを図示すると次のようであり，6 回目の発生推定年は 1998.4 年であるが，

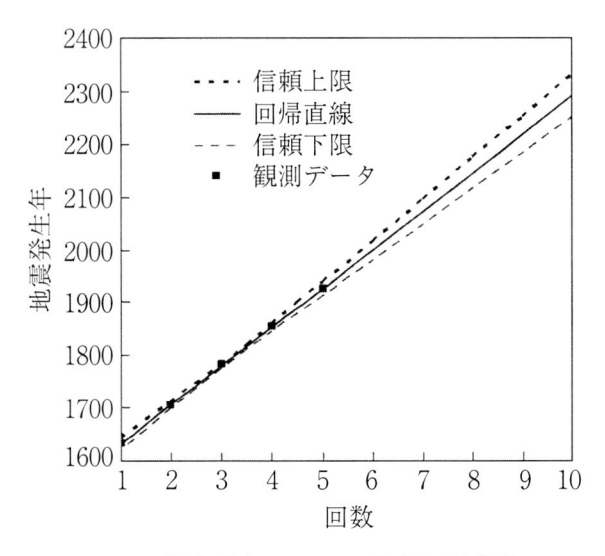

図 回帰直線とその 95％信頼限界曲線

その信頼区間は 1981.1～2015.7 年と±約 17 年もの広がりを示す．

文　　献

片谷教孝，松藤敏彦（2003）：『環境統計学入門』，オーム社．
下平英寿，伊藤秀一，久保川達也，竹内　啓（2004）：『統計科学のフロンティア 3　モデル選択－予測／
　　検定・推定の交差点－』，岩波書店．
東京大学教養学部統計学教室編（1991）：『統計学入門』，東京大学出版会．
東京大学教養学部統計学教室編（1992）：『自然科学の統計学』，東京大学出版会．
中川　徹，小柳義夫（1982）：『最小二乗法による実験データ解析』，東京大学出版会．
宮川公男（1999）：『基本統計学』第 3 版，有斐閣．

付　　　表

付表 A　標準正規分布表

$$\Phi(Z) = \frac{1}{\sqrt{2\pi}} \int_{-\infty}^{Z} e^{-\frac{x^2}{2}} dx$$

	0.00	0.01	0.02	0.03	0.04	0.05	0.06	0.07	0.08	0.09
0.0	0.500	0.504	0.508	0.512	0.516	0.520	0.524	0.528	0.532	0.536
0.1	0.540	0.544	0.548	0.552	0.556	0.560	0.564	0.567	0.571	0.575
0.2	0.579	0.583	0.587	0.591	5.595	0.599	0.603	0.606	0.610	0.614
0.3	0.618	0.622	0.626	0.629	0.633	0.637	0.641	0.644	0.648	0.652
0.4	0.655	0.659	0.663	0.666	0.670	0.674	0.677	0.681	0.684	0.688
0.5	0.691	0.695	0.698	0.702	0.705	0.709	0.712	0.716	0.719	0.722
0.6	0.726	0.729	0.732	0.736	0.739	0.742	0.745	0.749	0.752	0.755
0.7	0.758	0.761	0.764	0.767	0.770	0.773	0.776	0.779	0.782	0.785
0.8	0.788	0.791	0.794	0.797	0.800	0.802	0.805	0.808	0.811	0.813
0.9	0.816	0.819	0.821	0.824	0.826	0.829	0.831	0.834	0.836	0.839
1.0	0.841	0.844	0.846	0.848	0.851	0.853	0.855	0.858	0.860	0.862
1.1	0.864	0.867	0.869	0.871	0.873	0.875	0.877	0.879	0.881	0.883
1.2	0.885	0.887	0.889	0.891	0.893	0.894	0.896	0.898	0.900	0.901
1.3	0.903	0.905	0.907	0.908	0.910	0.911	0.913	0.915	0.916	0.918
1.4	0.919	0.921	0.922	0.924	0.925	0.926	0.928	0.929	0.931	0.932
1.5	0.933	0.934	0.936	0.937	0.938	0.939	0.941	0.942	0.943	0.944
1.6	0.945	0.946	0.947	0.948	0.949	0.951	0.952	0.953	0.954	0.954
1.7	0.955	0.956	0.957	0.958	0.959	0.960	0.961	0.962	0.962	0.963
1.8	0.964	0.965	0.966	0.966	0.967	0.968	0.969	0.969	0.970	0.971
1.9	0.971	0.972	0.973	0.973	0.974	0.974	0.975	0.976	0.976	0.977
2.0	0.977	0.978	0.978	0.979	0.979	0.980	0.980	0.981	0.981	0.982
2.1	0.982	0.983	0.983	0.983	0.984	0.984	0.985	0.985	0.985	0.986
2.2	0.986	0.986	0.987	0.987	0.987	0.988	0.988	0.988	0.989	0.989
2.3	0.989	0.990	0.990	0.990	0.990	0.991	0.991	0.991	0.991	0.992
2.4	0.992	0.992	0.992	0.992	0.993	0.993	0.993	0.993	0.993	0.994
2.5	0.994	0.994	0.994	0.994	0.994	0.995	0.995	0.995	0.995	0.995
2.6	0.995	0.995	0.996	0.996	0.996	0.996	0.996	0.996	0.996	0.996
2.7	0.997	0.997	0.997	0.997	0.997	0.997	0.997	0.997	0.997	0.997
2.8	0.997	0.998	0.998	0.998	0.998	0.998	0.998	0.998	0.998	0.998
2.9	0.998	0.998	0.998	0.998	0.998	0.998	0.998	0.999	0.999	0.999
3.0	0.999	0.999	0.999	0.999	0.999	0.999	0.999	0.999	0.999	0.999
3.1	0.999	0.999	0.999	0.999	0.999	0.999	0.999	0.999	0.999	0.999
3.2	0.999	0.999	0.999	0.999	0.999	0.999	0.999	0.999	0.999	0.999

付表B　t分布表

k \ α	10%	5%	2%	1%
1	6.31	12.71	31.82	63.66
2	2.92	4.30	6.97	9.93
3	2.35	3.18	4.54	5.84
4	2.13	2.78	3.75	4.60
5	2.02	2.57	3.37	4.03
6	1.94	2.45	3.14	3.71
7	1.90	2.37	3.00	3.50
8	1.86	2.31	2.90	3.36
9	1.83	2.26	2.82	3.25
10	1.81	2.23	2.76	3.17
11	1.80	2.20	2.72	3.11
12	1.78	2.18	2.68	3.06
13	1.77	2.16	2.65	3.01
14	1.76	2.15	2.62	2.98
15	1.75	2.13	2.60	2.95
16	1.75	2.12	2.58	2.92
17	1.74	2.11	2.57	2.90
18	1.73	2.10	2.55	2.88
19	1.73	2.09	2.54	2.86
20	1.73	2.09	2.53	2.85
21	1.72	2.08	2.52	2.83
22	1.72	2.07	2.51	2.82
23	1.71	2.07	2.50	2.81
24	1.71	2.06	2.49	2.80
25	1.71	2.06	2.49	2.79
26	1.71	2.06	2.48	2.78
27	1.70	2.05	2.47	2.77
28	1.70	2.05	2.47	2.76
29	1.70	2.05	2.46	2.76
30	1.70	2.04	2.46	2.75

付表C　カイ自乗(χ^2)分布表

k \ α	5%	1%
1	3.84	6.64
2	5.99	9.21
3	7.82	11.35
4	9.49	13.23
5	11.07	15.09
6	12.59	16.81
7	14.07	18.48
8	15.51	20.09
9	16.91	21.67
10	18.31	23.21
11	19.68	24.21
12	21.03	26.22
13	22.36	27.69
14	23.69	29.14
15	25.00	30.58
16	26.30	32.00
17	27.59	33.41
18	28.87	34.81
19	30.14	36.19
20	31.41	37.57
21	32.67	38.93
22	33.92	40.29
23	35.17	41.64
24	36.42	42.98
25	37.65	44.31
26	38.89	45.64
27	40.11	46.96
28	41.34	48.28
29	42.56	49.59
30	43.77	50.89

付表 D F 分布表 ($\alpha = 0.05$)

n \ m	1	2	3	4	5	6	7	8	9	10
1	161.4	199.5	215.7	224.6	230.2	234.0	236.8	238.9	240.5	241.9
2	18.51	19.00	19.16	19.25	19.30	19.33	19.35	19.37	19.39	19.40
3	10.13	9.55	9.28	9.12	9.01	8.94	8.89	8.85	8.81	8.79
4	7.71	6.94	6.59	6.39	6.26	6.16	6.10	6.04	6.00	5.96
5	6.61	5.79	5.41	5.19	5.05	4.95	4.88	4.82	4.77	4.74
6	5.99	5.14	4.76	4.53	4.39	4.28	4.21	4.15	4.10	4.06
7	5.59	4.74	4.35	4.12	3.97	3.87	3.79	3.73	3.68	3.64
8	5.32	4.46	4.07	3.84	3.69	3.58	3.50	3.44	3.39	3.35
9	5.12	4.26	3.86	3.63	3.48	3.37	3.29	3.23	3.18	3.14
10	4.97	4.10	3.71	3.48	3.33	3.22	3.14	3.07	3.02	2.98
11	4.84	3.98	3.59	3.36	3.20	3.10	3.01	2.95	2.90	2.85
12	4.75	3.89	3.49	3.26	3.11	3.00	2.91	2.85	2.80	2.75
13	4.67	3.81	3.41	3.18	3.03	2.92	2.83	2.77	2.71	2.67
14	4.60	3.74	3.34	3.11	2.96	2.85	2.76	2.70	2.65	2.60
15	4.54	3.68	3.29	3.06	2.90	2.79	2.71	2.64	2.59	2.54
16	4.49	3.63	3.24	3.01	2.85	2.74	2.66	2.59	2.54	2.49
17	4.45	3.59	3.20	2.97	2.81	2.70	2.61	2.55	2.49	2.45
18	4.41	3.56	3.16	2.93	2.77	2.66	2.58	2.51	2.46	2.41
19	4.38	3.52	3.13	2.90	2.74	2.63	2.54	2.48	2.42	2.38
20	4.35	3.49	3.10	2.87	2.71	2.60	2.51	2.45	2.39	2.35

索　引

欧　文

- σ-加法族　22, 37, 43
- χ^2 分布　69, 142
- BLUE　187
- Borel 集合　37
- Borel 集合族　37
- Cauchy 分布　50, 52
- CDF　40
- F 分布　143
- Gumbel（グンベル）　124, 125
- pdf　42
- Pearson　160
- Pr 可測　19
- t 値　192
- t 分布　144
- Weibull（ワイブル）　126
- Yates　177
  - ――の修正式　178

あ　行

- アーラン分布　116

- 1 変数　67
- 一様分布　47, 127
- 一様連続　50
- 一致推定量　150
- 一致性　150

- 上側信頼限界　154
- ヴェンの図　15
- 雨量強度　67

- 重みづけ平均値　45

か　行

- 回帰関数　181
- 回帰分析　181
- 回帰方程式　181
- カイ自乗分布　69, 142
- ガウス分布　96
- ガウス・マルコフの定理　187
- 確率　2

- ――の公理　19
- 確率空間　37
- 確率紙　129
- 確率事象　19
- 確率質量関数　36, 40, 44, 45, 51
- 確率測度　19, 22
- 確率素分　43
- 確率分布　39, 40, 43
- 確率変数　37, 44
  - ――の期待値　44
  - ――の特性　39
  - ――の変換　67
  - ――の和　72
  - ――の和の分布　71
  - ――の和の分布の直接的な求め方　72
- 確率密度　43
- 確率密度関数　42-44, 52, 53, 67, 69
- 過誤　160, 161
- 可算　16
- 可算加法族　22
- 可算集合　18
- 可算無限個　39, 40
- 可算無限集合　16, 18
- 可算無限の濃度　18
- 仮説検定　159
- 可測　19
- 可測事象　19
- 片側検定　163
- 可付番　16
- 可付番無限集合　16, 18
- 加法族　22
- 加法定理　21
- 完全加法族　22
- ガンマ関数　69, 133
- ガンマ分布　76, 116, 117
  - ――の積率母関数　76

- 幾何分布　35, 36, 82
- 棄却領域　163
- 擬似乱数　135
- 規則性　8
- 期待値（平均）　44, 47, 53, 63

- ――の線形性　47
- ――のまわりの r 次の積率　48
- 帰無仮説　160
- 共通部分　15
- 共分散　63, 64
- 共分散行列　101
- 極値分布　119, 125, 126

- 空事象　13
- 空集合　15
- 偶然のゲーム　8
- 偶然変量　182
- グンベル分布　125

- 経験的確率　10
- 系統抽出法　146
- 結合分布　55
- 結合法則　16
- 決定係数　190
- 検定　160
- 検定統計量　163
- 原点のまわりの r 次の積率　47

- 交換法則　16
- 合理式　67
- 効率　151
- 誤差項　182
- 古典的確率　26
- 古典的定義　10
- コルモゴロフの公理　20
- 根元事象　11, 38

さ　行

- 再帰時間　82, 92
- 再現期間　82, 92
- 最小極値　121
- 最小 2 乗推定量　183
- 最小 2 乗法　183
- 再生性の定理　74
- 再生的な性質　74
- 最大極値　121
- 最頻値　139, 148
- 最尤推定値　152

索引

最尤推定法　152
最尤推定量　152
最良線形不偏推定量　187, 194
残差　185
算術平均　45

試行　11
事象　11
地震の強度　46
指数型の裾　125
指数関数　46
指数分布　46, 53, 91, 113, 114, 125
下側信頼限界　154
実験　11
実対称行列　103
シフトした指数分布　114
写像　37, 38
重回帰　181, 193
重決定係数　194
集合　14
　——の濃度　18
集合族　19
従属変数　181
周辺確率質量関数　60
周辺確率密度関数　60, 101
周辺分布　59
周辺分布関数　60
主観的確率　10
主成分分析　104
順序対　25
順序統計量　120, 131
条件付確率　30
条件付確率質量関数　62
条件付確率密度関数　102
条件付期待値　64
条件付分布　61
条件付平均　64
小標本　177
乗法定理　28, 31
擾乱項　182
初生起時刻　82, 91
真部分集合　14
信頼区間　154
信頼係数　154

推移性　15
推定　138
推定量　139
数学的確率　9

正規確率紙　129
正規分布　51, 54, 68, 96
　——の和分布　72
正規分布表　100
正規変量の線形関数　107
正規方程式　184
積事象　13
積集合　15
積の法則　25
積率　47, 48
　——の線形和　48
積率母関数　47-49, 51, 52, 69, 70, 75, 76
説明変数　181
全確率の定理　32
漸近分布　123
線形関数の期待値　47
線形合同法　135
線形モデル　181
全事象　13
全体集合　15

層化抽出法　146
相関係数　64
相対的頻度　10
族　19
測度空間　22, 37

た　行

第Ⅰ種極値分布　125
第Ⅰ種の過誤　161
対角行列　103
第Ⅲ種極値分布　126
対数生起確率紙　129
対数正規分布　69, 111
大数の法則　85
第Ⅱ種極値分布　125
第Ⅱ種の過誤　161
対立仮説　160
互いに素　12
互いに独立　34
互いに排反　12, 15
高々可算無限　18
高々可算無限個　18
多項定理　29
多項分布　128
多次元確率変数　63
多次元正規分布　100
多次元分布　63
畳み込み　72

多変数　70
単回帰　181
単純無作為抽出　145
単調性　21

チェビシェフの不等式　53
チェーンルール　31
中央値　139, 148
抽出率　145
中心極限定理　109
超幾何分布　128
直積　25
直和分割　13
直交行列　104

適合度　174
点推定　148

等価事象　39
等可能性　9, 24
等間隔抽出法　146
統計学　3
統計的確率　10
統計的仮説　160
統計的定義　10
統計的に独立　34
統計量　138
同時確率質量関数　56
同時確率密度関数　57, 70, 72, 100
同時分布　55
同時(確率)分布関数　57
等分散性　182
特性関数　48, 50, 52, 74, 106
独立　34, 61, 65
独立性の検定　175
独立変数　181
ド・モルガンの法則　16

な　行

2×2 分割表　177
二項定理　29, 81
二項分布　35, 40, 51, 79, 92
　——とポアソン分布との関係　92
　——の積率母関数　75
2次元確率変数　55
2次の積率　48
二重指数分布　125

ネイマン抽出法　146

は 行

ハーゼンプロット 131
発生率 87
バフォンの針 24
反射律 15

非可算無限 18
非可算無限集合 18
非可付番集合 18, 42
非超過確率 57
非標本誤差 145
非復元抽出 141
標準正規分布 69, 100
標準偏差 46
標本 138
標本回帰係数 184
標本回帰直線 184
標本空間 12, 37, 38
標本誤差 145
標本重回帰方程式 194
標本数 139
標本抽出台帳 146
標本点 16
標本比率 155
標本分散 139
　　――の分布 144
標本平均 139
　　――の分布 140
標本(偏)回帰係数 193
比率の推定量 141
非連続な階段関数 41
頻度 9

不確定現象 8
不確定事象 1
復元抽出 141
負の指数分布 46, 53
負の二項分布 36
部分集合 14
不偏推定量 149
不偏性 149, 182

不偏分散 149
フーリエ変換 51
プロッティング・ポジション公式 131
分割表 176
分散 45, 51, 63
分配法則 16
分布の期待値 44

平均 51
平均値 46
平均値ベクトル 101
ベイズの定理 32, 33
平方根行列 104
ベータ関数 132
ベルヌーイ試行 75
ベルヌーイ試行列 35, 79
偏移推定量 149
変動係数 111

ポアソン過程 87
ポアソン分布 35, 53, 75, 88, 92
母回帰係数 182
母回帰方程式 182
補集合 15
母集団 137, 148
母集団パラメータ 138
母数 138
ボックスアンドミュラー法 136
母偏回帰係数 193

ま 行

無限集合 14, 17
無作為抽出 145, 149
無相関 65
無相関性 182

目的変数 181
モデル 180
モーメント 47, 48
モンテカルロ・シミュレーション 134

モンモールの問題 26

や 行

ヤコビの行列式 70

有意水準 161
有限加法族 20
有限集合 14, 16
有効推定量 150
尤度関数 152

要素 14
余事象 13

ら 行

乱数 134

離散確率変数 39, 41
離散変数 175
両側検定 163
臨界値 163

累積分布関数 40-44, 47
　　――の性質 41
ルベーグ積分 24, 44
ルベーグ測度 23, 37, 44

劣加法性 21
連続確率変数 42, 43, 53
連続体の濃度 18

わ 行

ワイブルプロット 131
ワイブル分布 126
枠 146
和事象 13
和集合 15
和の分布 70, 72
　　――の積率母関数 74
和の法則 24

編著者略歴

北村 隆一（第 1, 14, 16 章）
1949 年　大阪府に生まれる
1978 年　ミシガン大学大学院工学研究科
　　　　博士課程修了
現　在　京都大学大学院工学研究科教授
　　　　Ph.D

堀　智晴（第 4～13 章）
1961 年　和歌山県に生まれる
1986 年　京都大学大学院工学研究科
　　　　修士課程修了
現　在　京都大学防災研究所教授
　　　　工学博士

著者略歴

尾崎 博明（第 3～5 章）
1951 年　京都府に生まれる
1978 年　京都大学大学院工学研究科
　　　　修士課程修了
現　在　大阪産業大学工学部教授
　　　　工学博士

東野　達（第 15, 17 章）
1954 年　兵庫県に生まれる
1978 年　京都大学大学院工学研究科
　　　　修士課程修了
現　在　京都大学大学院エネルギー科学研究科
　　　　教授
　　　　工学博士

中北 英一（第 2～3 章）
1959 年　大阪府に生まれる
1985 年　京都大学大学院工学研究科
　　　　修士課程修了
現　在　京都大学防災研究所教授
　　　　工学博士

工学のための確率・統計　　　　　　　　　　　　定価はカバーに表示

2006 年 3 月 30 日　初版第 1 刷
2017 年 1 月 25 日　　　第 8 刷

編著者　北　村　隆　一
　　　　堀　　　智　　　晴
著　者　尾　崎　博　明
　　　　東　野　　　達
　　　　中　北　英　一
発行者　朝　倉　誠　造
発行所　株式会社　朝倉書店
　　　　東京都新宿区新小川町　6-29
　　　　郵便番号　162-8707
　　　　電　話　03(3260)0141
　　　　F A X　03(3260)0180
　　　　http://www.asakura.co.jp

〈検印省略〉

©2006 〈無断複写・転載を禁ず〉　　　　　　　　　中央印刷・渡辺製本

ISBN 978-4-254-11113-2　C 3041　　　　　　　Printed in Japan

JCOPY　〈(社)出版者著作権管理機構　委託出版物〉

本書の無断複写は著作権法上での例外を除き禁じられています．複写される場合は，そのつど事前に，(社) 出版者著作権管理機構（電話 03-3513-6969, FAX 03-3513-6979, e-mail: info@jcopy.or.jp）の許諾を得てください．

好評の事典・辞典・ハンドブック

数学オリンピック事典	野口 廣 監修	B5判 864頁
コンピュータ代数ハンドブック	山本 慎ほか 訳	A5判 1040頁
和算の事典	山司勝則ほか 編	A5判 544頁
朝倉 数学ハンドブック［基礎編］	飯高 茂ほか 編	A5判 816頁
数学定数事典	一松 信 監訳	A5判 608頁
素数全書	和田秀男 監訳	A5判 640頁
数論＜未解決問題＞の事典	金光 滋 訳	A5判 448頁
数理統計学ハンドブック	豊田秀樹 監訳	A5判 784頁
統計データ科学事典	杉山高一ほか 編	B5判 788頁
統計分布ハンドブック（増補版）	蓑谷千凰彦 著	A5判 864頁
複雑系の事典	複雑系の事典編集委員会 編	A5判 448頁
医学統計学ハンドブック	宮原英夫ほか 編	A5判 720頁
応用数理計画ハンドブック	久保幹雄ほか 編	A5判 1376頁
医学統計学の事典	丹後俊郎ほか 編	A5判 472頁
現代物理数学ハンドブック	新井朝雄 著	A5判 736頁
図説ウェーブレット変換ハンドブック	新 誠一ほか 監訳	A5判 408頁
生産管理の事典	圓川隆夫ほか 編	B5判 752頁
サプライ・チェイン最適化ハンドブック	久保幹雄 著	B5判 520頁
計量経済学ハンドブック	蓑谷千凰彦ほか 編	A5判 1048頁
金融工学事典	木島正明ほか 編	A5判 1028頁
応用計量経済学ハンドブック	蓑谷千凰彦ほか 編	A5判 672頁

価格・概要等は小社ホームページをご覧ください．